全国高级技工学校电气自动化设备安装与维修专业教材

常用机床电气线路维修

人力资源和社会保障部教材办公室组织编写

中国劳动社会保障出版社

内容简介

本书为全国高级技工学校电气自动化设备安装与维修专业教材，主要介绍 CA6140 型车床、Z3040 型摇臂钻床、M7130 型平面磨床、M7475B 型平面磨床、X62W 型卧式万能铣床、T68 型卧式镗床、20/5 t 型桥式起重机和 B2012A 型龙门刨床等常用电气设备的电气控制线路工作原理及常见故障检修方法，并介绍了机床电气设备大修工艺的编制与机床线路的测绘等知识。

本书由谢京军主编，李敬梅、关开芹、肖云、李子超、孙滨、林尔付参加编写；冯志坚审稿。

图书在版编目(CIP)数据

常用机床电气线路维修/人力资源和社会保障部教材办公室组织编写. —北京：中国劳动社会保障出版社，2012

全国高级技工学校电气自动化设备安装与维修专业教材

ISBN 978-7-5045-9825-7

Ⅰ. ①常… Ⅱ. ①人… Ⅲ. ①机床-电路-维修-技工学校-教材 Ⅳ. ①TG502.7

中国版本图书馆 CIP 数据核字(2012)第 187263 号

中国劳动社会保障出版社出版发行

（北京市惠新东街1号 邮政编码：100029）

出版人：张梦欣

*

北京市艺辉印刷有限公司印刷装订 新华书店经销

787毫米×1092毫米 16开本 13.25印张 305千字

2012年8月第1版 2017年12月第6次印刷

定价：25.00元

读者服务部电话：（010）64929211/64921644/84626437

营销部电话：（010）64961894

出版社网址：http://www.class.com.cn

前　言

为了更好地适应高级技工学校电气自动化设备安装与维修专业的教学要求，全面提升教学质量，人力资源和社会保障部教材办公室组织有关学校的一线教师和行业、企业专家，在充分调研企业生产和学校教学情况的基础上，吸收和借鉴各地高级技工学校教学改革的成功经验，在原有同类教材的基础上，重新组织编写了高级技工学校电气自动化设备安装与维修专业教材。

本次教材编写工作的目标主要体现在以下几个方面：

第一，完善教材体系，定位科学合理。

针对初中生源和高中生源培养高级工的教学要求，调整和完善了教材体系，使之更符合学校教学需求。同时，根据电气自动化设备安装与维修专业高级工从事相关岗位的实际需要，合理确定学生应具备的能力和知识结构，对教材内容的深度、难度做了适当调整，加强了实践性教学内容，以满足技能型人才培养的要求。

第二，反映技术发展，涵盖职业标准。

根据相关工种及专业领域的最新发展，更新教材内容，在教材中充实新知识、新技术、新材料、新工艺等方面的内容，体现教材的先进性。教材编写以国家职业标准为依据，涵盖相关国家职业标准中、高级的知识和技能要求，并在与教材配套的习题册中增加了相关职业技能考试的练习题。

第三，融入先进理念，引导教学改革。

专业课教材根据一体化教学模式需要编写，将工艺知识与实践操作有机融为一体，构建“做中学，学中做”的学习过程；通用专业知识教材根据所授知识的特点，注意设计各类课堂实验和实践活动，将抽象的理论知识形象化、生动化，引导教师不断创新教学方法，实现教学改革。

第四，精心设计形式，激发学习兴趣。

在教材内容的呈现形式上，较多地利用图片、实物照片和表格等形式将知识点生动地展示出来，力求让学生更直观地理解和掌握所学内容。针对不同的知识点，设计了许多贴近实际的互动栏目，在激发学生学习兴趣和自主学习积极性的同时，使教材“易教易学，易懂易用”。

第五，开发辅助产品，提供教学服务。

根据大多数学校的教学实际，部分教材还配有习题册和教学参考书，以便于教师教学和学生练习使用。此外，教材基本都配有方便教师上课使用的电子教案，并可通过中国劳动社会保障出版社网站（http://www.class.com.cn）免费下载，其中部分教案在教学参考书中还以光盘形式附赠。

本次教材编写工作得到了河北、黑龙江、江苏、山东、河南、广东、广西等省、自治区人力资源和社会保障厅及有关学校的大力支持，在此致以诚挚的谢意。

人力资源和社会保障部教材办公室

2012 年 8 月

目 录

课题一

CA6140 型车床电气控制线路的检修

任务1　认识 CA6140 型车床

任务目标

◆ 了解 CA6140 型车床的主要结构和运动形式。
◆ 熟悉 CA6140 型车床的基本操作方法和各操作手柄的位置及功能。
◆ 熟悉 CA6140 型车床对电力驱动系统的要求。

工作任务

在工农业生产和日常生活中，经常见到轴、螺纹等机械零件，这些零件大都是经过车床加工得到的。车床是一种应用极为广泛的金属切削机床，可用于车削内圆、外圆、端面、螺纹、螺杆及成形表面，并可以在尾座上安装钻头或铰刀进行钻孔或铰孔等加工，如图 1—1

图 1—1　CA6140 型车床

所示的 CA6140 型车床就是一种常用的车床设备。本任务的主要内容是学习 CA6140 型车床的基本结构组成、主要运动形式等基本知识及其基本操作方法。

一、CA6140 型车床的型号含义

CA6140 型车床的型号及含义如下：

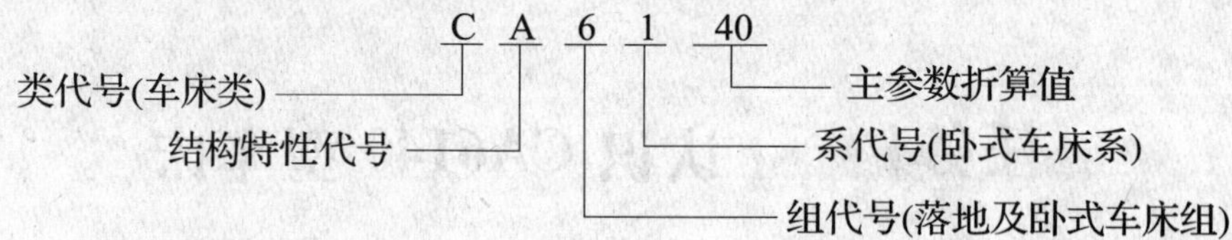

二、CA6140 型车床的基本结构

CA6140 型车床的结构如图 1—2 所示。它主要由床身、主轴箱、进给箱、溜板箱、刀架、卡盘、尾架、丝杠和光杠等部分组成，主要组成部分的功能见表 1—1。CA6140 型车床的主轴是横卧的，属于卧式车床的一种。

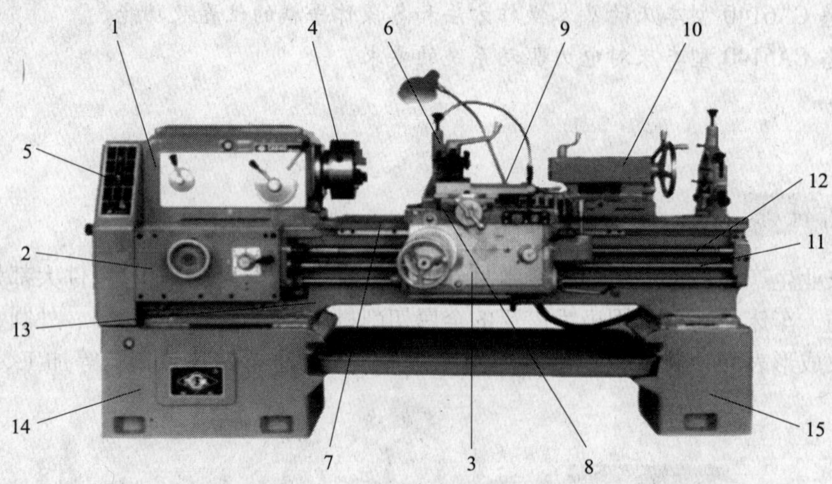

图 1—2　CA6140 型车床外形及其结构

1—主轴箱　2—进给箱　3—溜板箱　4—卡盘　5—挂轮架　6—刀架　7—床鞍　8—中滑板　9—小滑板　10—尾座　11—光杠　12—丝杠　13—床身　14—左床座　15—右床座

表 1—1　　**CA6140 型车床的主要结构及功能**

编号	结构名称	主要功能
1	主轴箱	由多个直径不同的齿轮组成，实现主轴的变速和换向
2	进给箱	由多个直径不同的齿轮组成，控制刀具的纵向和横向进给并实现进给变速
3	溜板箱	实现床鞍和中滑板手动或自动进给，并可控制进给量

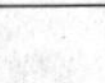

续表

编号	结构名称	主要功能
4	卡盘	夹持工件并带动工件旋转
5	挂轮架	将主轴电动机的动力传递给进给箱
6	刀架	安装刀具
7	床鞍	带动刀架纵向进给
8	中滑板	带动刀架横向进给
9	小滑板	通过摇动手轮使刀具纵向进给
10	尾座	安装顶尖、钻头和铰刀等
11	光杠	带动溜板箱运动，实现内圆、外圆、端面等切削加工
12	丝杠	带动溜板箱运动，实现螺纹加工
13	床身	主要起支撑作用
14	左、右床座	主要起支撑作用，并盛放冷却液

三、CA6140 型车床的主要运动形式及控制要求

CA6140 型车床的主要运动形式及控制要求见表 1—2 和如图 1—3 所示。

表 1—2　　CA6140 型车床的主要运动形式及控制要求

运动种类	运动形式	控制要求
主运动	主轴通过卡盘、顶尖带动工件的旋转运动	（1）主轴电动机选用三相笼型异步电动机，不进行电气调速，主轴采用齿轮箱进行机械有级调速 （2）车削螺纹时要求主轴有正、反转，一般由机械方法实现，主轴电动机只做单向旋转 （3）主轴电动机的容量不大，可采用直接启动
进给运动	刀架带动刀具纵向或横向的直线运动	进给运动也由主轴电动机驱动，主轴电动机的动力通过挂轮箱传递给进给箱来实现刀具的纵向和横向进给。加工螺纹时，要求刀具的移动和主轴转动有固定的比例关系
辅助运动	刀架的快速移动	由刀架快速移动电动机拖动，该电动机可直接启动，也不需要正、反转和调速
	尾座的纵向移动	由手动操作控制
	工件的夹紧与放松	由手动操作控制
	加工过程的冷却	冷却泵电动机和主轴电动机要实现顺序控制，冷却泵电动机也不需要正、反转和调速

四、CA6140 型车床的操纵系统

了解 CA6140 型车床常用操纵手柄的位置和功能，对理解车床线路的工作原理、检修常见电气故障都会有很大的帮助。CA6140 型车床常用操纵手柄的位置和功能如图 1—4 和表 1—3 所示。

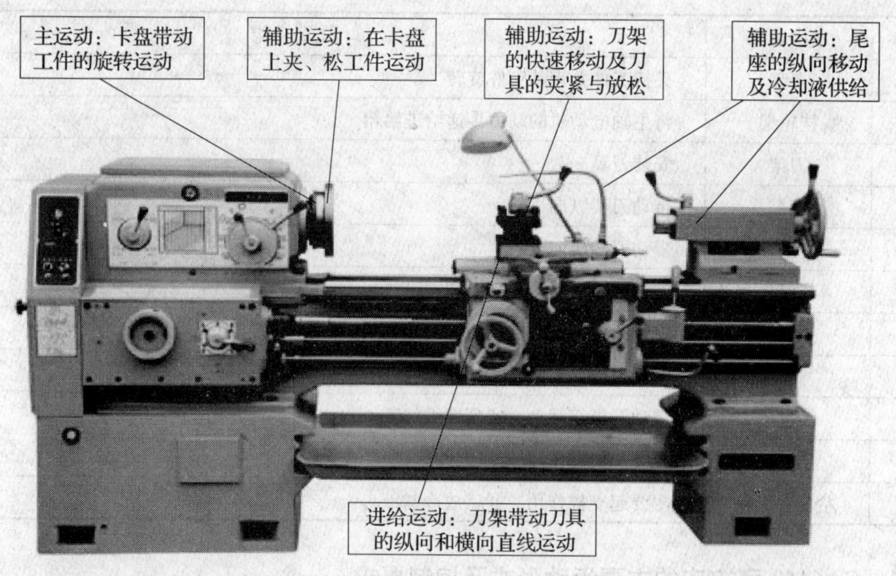

图 1—3　CA6140 型车床的主要运动形式

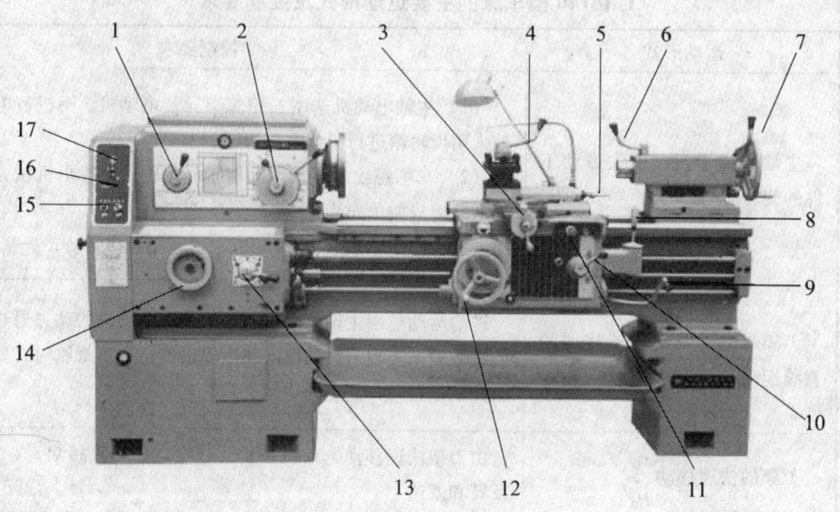

图 1—4　CA6140 型车床的操纵系统

表 1—3　　CA6140 型车床操纵手柄的名称

编号	名称	编号	名称
1	纵向正、反转走刀手柄	5	小滑板纵向移动手柄
2	主轴变速手柄	6	尾座套筒紧固手柄
3	中滑板横向移动手柄	7	尾座顶尖套筒移动手轮
4	刀架转位、固定手柄	8	刀架进给控制手柄

续表

编号	名称	编号	名称
9	主轴正、反转操作手柄	13、14	螺距及进给量调整手柄、丝杠、光杠变换手柄
10	开合螺母操纵手柄	15	切削液开关
11	控制按钮	16	电源开关
12	床鞍纵向移动手柄	17	电源指示灯

任务准备

1. 工具、仪表

电工常用工具，万用表，钳形电流表，兆欧表等。

2. 设备

CA6140 型车床。

任务实施

一、认识 CA6140 型车床

现场参观 CA6140 型车床，对照图 1—2，认真观察车床的外形和结构，识别车床的主要部件（主轴箱、进给箱、溜板箱、刀架、卡盘、尾座、丝杠和光杠等），参照图 1—4，认识各操纵部件的名称和作用。

二、车床操作

观摩教师对车床基本操作的示范，然后在教师的指导监护下，完成对车床的操作训练。

1. 开车前的检查

打开电气柜门，检查各电气元件是否完好无损，安装是否牢固，接线有无脱落、松动现象，然后关好电气柜门。

2. 接通电源

将操作钥匙插入钥匙开关 SB 并旋至接通位置，合上电源开关 QF，接通车床电源。

3. 主轴电动机 M1 的操作

按下启动按钮 SB2，主轴电动机 M1 得电启动连续运转。然后向上扳动主轴正、反转操作手柄，主轴立即正转并通过卡盘带动工件旋转；若向下扳动主轴正、反转操作手柄，主轴立即变为反向旋转。

按下停止按钮 SB1，主轴电动机 M1 失电停转。

4. 冷却泵电动机 M2 的操作

在主轴电动机已启动运转的前提下，转动旋钮开关 SB4 至 I 位置，冷却泵电动机启动，将 SB4 旋至 O 位置，冷却泵电动机停止。

注意冷却泵电动机与主轴电动机之间的顺序控制关系，只有在主轴电动机已启动运转的前提下，冷却泵电动机才能启动运转。

5. 刀架快速移动电动机 M3 的操作

按下刀架快速移动控制按钮 SB3，刀架快速移动电动机 M3 得电运转，带动刀架快速移动，实现迅速对刀。松开按钮 SB3，刀架快速移动电动机失电停转，刀架立即停止移动。

6. 刀架的进给操作

扳动丝杠、光杠变换手柄，选择好加工方式，然后扳动进给操作手柄，实现刀架的纵向或横向自动进给；也可以摇动进给手轮，实现刀架的手动进给。

7. 关机操作

为确保人身和设备安全，机床停止使用时，一定要关断电源开关 QF，拔出钥匙按钮的钥匙。

三、实训注意事项

1）在实训过程中要严格遵守安全文明生产规程，节约材料，爱护工具和设备。

2）必须在熟悉车床的基本结构和操纵系统的前提下，才能动手进行操作训练。操作时，必须有教师在场监护指导。

3）严格遵守安全操作规程，不得违规操作；严禁将丝杠、光杠变换手柄放在丝杠位置上进行操作，以防发生人身和设备安全事故。

4）严格遵守实训纪律，严禁在实训场所谈笑、打闹。

5）实训结束后，自觉将所用工具、仪表、器材及设备进行保养和归位，做好实训工位和场地的卫生工作。

任务2 识读 CA6140 型车床电气控制线路

- 掌握绘制和识读机床电气控制线路的基本知识。
- 掌握 CA 6140 型车床电气控制线路的工作原理。
- 逐步掌握识读机床电气线路图、元件位置图和接线图的方法。

当机床设备发生电气故障时，维修电工必须快速、准确地排除故障，保障生产的顺利进行；而要快速、准确地排除设备电气故障，首先要掌握设备的电气线路工作原理。本任务的主要内容是学习绘制和识读机床电气控制线路的基本知识，并识读如图 1—5 所示的 CA 6140 型车床电气控制电路。

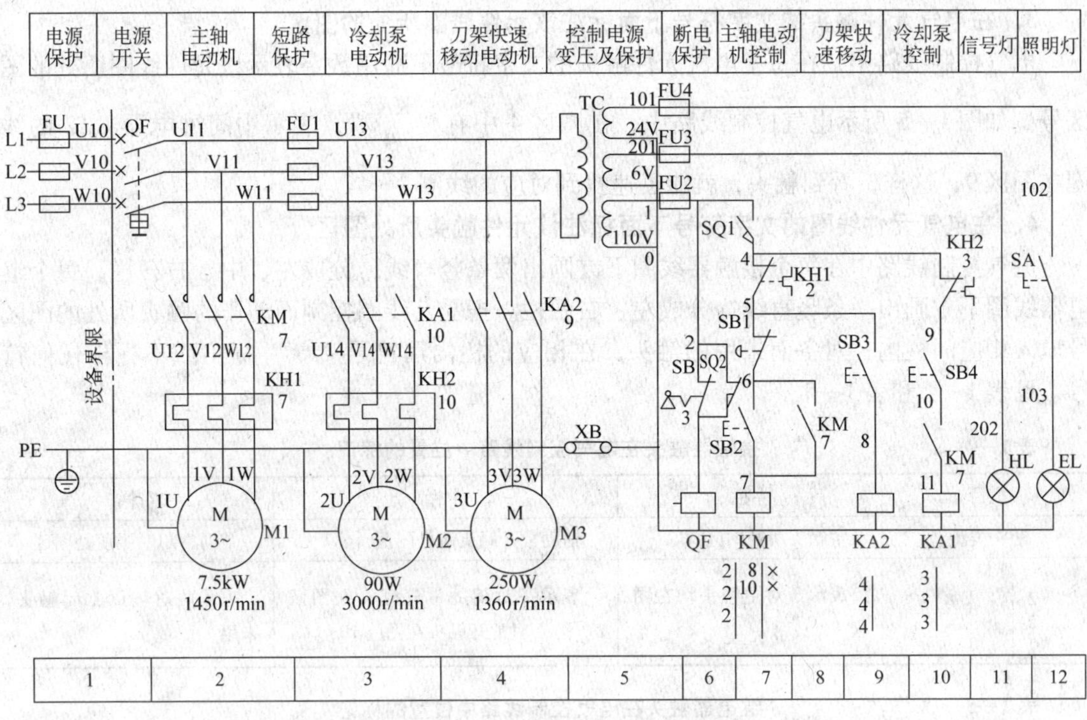

图 1—5　CA6140 型车床电气控制电路图

一、绘制和识读机床电气控制线路图的基本知识

机床电气控制线路一般都比较复杂，所包含的电气元件和电气设备较多，线路中的符号也较多，但即使再复杂的电气控制线路，也都是由一些基本控制线路组合而成的。因此，要识读机床电气控制线路图，首先要掌握绘制和识读电动机基本控制线路电路图的基本知识，此外还应明确以下几点：

1. 在电路图上按电路功能划分并标注功能区域名称

为了便于分析较复杂的机床电气控制线路的工作原理，一般采取化整为零的分析方法，即将电气控制线路按电路功能分成若干个单元，并用文字将其功能标注在电气控制线路上部的栏内。例如，如图 1—5 所示的车床电气线路按功能可分为电源保护、电源开关、主轴电动机、短路保护、冷却泵电动机、刀架快速移动电动机等 13 个单元。

2. 在电路图上按回路或支路划分图区

在电气控制线路图下部（或上部）划分若干个图区，并从左向右依次用阿拉伯数字编号标注在图区栏内。通常是将一条回路或一条支路划为一个图区，如图 1—5 所示的电气控制线路共划分了 12 个图区，分别对应了图区编号上方的电气回路，这样可以在线路图中标明每个电气元件（或部件）在图中所处的区域，以便迅速查找电气元件的触头、线圈等在线路图中的位置。

3. 在电气元件触头的文字符号下面标注该元件线圈所处的图区

电气控制线路中，在每个电气元件触头的文字符号下面用数字表示该元件线圈所处的图区号。如图 1—5 所示电气控制线路中，在图区 4 中有“$\frac{\text{KA2}}{9}$”，表示中间继电器 KA2 的线圈在图区 9，这样，看到触头，就能迅速找到对应的线圈。

4. 在电气元件线圈的文字符号下面标注该元件触头所处图区

电气控制线路中在每个接触器线圈下方画出两条竖直线，分成左、中、右三栏，每个继电器线圈下方画出一条竖直线，分成左、右两栏。把受其线圈控制而动作的触头所处的图区号填入相应的栏内；对备而未用的触头，在相应的栏内用符号“×”标出或不标出任何符号，见表 1—4 和表 1—5。

表 1—4　　接触器触头在电气控制线路中位置的标记

栏目	左栏	中栏	右栏
触头类型	主触头所处图区	辅助常开触头所处图区	辅助常闭触头所处图区
KM 2　8　× 2　10　× 2	表示 3 对主触头均在图区 2	表示一对辅助常开触头在图区 8，另一对常开触头在图区 10	表示两对辅助常闭触头未用

表 1—5　　继电器触头在电气控制线路中位置的标记

栏目	左栏	右栏
触头类型	常开触头所处图区	常闭触头所处图区
KA2 4 4 4	表示 3 对常开触头均在图区 4	表示常闭触头未用

二、CA6140 型车床线路图及工作原理

1. CA6140 型车床的主电路

CA6140 型车床的主电路如图 1—6 所示。电源由钥匙开关 SB 控制，低压断路器 QF 作为线路的电源总开关，将 SB 向右旋转，然后扳动断路器 QF，使其触点闭合将三相电源引入。主电路中共有三台电动机，M1 为主轴电动机，带动主轴旋转和刀架的进给运动；M2 为冷却泵电动机，用以输送冷却液；M3 为刀架快速移动电动机，用以拖动刀架快速移动。各台电动机的控制和保护见表 1—6。

2. CA6140 型车床的控制电路

CA6140 型车床的控制电路如图 1—7 所示，通过控制变压器 TC 输出 110 V 交流电压供电，由熔断器 FU2 作短路保护。在正常工作时，行程开关 SQ1 的常开触头闭合。当打开床头传动带罩后，SQ1 的常开触头断开，切断控制电路电源，使三台电动机都不能得电工作，以确保人身安全。钥匙开关 SB 和行程开关 SQ2 的常闭触点（线路图中等电位点 2 和 3 之间的触点，简单表示为 2—3，下同）在车床正常工作时是断开的，低压断路器 QF 的线圈断电，断路器 QF 能合闸。当打开配电壁龛门时，SQ2 闭合，低压断路器 QF 线圈得电，QF 自动跳闸，切断车床的电源。

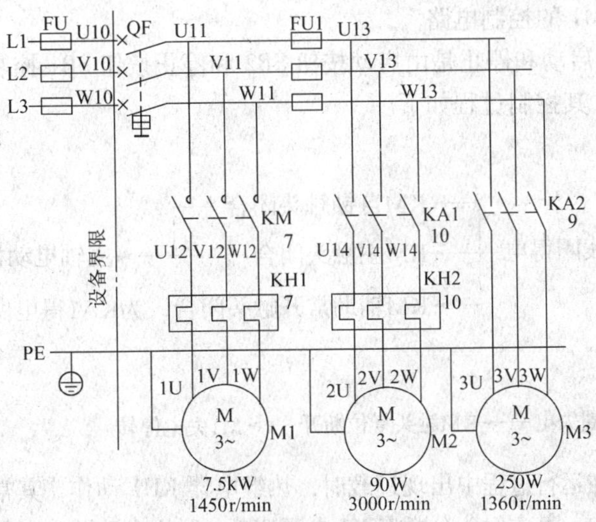

图 1—6　CA6140 型车床的主电路图

表 1—6　　　　　　主电路的控制和保护元件

名称及代号	作用	控制元件	过载保护元件	短路保护元件
主轴电动机 M1	带动主轴旋转和刀架做进给运动	接触器 KM	热继电器 KH1	低压断路器 QF
冷却泵电动机 M2	供应冷却液	中间继电器 KA1	热继电器 KH2	熔断器 FU1
快速移动电动机 M3	驱动刀架快速移动	中间继电器 KA2	无	熔断器 FU1

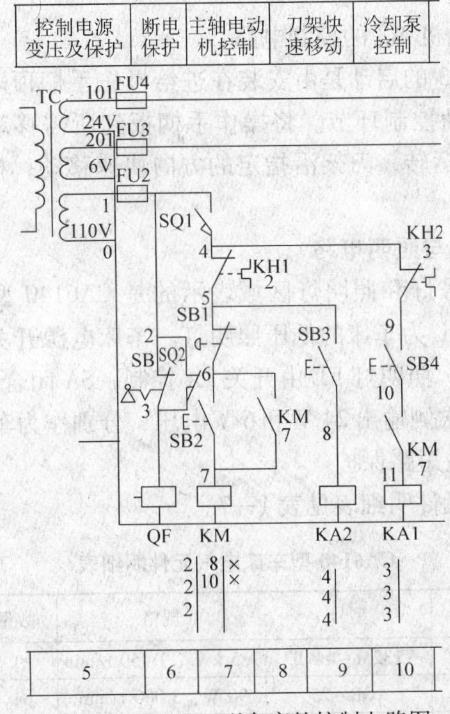

图 1—7　CA6140 型车床的控制电路图

（1）主轴电动机 M1 的控制电路

主轴电动机 M1 的启动和停止是由启动按钮 SB2 和停止按钮 SB1 控制接触器 KM 线圈的通电和断电来实现的。其控制过程如下。

M1 启动：

按下SB2 → KM线圈得电 → KM自锁触头闭合；KM主触头闭合 → 主轴电动机M1运转；KM辅助常开触头闭合，为KA1得电做准备

M1 停止：

按下SB1 → KM线圈失电 → KM触头复位断开 → M1失电停转

当主轴电动机 M1 在运行过程中出现过载时，热继电器 KH1 动作，其常闭触点（4—5）断开，接触器 KM 线圈断电，其主触头分断将 M1 电源切断，防止电动机 M1 因过载而发热烧毁。

（2）冷却泵电动机 M2 的控制电路

冷却泵电动机 M2 的运行由继电器 KA1 控制。KM 的常开辅助触头（10—11）实现主轴电动机 M1 和冷却泵电动机 M2 的顺序控制，保证只有主轴电动机 M1 启动后冷却泵电动机 M2 才能启动运行，提供冷却液。

当主轴电动机 M1 启动，KM 的常开辅助触头闭合后，合上旋钮开关 SB4，中间继电器 KA1 吸合，KA1 的常开触头闭合，冷却泵电动机 M2 启动运转。当 M1 停止运行或断开旋钮开关 SB4 时，M2 停止运行。

（3）刀架快速移动电动机 M3 的控制电路

刀架快速移动电动机 M3 的启动是由安装在进给操作手柄顶端的按钮 SB3 控制的，SB3 与中间继电器 KA2 组成点动控制环节。将操作手柄扳到所需移动的方向，按下 SB3，KA2 得电吸合，电动机 M3 启动运转，刀架沿指定的方向快速移动；松开 SB3，电动机 M3 停止运行，刀架停止快速移动。

3. CA6140 型车床信号与照明电路

图 1—5 中最右方的信号灯和照明灯区域表示的是 CA6140 型车床的信号与照明电路。其中，HL 为电源指示灯，EL 为车床的低压照明灯。车床电源开关 QF 闭合以后，电源指示灯 HL 就一直保持亮的状态。照明灯 EL 由开关 SA 控制，SA 闭合照明灯亮，SA 断开则照明灯灭。控制变压器 TC 的二次侧输出 24 V 和 6 V 电压，分别作为车床低压照明和信号灯的电源。熔断器 FU4 和 FU3 用做短路保护。

CA6140 型车床的电气元件明细表见表 1—7。

表 1—7　　CA6140 型车床电气元件明细表

代号	名称	型号	规格	数量	用途
M1	主轴电动机	Y132M－4－B3	7.5 kW、1 450 r/min	1	主轴及进给传动
M2	冷却泵电动机	AOB－25	90 W、3 000 r/min	1	供冷却液
M3	快速移动电动机	AOS5634	250 W、1 360 r/min	1	刀架快速移动

续表

代号	名称	型号	规格	数量	用途
KH1	热继电器	JR36－20/3	15.4 A	1	M1 过载保护
KH2	热继电器	JR36－20/3	0.32 A	1	M2 过载保护
KM	交流接触器	CJ10－20	线圈电压 110 V	1	控制 M1
KA1	中间继电器	JZ7－44	线圈电压 110 V	1	控制 M2
KA2	中间继电器	JZ7－44	线圈电压 110 V	1	控制 M3
SB1	按钮	LAY3－01ZS/1		1	停止 M1
SB2	按钮	LAY3－10/3.11		1	启动 M1
SB3	按钮	LA9		1	启动 M3
SB4	旋钮开关	LAY3－10X/20		1	控制 M2
SB	旋钮开关	LAY3－01Y/2		1	电源开关锁
SQ1、SQ2	行程开关	JWM6－11		2	断电保护
FU1	熔断器	BZ001	熔体 6 A	3	M2、M3 短路保护
FU2	熔断器	BZ001	熔体 1 A	1	控制电路短路保护
FU3	熔断器	BZ001	熔体 1 A	1	信号灯短路保护
FU4	熔断器	BZ001	熔体 2 A	1	照明电路短路保护
HL	信号灯	ZSD－0	6 V	1	电源指示
EL	照明灯	JC11	24 V	1	工作照明
QF	低压断路器	AM2－40	20A	1	电源开关
TC	控制变压器	JBK2－100	380 V/110 V/24 V/6 V	1	控制电路电源

三、CA6140 型车床元件位置图

元件位置图也称为电气元件布置图，是用来表明电气设备上的电动机和电气元件的实际位置，为生产机械电气控制设备的制造、安装和维修提供必要的资料。机床元件位置图主要由机床电气设备位置图、控制柜及控制板电气设备位置图、操纵及悬挂操纵箱电气设备位置图等组成。电气位置图可按电气控制系统的复杂程度集中绘制或单独绘制，但在绘制这些图形时，机床轮廓线用细实线或点画线表示，所能看到的及需要表示清楚的电气设备，均用粗实线绘制出简单的外形轮廓。CA6140 型车床元件位置图如图 1—8 所示。

图 1—8 中项目代号的识读方法是：第一位是位置代号，表示元件在车床上的位置，第二位是种类代号，表示元件的种类。例如，＋M01 表示车床的床身底座位置；＋M01－M1 表示主轴电动机 M1 安装在车床的床身底座内；＋M05－SB1 表示停止按钮 SB1 安装在车床的床鞍上。

四、CA6140 型车床的接线图

接线图是根据电气设备和电气元件的实际位置和安装情况绘制的，只用来表示电气设备和电气元件的位置、配线方式和接线方式，而不明确表示电气动作原理。接线图主要用于安装接线、线路的检查维修和故障处理。CA6140 型车床接线图如图 1—9 所示。

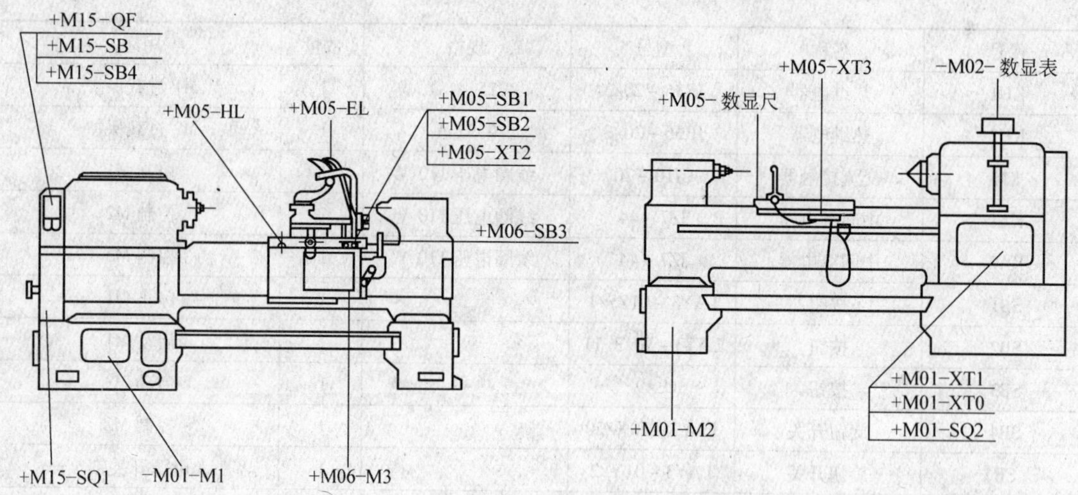

位置代号索引

序号	部件名称	代号	安装的元件
1	床身底座	+ M01	– M1、 – M2、 – XT0、 – XT1、 – SQ2
2	床鞍	+ M05	– HL、 – EL、 – SB1、 – SB2、 – XT2、 – XT3
3	溜板	+ M06	– M3、 – SB3
4	传动带罩	+ M15	– QF、 – SB、 – SB4、 – SQ1
5	床头	+ M02	数显表

图 1—8　CA6140 型车床元件位置图

一、识读 CA6140 型车床电路图

识读相关电路图，在教师的指导下，结合对机床的实际操作，进一步理解机床各部分的功能及工作原理。

二、识读 CA6140 型车床元件位置图

根据图 1—8 和表 1—7，在教师的指导下，熟悉各元件的用途、位置和型号。

三、识读 CA6140 型车床的接线图

根据如图 1—9 所示的 CA6140 型车床接线图和图 1—8 所示的元件位置图，熟悉车床的布线情况，并通过测量等方法找出各回路的实际布线路径。

查找线路实际布线路径的方法是：首先根据元件位置图确定电路中各电气元件的位置，然后结合工作原理，根据接线图中的元件接点号（实际电气设备上就是编码套管号）找出布线路径。如主轴电动机 M1 主电路的实际布线路径如图 1—10 所示：

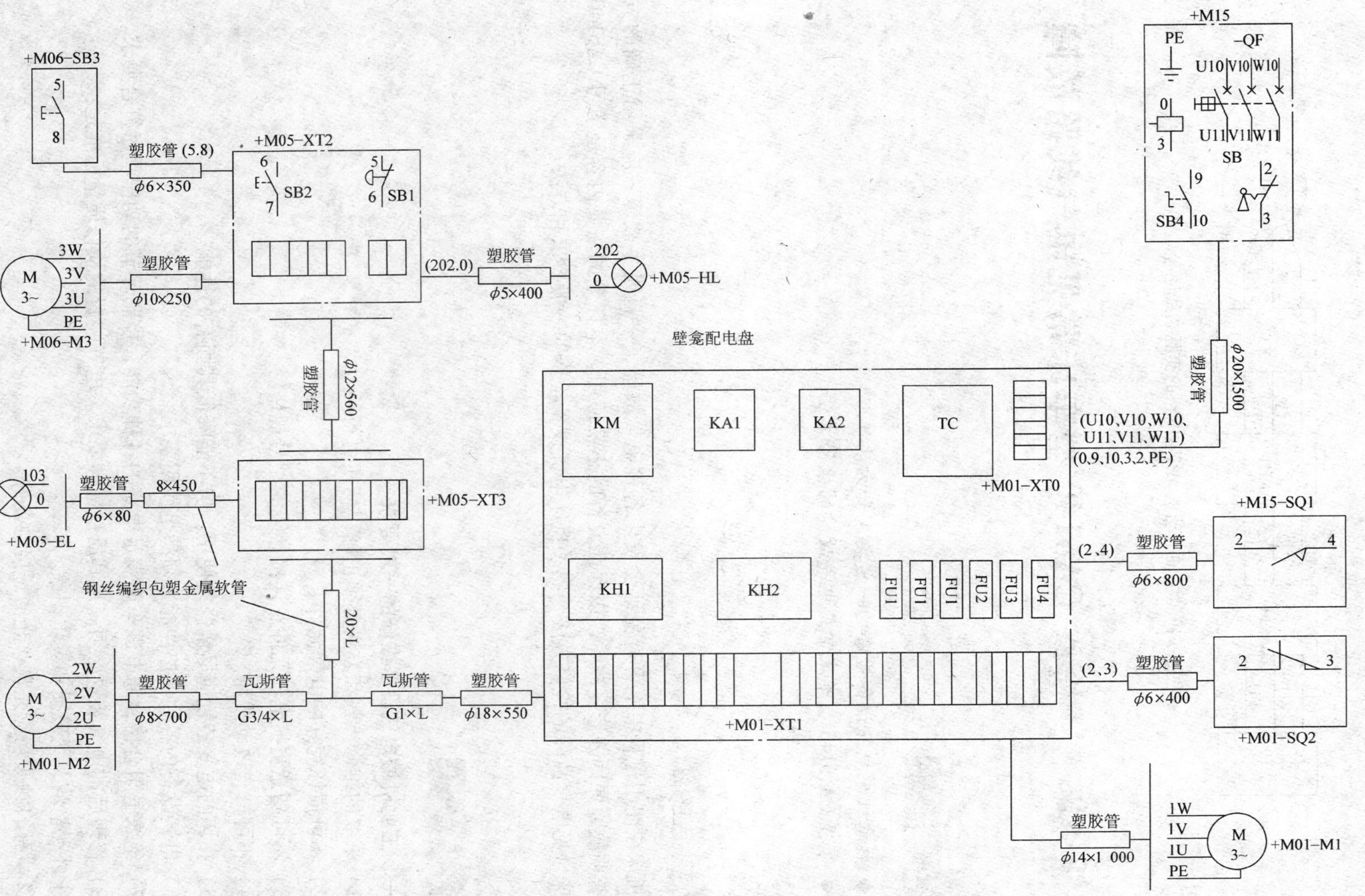

图 1—9　CA6140 型车床接线图

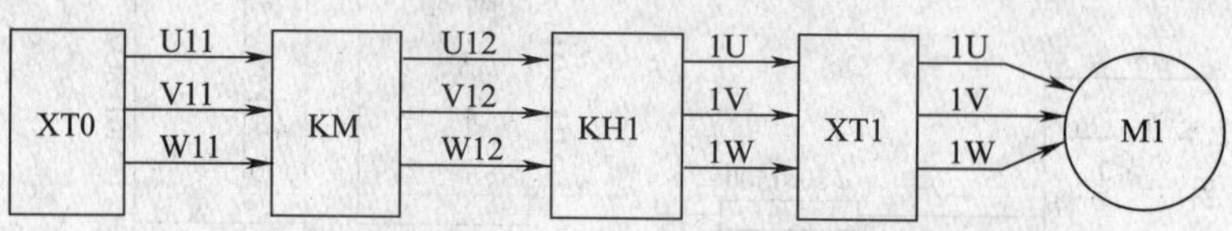

图 1—10　主轴电动机 M1 主电路的实际布线路径

任务3　检修 CA6140 型车床常见电气线路故障

任务目标

- 熟悉机床电气设备检修的一般要求和方法。
- 掌握 CA 6140 型车床常见电气故障的检修方法。

工作任务

机床在使用过程中不可避免地会发生各种电气故障，一旦发生故障，应采用正确的方法，查明故障原因并修复故障，以保证设备的正常使用。本任务的主要内容是学习 CA6140 型车床常见电气故障的检修方法，熟悉机床电气设备检修的一般要求和方法。

相关知识

一、工业机械电气设备维修的一般要求

1）采取的维修步骤和方法必须正确，切实可行。

2）不可损坏完好的电气元件。

3）不可随意更换电气元件及连接导线的型号规格。

4）不可擅自改动线路。

5）损坏的电气装置应尽量修复使用，但不能降低其固有的性能。

6）电气设备的各种保护性能必须满足使用要求。

7）绝缘电阻合格，通电试车能满足电路的各种功能，控制环节的动作程序符合要求。

8）修理后的电气装置必须满足其质量标准要求。电气装置的检修质量标准是：

①外观整洁，无破损和炭化现象。

②所有的触头均应完整、光洁、接触良好。

③压力弹簧和反作用力弹簧的弹力应满足要求。

④操纵、复位机构都必须灵活可靠。

⑤各种衔铁运动灵活，无卡阻现象。

⑥灭弧罩完整、清洁，安装牢固。

⑦整定数值大小应符合电路使用要求。

⑧指示装置能正常发出信号。

二、工业机械电气设备维修的一般方法

电气设备的维修包括日常维护保养和故障检修两个方面。

1. 电气设备的日常维护保养

电气设备在运行过程中出现的故障，有些可能是由于操作使用不当、安装不合理或维修不正确等人为因素造成的，称为人为故障；而有些故障则可能是由于电气设备在运行时过载、机械振动、电弧的烧损、长期动作的自然磨损、周围环境温度和湿度的影响、金属屑和油污等有害介质的侵蚀以及电气元件的自身质量问题或使用寿命等原因而产生的，称为自然故障。显然，如果加强对电气设备的日常检查、维护和保养，及时发现一些非正常因素，并给予及时修复或更换处理，就可以将故障消灭在萌芽状态，防患于未然，使电气设备少出甚至不出故障，以保证工业机械的正常运行。

电气设备的日常维护保养包括电动机和控制设备的日常维护保养。这里只介绍控制设备的日常维护保养知识。

（1）控制设备的日常维护保养

1）电气柜（配电箱）的门、盖、锁及门框周边的耐油密封垫均应良好。门、盖应关闭严密，柜内应保持清洁，不得有水滴、油污和金属屑等进入电气柜内，以免损坏元件造成事故。

2）操纵台上的所有操纵按钮、主令开关的手柄、信号灯及仪表护罩都应保持清洁完好。

3）检查接触器、继电器等元件的触头系统吸合是否良好、有无噪声、卡住或迟滞现象，触头接触面有无烧蚀、毛刺或穴坑；电磁线圈是否过热；各种弹簧弹力是否适当；灭弧装置是否完好无损等。

4）检查门的开关能否起保护作用。

5）检查各元件的操作机构是否灵活可靠，有关整定值是否符合要求。

6）检查各线路接头与端子板的接头是否牢靠，各部件之间的连接导线、电缆或保护导线的软管均不得被冷却液、油污等腐蚀，管接头处不得产生脱落或散头等现象。

7）检查电气柜（配电箱）及导线通道的散热情况是否良好。

8）检查各类指示信号装置和照明装置是否完好。

9）检查电气设备和生产机械上所有裸露导体件是否接到保护接地专用端子上，是否达到了保护电路连续性要求。

（2）电气设备的维护保养周期

对设置在电气柜（配电箱）内的电气元件，一般不经常进行开门监护，主要是靠定期的维护保养，来实现电气设备较长时间的安全稳定运行。其维护保养周期，应根据电气设备的构造、使用情况及环境条件等来确定。一般可采用配合生产机械的一、二级保养同时进行其电气设备的维护保养工作。保养的周期及内容见表 1—8。

表 1—8 电气设备的维护保养周期及内容

保养级别	保养周期	机床作业时间	电气设备保养内容
一级保养	一季度左右	6 ~ 12 h	（1）清扫配电箱内的积灰异物 （2）修复或更换即将损坏的电气元件 （3）整理内部接线，使之整齐美观。特别是在平时应急修理处，应尽量复原成正规状态 （4）紧固熔断器的可动部分，使之接触良好 （5）紧固接线端子和电气元件上的压线螺钉，使所有压接线头牢固可靠，以减小接触电阻 （6）对电动机进行小修和中修检查 （7）通电试车，使电气元件的动作程序正确可靠
二级保养	一年左右	3 ~ 6 d	（1）机床一级保养时，对机床元件所进行的各项维护保养工作 （2）检修动作频繁且电流较大的接触器、继电器触头 （3）检修有明显噪声的接触器和继电器 （4）校验热继电器，看其是否能正常工作。校验结果应符合热继电器的动作特性 （5）校验时间继电器，看其延时时间是否符合要求

2. 机床电气故障检修的一般步骤和方法

尽管机床日常维护保养后，降低了电气故障的发生率，但绝不可能杜绝电气故障的发生。因此，电气故障发生后，维修电工必须能够采用正确的检修步骤和方法，找出故障点并排除故障，保障设备的正常运行。

（1）电气故障检修的一般步骤

电气故障检修的一般步骤如下：

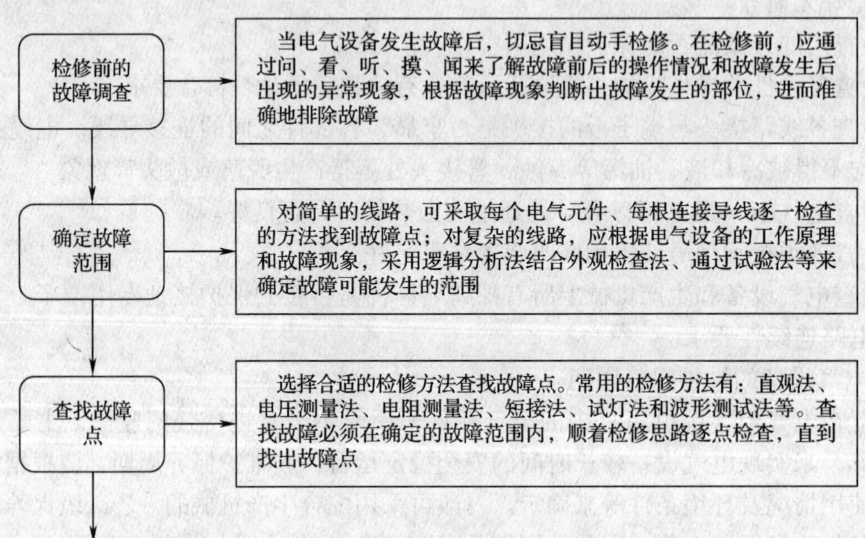

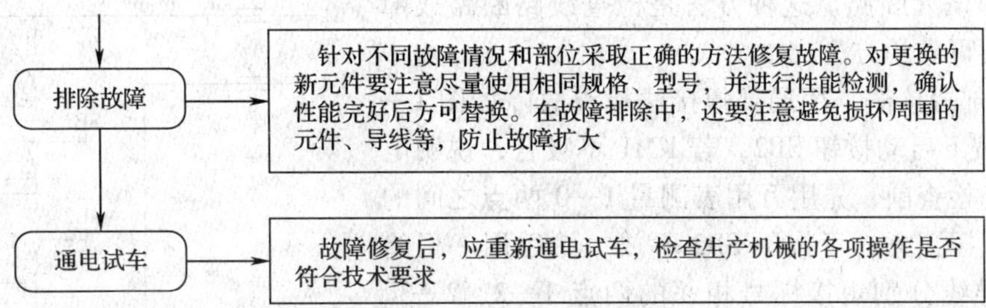

所谓检修前故障调查的问、看、听、摸、闻内容如下：

问——询问操作者故障前、后电路的运行状况及故障发生后的症状，如设备是否有异常的响声、冒烟、火花等。故障发生前有无切削力过大和频繁地启动、停止、制动等情况；有无经过保养检修或改线路等。

看——观察故障发生后是否有明显的外观征兆，如各种信号，有指示装置的熔断器的情况，保护元件脱扣动作，接线脱落，触头烧蚀或熔焊，线圈过热烧毁等。

听——在线路还能运行和不扩大故障范围、不损坏设备的前提下通电试车，细听电动机、接触器和继电器等元件的声音是否正常。

摸——在刚切断电源后，尽快触摸检查电动机、变压器、电磁线圈及熔断器等，看是否有过热现象。

闻——在确保安全的前提下，闻一闻电动机、接触器和继电器等的线圈绝缘以及导线的橡胶塑料层是否有烧焦的气味。

提示

在通电试验时，必须注意人身和设备安全，通电试验时间要尽量短，同时要随时做好切断电源的准备，防止发生异常情况而扩大故障，损坏电气设备。要严格遵守安全操作规程，熟悉操作步骤，不得随意触及带电体。如需电动机运转，则应使电动机在空载下运行。要暂时切断有故障的主电路，防止故障扩大，并预先充分估计到通电线路动作可能发生的不良后果。

（2）查找故障点的常用方法

检修过程的重点是判断故障范围和确定故障点。测量法是维修电工工作中用来准确确定故障点的一种行之有效的检查方法，即通过对电路进行带电或断电时的有关参数如电压、电阻、电流等的测量，来判断电气元件的好坏、设备的绝缘情况及线路的通、断情况等。常用的测量工具和仪表有校验灯、验电笔、万用表、钳形电流表、兆欧表等。

在用测量法检查故障点时，一定要保证测量工具和仪表完好，使用方法正确，还要注意防止感应电、回路电及其他并联支路的影响，以免产生误判断。常用的检修方法有：直观法、通电试验法、电压测量法、电阻测量法、短接法、试灯法和波形测试法等，这里仅介绍短接法。

短接法是用一根绝缘良好的导线，把所怀疑的断路部位短接，如短接过程中电路被接通，就说明该处断路。这种方法是检查线路断路故障的一种简便可靠的方法。

1）局部短接法　用局部短接法检查故障如图1—11所示。按下启动按钮SB2，若KM1不吸合，说明电路有故障。检查前，先用万用表测量1—0两点之间的电压，若电压正常，可按下SB2不放，然后用一根绝缘良好的导线分别短接标号相邻的两点1—2、2—3、3—4、4—5、5—6（注意绝对不能短接6—0两点，否则会造成电源短路），当短接到某两点时，接触器KM1动作，即说明故障点在该两点之间，见表1—9。

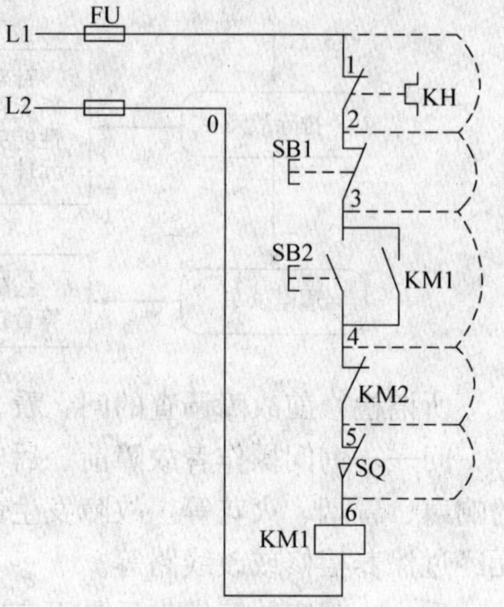

图1—11　局部短接法

2）长短接法　长短接法是一次短接两个或两个以上触头来检查故障的方法，用长短接法检查故障，如图1—12所示。

表1—9　用局部短接法查找故障点

故障现象	测试状态	短触点标号	电路状态	故障点
按下SB2，KM1不吸合	按下SB2不放	1—2	KM1吸合	KH常闭触头接触不良或误动作
		2—3	KM1吸合	SB1触头接触不良
		3—4	KM1吸合	SB2触头接触不良
		4—5	KM1吸合	KM2常闭触头接触不良
		5—6	KM1吸合	SQ触头接触不良

在图1—12所示电路中，当KH的常闭触头和SB1的常闭触头同时接触不良时，若用局部短接法短接1—2点，按下SB2，KM1仍不能吸合，则可能造成判断错误；而用长短接法将1—6两点短接，如果KM1吸合，则说明1—6这段电路上有断路故障，然后再用局部短接法逐段找出故障点。

长短接法的另一个作用是可把故障范围缩小到一个较小的范围。例如，第一次先短接3—6两点，如果KM1不吸合，再短接1—3两点，KM1吸合，说明故障在1—3。可见，如果长短接法和局部短接法结合使用，很快就能找出故障点。

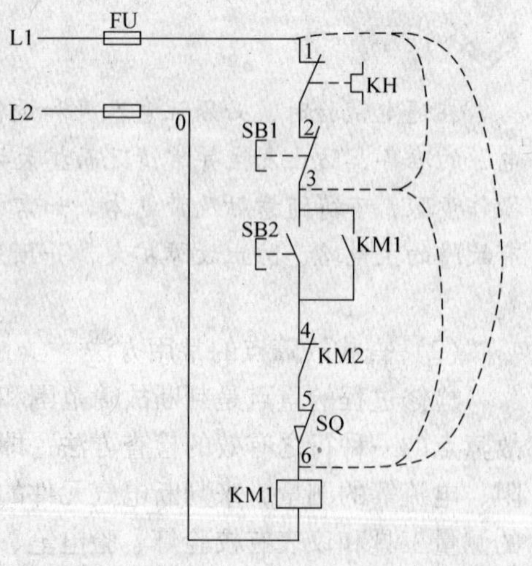

图1—12　长短接法

提示

用短接法检测故障时必须注意的事项

（1）用短接法检测时，是用手拿着绝缘导线带电操作，所以一定要注意用电安全，不能触及带电的线芯，有条件的应戴绝缘手套操作。

（2）短接法一般只适用于检查控制电路，不能在主电路中使用，且绝对不能短接负载或压降较大的元件，如电阻、线圈、绕组等，否则将发生短路现象。

（3）对于生产机械的某些重要部位，必须在保证电气设备或机械部件不会出现事故的情况下，才能使用短接法。

在实际检修中，机床电气故障是多样的，就是同一种故障现象，发生故障的部位也可能是不同的。因此，采用以上故障检修步骤和方法时，不要生搬硬套，而应根据故障性质和具体情况灵活应用，各种方法可交叉使用，力求迅速、准确地找出故障点。

（3）故障修复及注意事项

查找出电气设备的故障点后，就要着手进行修复、试运行和记录等，然后交付使用。在此过程中应注意以下几点：

1）在找出故障点和修复故障时，应注意不要把找出故障点作为寻找故障的终点，还必须进一步分析查明产生故障的根本原因，避免类似故障再次发生。

2）在故障的修复过程中，一般情况下应尽量做到复原。

3）每次修复故障后，应及时总结经验，并做好维修记录，作为档案以备日后维修时参考。

三、CA6140 型车床故障检修实例

1. 故障一

按下启动按钮 SB2，接触器 KM1 动作，但主轴电动机 M1 不启动或启动后转速很慢并发出“嗡嗡”声。

按下启动按钮 SB2，接触器 KM1 动作，但电动机发出“嗡嗡”声，观察电动机，发现电动机 M1 不启动或启动后转速很慢且发生“嗡嗡”声，这是电动机缺相运行的典型故障现象，该故障的检修流程如图 1—13 所示。

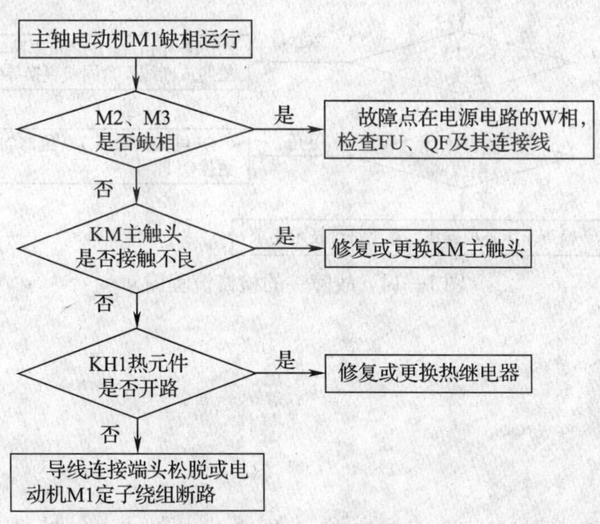

图 1—13　主轴电动机 M1 缺相的检修流程图

CA6140 型车床的配电盘壁龛有开门断电保护功能，若需要打开配电盘壁龛门进行带电检修，需将行程开关 SQ2 的传动杆拉出，使断路器 QF 能闭合。关上壁龛门后，SQ2 复原恢复断电保护功能。

主轴电动机 M1 缺相运行故障的检修步骤如下：

（1）观察故障现象

合上电源开关 QF，按下启动按钮 SB2，KM 得电吸合，主轴电动机 M1 转速很慢甚至不转，并发出“嗡嗡”声。这时要立即按下急停按钮，使 KM 断电释放，切断 M1 电源，防止电动机烧毁。再按下 SB3，发现电动机 M3 也缺相。

（2）确定故障范围

由于两台电动机 M1、M3 都缺相运行，说明故障在电源电路中，又因为接触器 KM 能正常动作，说明变压器 TC 能正常输出 110 V 电压，所以 L1、L2 两相电源电路正常，故障点应位于 L3 相电源电路中，即故障在 L3—FU—W10—QF—W11 范围内。

（3）查找故障点并排除故障

该故障的故障范围较小，可用验电笔从 L3 相的电源进线端依次测量熔断器 FU、断路器 QF 的接线端子是否有电，从而找到故障点。查找故障点并排除故障的具体流程如图 1—14 所示。

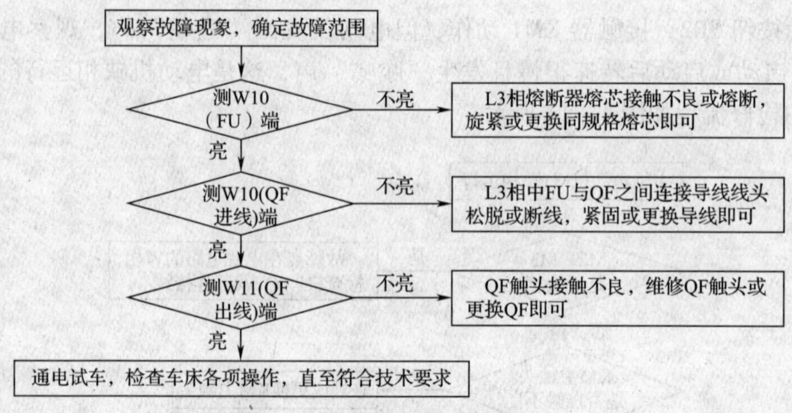

图 1—14　故障一的检修流程图

若按下启动按钮 SB2，主轴电动机 M1 转速很慢并发出“嗡嗡”声，但按下 SB3，刀架快速移动电动机 M3 能正常运行，故障范围是否与故障一相同呢？

(1) 电动机缺相运行时，其定子绕组的电流将超过额定值很多，很容易烧毁电动机，因此发现电动机缺相故障时要立即切断电动机电源，避免电动机因长时间通电而烧毁。

(2) 检修故障时，采用电压测量法一般可提高检修速度，但检修电动机缺相运行故障时，由于电动机不能长时间通电，故对于接触器主触头下方的故障点一般只能采用电阻法测量。

(3) 遇到故障时，不要盲目急于用测量法去查找故障点，应进行合理、充分的试车，通过试车认真观察故障现象，尽量缩小故障范围。如发现电动机 M1 缺相，应再按下 SB3，观察 M3 是否缺相，从而缩小故障范围，快速排除故障。

2. 故障二

按下启动按钮 SB2，主轴电动机 M1 不启动，接触器 KM 不吸合。

若接触器 KM 不吸合，则故障范围在接触器 KM 的线圈回路，该故障的检修流程如图 1—15 所示。

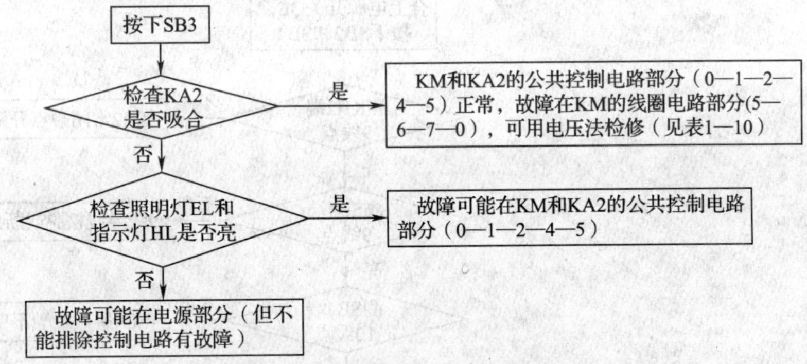

图 1—15 故障二的检修流程图

用电压测量法检修 KM 的线圈电路部分故障的方法见表 1—10。

表 1—10 用电压测量法检修电路故障

测量线路及状态	5—6	6—7	7—0	故障点	排除方法
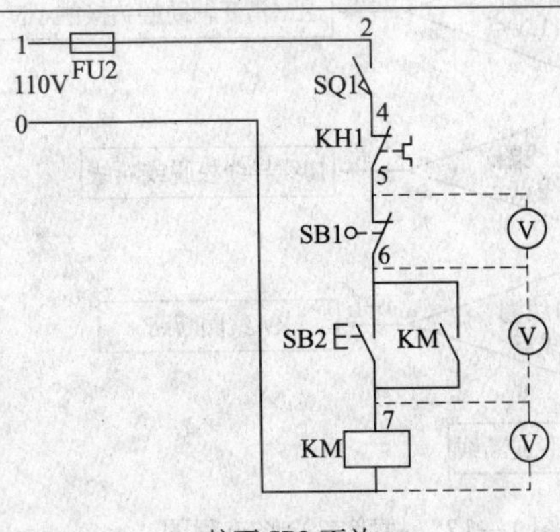 1 FU2 2 110V 0 SQ1 4 KH1 5 SB1 6 SB2 KM 7 KM V V V 按下 SB2 不放	110 V	0	0	SB1 接触不良或接线脱落	更换 SB1 或将脱落的导线接好
	0	110 V	0	SB2 接触不良或接线脱落	更换 SB2 或将脱落的导线接好
	0	0	110 V	KM 线圈开路或接线脱落	更换 KM 或将脱落的导线接好

3. 故障三

冷却泵电动机 M2 不能启动运行。

（1）观察故障现象

合上电源开关 QF，按下 SB2，主轴电动机 M1 启动运转后，再按下 SB4，发现中间继电器 KA1 不吸合，冷却泵电动机不启动。

（2）确定故障范围

根据该故障现象分析故障范围如图 1—16 所示。（9 线表示电路中 9 号点，余同）

KH2常闭触头 ⟶ XT0 —9线→ SB4 —10线→ KM常开触头 —10线→ KA1线圈 —11线→

KA2线圈 —0线→ KM线圈 —0线→ TC(0线)

（3）查找故障点

断开电源开关 QF，拆下中间继电器 KA1 线圈 0 线接头并做好绝缘处理。用验电笔查找故障的流程检修。如图 1—17 所示。

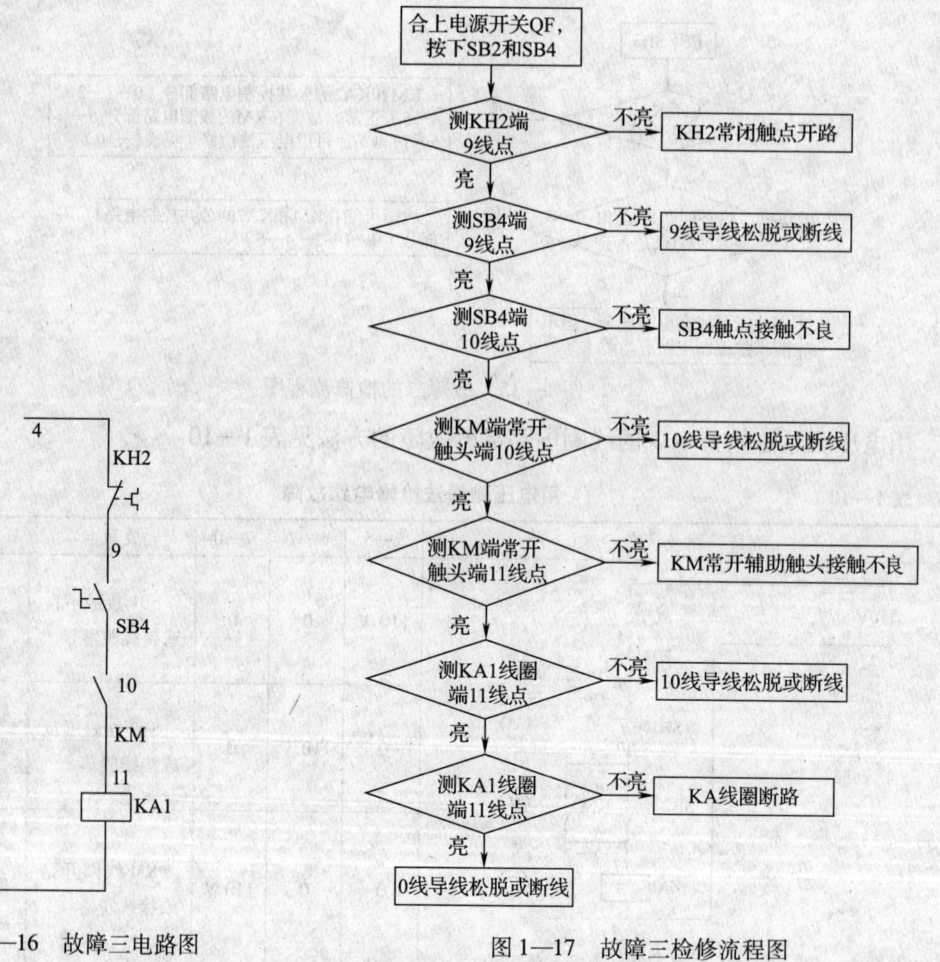

图 1—16　故障三电路图

图 1—17　故障三检修流程图

该故障排除后，恢复中间继电器 KA1 线圈 0 线接头。

检修实例中给出的检修步骤和方法并非唯一，仅供实训时参考。实训过程中，重点培养综合利用电路图、元件位置图、接线图等资料，根据具体故障现象分析、查找故障的能力。

1. 工具、仪表

电工常用工具，万用表，钳形电流表，兆欧表等。

2. 设备

CA6140 型车床。

一、观摩检修

结合相关知识中所讲实例，认真观摩教师的示范检修，掌握检修 CA6140 型车床电气线路的基本步骤和方法。

二、检修训练

断开电源，在 CA6140 型车床电气线路的主电路或控制电路中设置电气故障点 1、2 处，按照正确的检修方法进行检修练习，并做好维修记录。该故障检修记录表见表 1—11。

表 1—11　　故障检修记录表

维修时间		维修人员	
设备名称		设备型号	
故障现象			
在电路图中标出最小故障范围，并简要记录分析过程			

续表

	故障点	检修步骤	排除方法
查找故障点并排除			
维修小结			

故障设置时的注意事项：

1）人为设置的故障必须是模拟车床在使用过程中出现的自然故障。

2）不能通过更改线路或更换电气元件来设置故障。

3）设置故障不能损坏电路元件，不能破坏线路美观，不能设置易造成人身或设备事故的故障点。

4）设置的故障必须先易后难，先设置单个故障，然后过渡到两个或两个以上故障；当设置一个以上故障点时，故障现象尽可能不要相互掩盖。

三、实训注意事项

1）检修前，要认真阅读、分析电路图，熟练掌握各个控制环节的工作原理及作用，并认真观摩教师的示范检修。

2）工具和仪表的使用应符合使用要求。

3）检修时，严禁扩大故障范围或产生新的故障点；不得采用更换元件、改变线路的方法修复故障点。

4）停电要验电。带电检修时，必须有指导教师在现场监护，以确保用电安全，同时要做好实训记录。

检修实训任务测评见表1—12。

表1—12　任务测评

项目内容	配分	评分标准		扣分
故障分析	30分	（1）故障分析、排除故障思路不正确 （2）不能标出最小故障范围	扣5～10分 每个扣15分	

续表

项目内容	配分	评分标准		扣分
排除故障	70 分	（1）断电不验电	扣 5 分	
		（2）工具及仪表使用不当	每次扣 5 分	
		（3）检查故障的方法不正确	扣 20 分	
		（4）排除故障的方法不正确	扣 20 分	
		（5）不能排除故障点	每个扣 30 分	
		（6）扩大故障范围或产生新的故障点	每个扣 40 分	
		（7）损坏电气元件	每只扣 20 ~ 40 分	
		（8）排除故障后通电试车不成功	扣 50 分	
安全文明生产	违反安全文明生产规程		扣 10 ~ 70 分	
定额时间：30 min	训练不允许超时，若在修复故障过程中才允许超时，以每超 5 min 扣 5 分计算			
备注	除定额时间外，各项内容的最高扣分，不得超过配分数		总得分	
开始时间		结束时间	实际时间	

知识拓展　C650 型卧式车床电气控制线路简介

前面介绍的 CA6140 型车床适用于加工尺寸较小的工件，在实际生产中，有时需要加工较大的工件，这时就要用到其他型号的车床，如 C650 型卧式车床。现简单介绍 C650 型卧式车床电气控制线路的构成和工作原理，以拓展视野，逐步提高分析机床电气控制线路的能力。

C650 型卧式车床属中型车床，它的主驱动电动机采用 30 kW 的电动机，功率强劲，可加工的最大工件回旋直径为 ϕ1 020 mm，最大工件长度为 3 000 mm，其外形和结构如图 1—18 所示。

C650 型卧式车床结构与运动形式与 CA6140 基本相同，在电力驱动方面与 CA6140 的区别主要有：

其一，C650 型卧式车床主轴的正、反转是通过主轴电动机 M1 的正、反转实现的，且主轴反转时，刀架随之后退。

其二，C650 型卧式车床主轴电动机的功率较大，加工的工件也较大，加工时的转动惯量较大，停车时不易立即停止，因此停车时采用反接制动，以提高生产效率。

C650 型卧式车床电气控制电路图如图 1—19 所示。

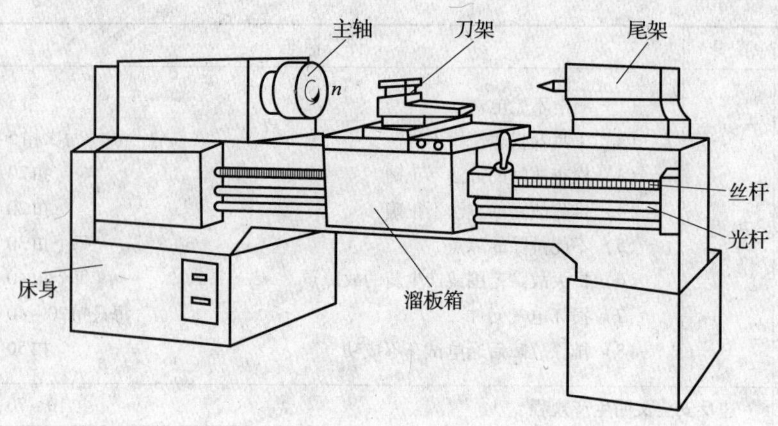

图 1—18　C650 型卧式车床的结构

C650 型卧式车床电路图中电气元件代号及名称见表 1—13。

表 1—13　**C650 型卧式车床电气元件代号及名称**

代号	名称	代号	名称
M1	主电动机	SB1	总停按钮
M2	冷却泵电动机	SB2	主电动机正向点动按钮
M3	快速移动电动机	SB3	主电动机正转按钮
KM1	主电动机正转接触器	SB4	主电动机反转按钮
KM2	主电动机反转接触器	SB5	冷却泵电动机停转按钮
KM3	短接限流电阻接触器	SB6	冷却泵电动机启动按钮
KM4	冷却泵电动机启动接触器	TC	控制变压器
KM5	快移电动机启动接触器	FU（1~5）	熔断器用于短路保护
KA	中间继电器	FR1	主电动机过载保护热继电器
KT	通电延时时间继电器	FR2	冷却泵电动机保护热继电器
SQ	快移电动机点动行程开关	R	主电动机限流电阻
SA	开关	EL	照明灯
KS	速度继电器	TA	电流互感器
PA	电流表	QS	隔离开关

一、主电路分析

三相交流电源 L1、L2、L3 经隔离开关 QS 引入 C650 型卧式车床主电路，在主电路中，熔断器 FU1 为短路保护环节，KH1 是热继电器，对电动机 M1 起过载保护作用。

主电动机 M1 由交流接触器 KM1 与 KM2 控制正、反转，R 为限流电阻，在主轴电动机 M1 点动及反接制动控制起限流作用。电流互感器 TA 和电流表 PA 用以监视主轴电动机 M1 绕组的电流。时间继电器 KT 延时断开的常闭触点起到保护电流表 PA 的作用，以防主轴电动机启动时的冲击电流对其造成损害。速度继电器 KS 与主轴电动机 M1 同轴连接，当主轴

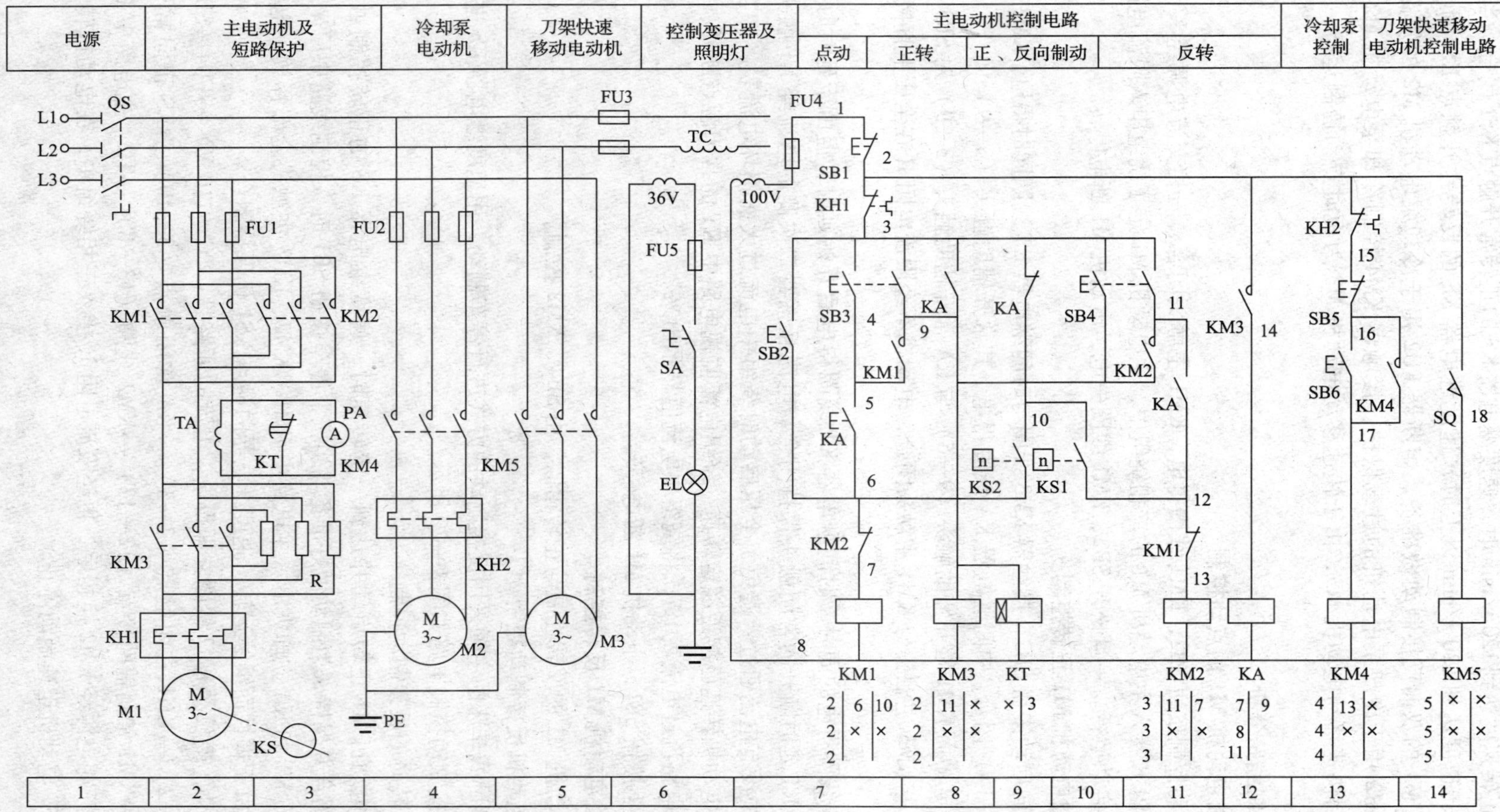

图1—19　C650型卧式车床电气控制电路图

电动机 M1 正转速度达到 120 r/min 时，速度继电器 KS 的正转常开触点 KS1 闭合；当主轴电动机 M1 反转速度达到 120 r/min 以上时，速度继电器 KS 的反转常开触点 KS2 闭合，为主轴电动机 M1 的双向反接制动做准备。熔断器 FU2 用于冷却泵电动机 M2 的短路保护，热继电器 KH2 用于冷却泵电动机的过载保护；接触器 KM4 控制冷却泵电动机 M2，接触器 KM5 控制快速移动电动机 M3，由于快速移动电动机 M3 为短时点动控制运行，故未设过载保护。

二、控制线路分析

1. 主轴电动机 M1 的点动控制

按下点动控制按钮 SB2，KM1 线圈得电，KM1 主触头闭合，三相交流电源经 KM1 主触头和限流电阻 R 接入主电动机 M1 的三相绕组中，主电动机 M1 定子绕组串入限流电阻 R 在较低转速下启动运行。一旦松开 SB2，KM1 线圈失电，电动机 M1 断电停转。

2. 主轴电动机 M1 正转控制

按下正向启动按钮 SB3，接触器 KM3 线圈与时间继电器 KT 线圈同时得电，KM3 常开辅助触头（2—14）闭合，中间继电器 KA 线圈得电，其常开辅助触头（3—9）闭合，接触器 KM1 线圈得电；而 KM1 常开辅助触头（9—5）与 KA 常开辅助触头（3—9）对 SB3 形成自锁。主电路中 KM3 主触头与 KM1 主触头闭合，电动机不经限流电阻 R 在全压下直接正转启动。

在 KM3 线圈得电的同时，时间继电器 KT 线圈得电后开始延时，但由于延时时间还未到达，所以 KT 延时断开的常闭触头保持闭合，电流互感器二次侧的电流经 KT 触头短路，电流表 PA 中没有电流通过，避免了全压启动时绕组中电流过大而损坏电流表。KT 延时时间到达时，电动机转速已接近额定转速，绕组电流监视电路中 KT 的常闭触点断开，电流互感器二次侧电路流过电流表 PA，将绕组中电流值显示出来。

按下停止按钮 SB1，电动机 M1 断电停转。

3. 主轴电动机 M1 反转控制

主轴电动机 M1 的反转控制与正转相似，由 SB4、KM2 控制。

4. 主电动机反接制动控制

C650 型卧式车床的主轴采用反接制动的方式进行停车制动，用速度继电器 KS 进行检测和控制，反接制动控制电路如图 1—20 所示。

（1）正转时的反接制动控制

当主轴电动机 M1 正转启动并达到一定转速时，速度继电器 KS 的正转控制触头 KS1（10—12）闭合并保持，为制动做好准备。当按下停车按钮 SB1 时，控制线路中原来通电的 KM1、KM3、KT 和 KA 立即失电，主电路中 KM1、KM2、KM3 主触头全部释放，电动机断电降速，但由于惯性而继续运转，速度继电器的触点 KS1 仍保持闭合。

松开 SB1，接触器 KM2 线圈立即得电，电流的通路是：TC（110 V）→FU4→SB1 的常闭触点（1—2）→KH1 常闭触点（2—3）→KA 常闭触点（3—10）→KS 正向常开触点（10—12）→KM1 常闭辅助接点（12—13）→KM2 线圈（13—8）→TC。主电路中 KM2 主触头闭合，三相电源经 KM2 换相后，再经限流电阻 R 接入三相绕组中，在电动机转子上形成制动转矩，电动机迅速制动停止。

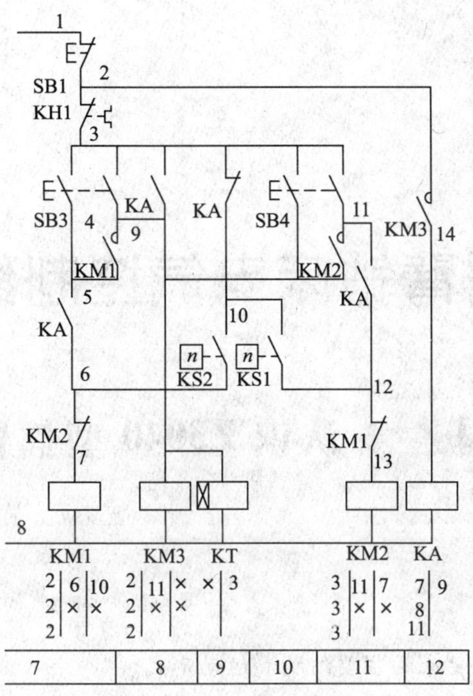

图 1—20 主轴电动机反接制动控制电路

当电动机 M1 的转速降到很低（$n<100$ r/min）时，速度继电器 KS 的正转控制触头 KS1（10—12）复位断开，KM2 线圈失电，电动机 M1 断电，正向反接制动过程结束。

在电动机正转启动至额定转速，再从额定转速制动至停止的过程中，KS 反转控制触头 KS2 始终不动作，保持常开状态。

（2）反转时的反接制动控制

反转停车时的反接制动过程与正转停车时的反接制动过程相似，反转时，KS 的反转控制触头 KS2 闭合，停车制动时接通接触器 KM1 进行反接制动。

5. 冷却泵电动机 M2 的控制

按下 SB6，接触器 KM4 得电动作并自锁，冷却泵电动机 M2 转动并保持。按下 SB5，KM4 线圈失电，冷却泵电动机 M2 停转。

6. 快移电动机 M3 的点动控制

快移电动机 M3 的点动控制由车床上的刀架手柄控制行程开关 SQ 实现。要使刀架快速移动，转动刀架手柄，使其压合行程开关 SQ，其常开触点 SQ（2—18）闭合，接触器 KM5 得电动作，KM5 的主触头闭合，刀架快移的电动机 M3 通电启动，驱动刀架快速移动；反向转动刀架手柄，行程开关 SQ 复位，电动机 M3 断电停转。

7. 照明电路

机床局部照明灯 EL 由变压器 TC 二次侧 36 V 电源供电，由手动开关 SA 控制，开关 SA 置于闭合位置时，照明灯 EL 亮；SA 置于断开位置时，照明灯 EL 熄灭。

课题二

Z3040 型摇臂钻床电气控制线路的检修

任务1 认识 Z3040 型摇臂钻床

任务目标

- ◆ 熟悉 Z3040 型摇臂钻床的主要结构和运动形式。
- ◆ 了解 Z3040 型摇臂钻床的基本操作方法和各操作手柄的作用。
- ◆ 掌握 Z3040 型摇臂钻床电气控制线路的组成和工作原理。
- ◆ 熟悉 Z3040 型摇臂钻床电气控制线路中各电气元件位置、型号及功能。

工作任务

机械加工过程中经常需要加工各种各样的孔，钻床就是一种用途广泛的孔加工机床。它主要用钻头钻削精度要求不太高的孔，还可以用来扩孔、铰孔、镗孔以及攻螺纹等，钻床的结构形式很多，有立式钻床、卧式钻床、台式钻床、深孔钻床等，如图 2—1 所示。本任务

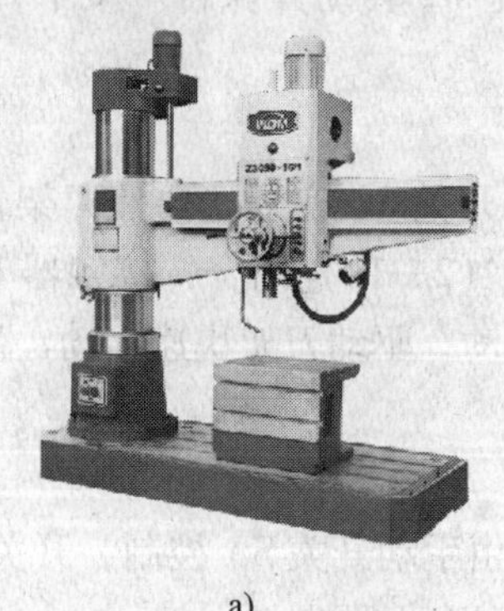

a)

b)

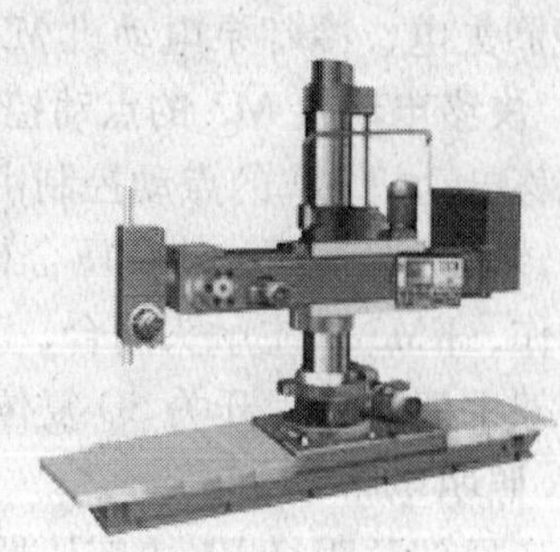

c)

图 2—1 常见的钻床

a）Z3040 型摇臂钻床 b）滑座式万向摇臂钻床 c）Z4125 型台式钻床

的主要内容是学习 Z3040 型摇臂钻床的主要结构和运动形式，及其电气控制线路的组成和工作原理，为检修其常见电气故障做必要准备。

一、Z3040 型摇臂钻床的主要结构与型号含义

Z3040 型摇臂钻床是一种立式钻床，适用于单件或小批量生产中加工带有多孔的大型零件，其型号含义如下：

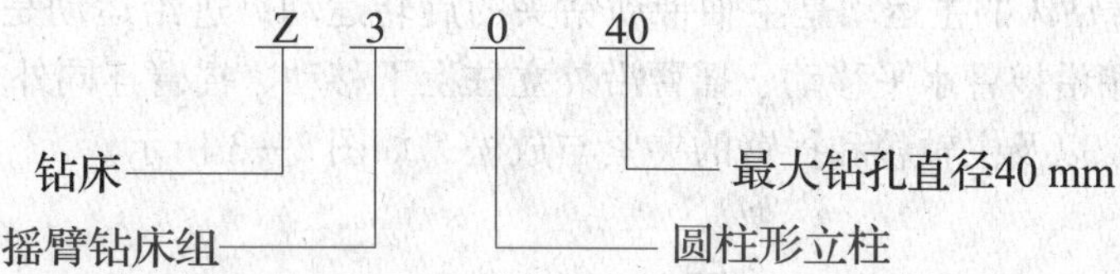

Z3040 型摇臂钻床的结构如图 2—2 所示，它主要由底座、内立柱、外立柱、摇臂、主轴箱和工作台等部分组成。

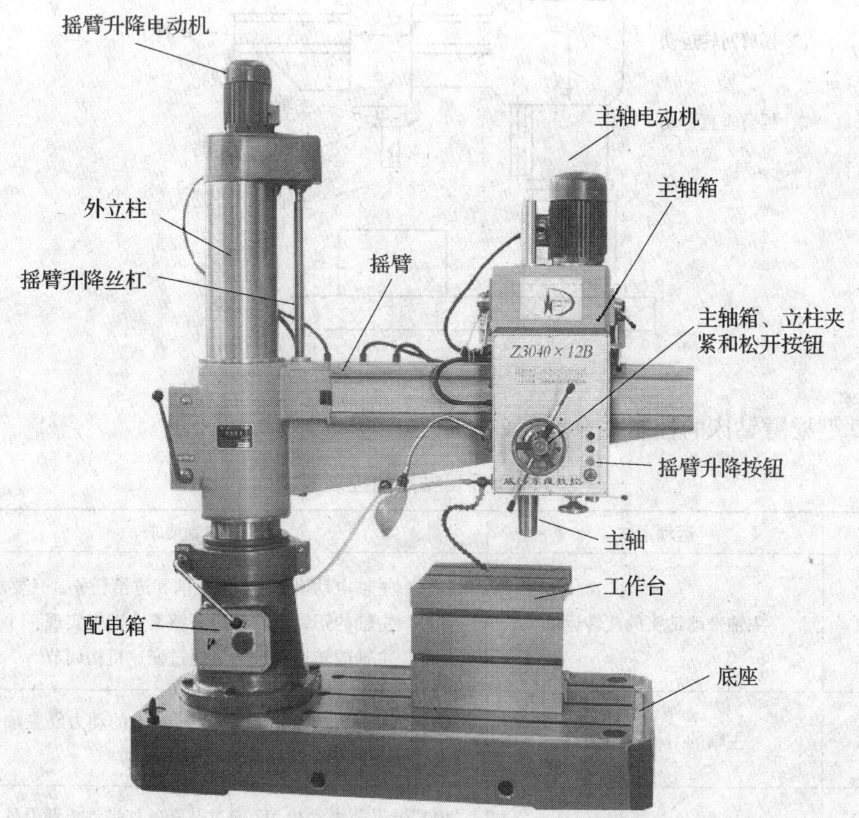

图 2—2 Z3040 型摇臂钻床的结构

内立柱固定在底座上，它外面套着空心的外立柱，外立柱可绕着不动的内立柱回转360°。摇臂一端的套筒部分与外立柱滑动配合，摇臂可沿外立柱上下移动，但不能绕外立柱转动，只能与外立柱一起相对内立柱回转。

主轴箱是一个复合部件，它包括主轴及主轴进给运动的全部传动变速和操作机构，主轴箱安装于摇臂的水平导轨上，可由手轮操纵沿摇臂上的水平导轨径向移动。

当需要钻削加工时，先将主轴箱夹紧在摇臂导轨上，摇臂夹紧在外立柱上，外立柱紧固在内立柱上。工件不大时可压紧在工作台上加工，较大工件需安装在夹具上加工。通过调整摇臂高度、回转及主轴箱位置，完成钻头的定位。转动手轮操控钻头进行钻削。

二、Z3040 型摇臂钻床的主要运动形式及控制要求

Z3040 型摇臂钻床的主运动是主轴带动钻头的旋转运动，进给运动是钻头的上下运动，辅助运动是主轴箱沿摇臂水平移动、摇臂沿外立柱上下移动、摇臂连同外立柱一起相对于内立柱的回转运动，以及主轴箱和摇臂的夹紧与放松，如图 2—3 所示。

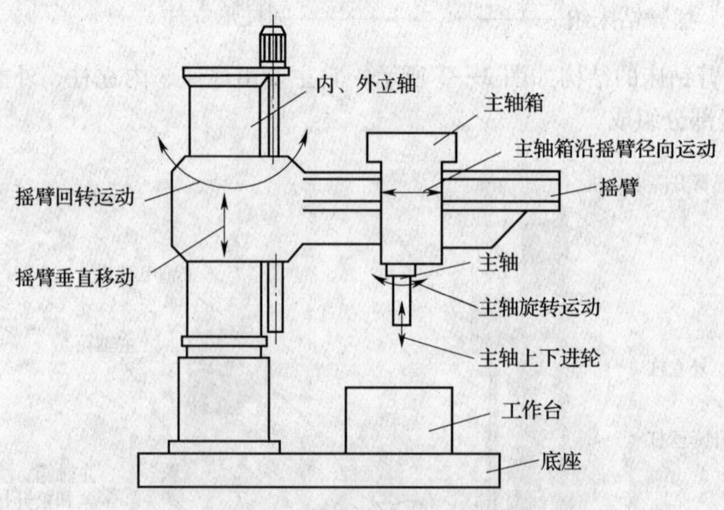

图 2—3　Z3040 型摇臂钻床主要运动形式

Z3040 型摇臂钻床的控制要求见表 2—1。

表 2—1　　Z3040 型摇臂钻床的控制要求

运动种类	运动形式	控制要求
主运动	主轴带动钻头的旋转运动	（1）主轴电动机 M1 承担钻削和进给任务，只要求单向旋转 （2）主轴的正、反转通过摩擦离合器来实现 （3）主轴的转速和进给量通过变速机构调节
进给运动	主轴的上下进给运动	由主轴电动机 M1 驱动，电动机 M1 的动力经主轴传给主轴进给变速传动机构，使主轴进行进给运动
辅助运动	摇臂沿外立柱的上下移动	由摇臂升降电动机 M2 通过升降丝杠带动摇臂沿外立柱上下运动，M2 需正、反转，升降有限位保护

续表

运动种类	运动形式	控制要求
辅助运动	主轴箱沿摇臂的水平移动	通过手轮操作使主轴箱沿摇臂上的水平导轨作径向运动
	摇臂的回转运动	依靠人力推动，使摇臂连同外立柱作回旋运动
	摇臂及主轴箱的夹紧与放松	由液压泵电动机 M3 配合液压装置实现，要求电动机 M3 能正、反转
	加工过程的冷却	由冷却泵电动机 M4 驱动冷却泵输送冷却液

摇臂钻床操作时要注意两点：一是钻孔前，必须将摇臂及主轴箱调整到需要位置并夹紧后，方可工作；二是钻孔时，必须将钻床放平、放稳、固定牢靠。

三、Z3040 型摇臂钻床的电气控制电路图

Z3040 型摇臂钻床的电气控制电路如图 2—4 所示。

四、Z3040 型摇臂钻床电气控制线路分析

1. 主电路分析

Z3040 型摇臂钻床相对运动部件较多，为简化传动装置，采用多台电动机驱动，共有四台电动机，除冷却泵电动机采用手动开关 SA1 直接启动外，其余三台电动机均采用接触器控制，其控制和保护元件见表 2—2。

表 2—2　主电路中的控制和保护元件

电动机的名称及代号	控制元件	过载保护元件	短路保护元件
主轴电动机 M1	由接触器 KM1 控制单向运转	热继电器 KH1	熔断器 FU1
摇臂升降电动机 M2	由接触器 KM2、KM3 控制正、反转	间歇性工作，不设过载保护	熔断器 FU2
液压泵电动机 M3	由接触器 KM4、KM5 控制正、反转	热继电器 KH2	熔断器 FU2
冷却泵电动机 M4	由手动开关 SA1	未设	熔断器 FU1

电源配电盘装在立柱前下部，组合开关 QS 作为电源引入开关。冷却泵电动机 M4 装在靠近立柱的底座上，升降电动机 M2 装于立柱顶部，其余电气设备置于主轴箱或摇臂上。由于 Z3040 型摇臂钻床的内、外立柱之间未装汇流排，因此在使用时不允许沿一个方向连续转动摇臂，以免发生事故。

2. 控制电路分析

控制电路由控制变压器 T 一次侧输出 110 V 电压供电。

（1）主轴电动机 M1 的控制

合上电源开关 QS，按下启动按钮 SB2（10 区），接触器 KM1 吸合并自锁，主轴电动机 M1 通电启动运行，同时指示灯 HL3（9 区）亮。按下停止按钮 SB1，KM1 失电释放，M1 停止运转，同时 HL3 熄灭。

（2）摇臂的升降控制

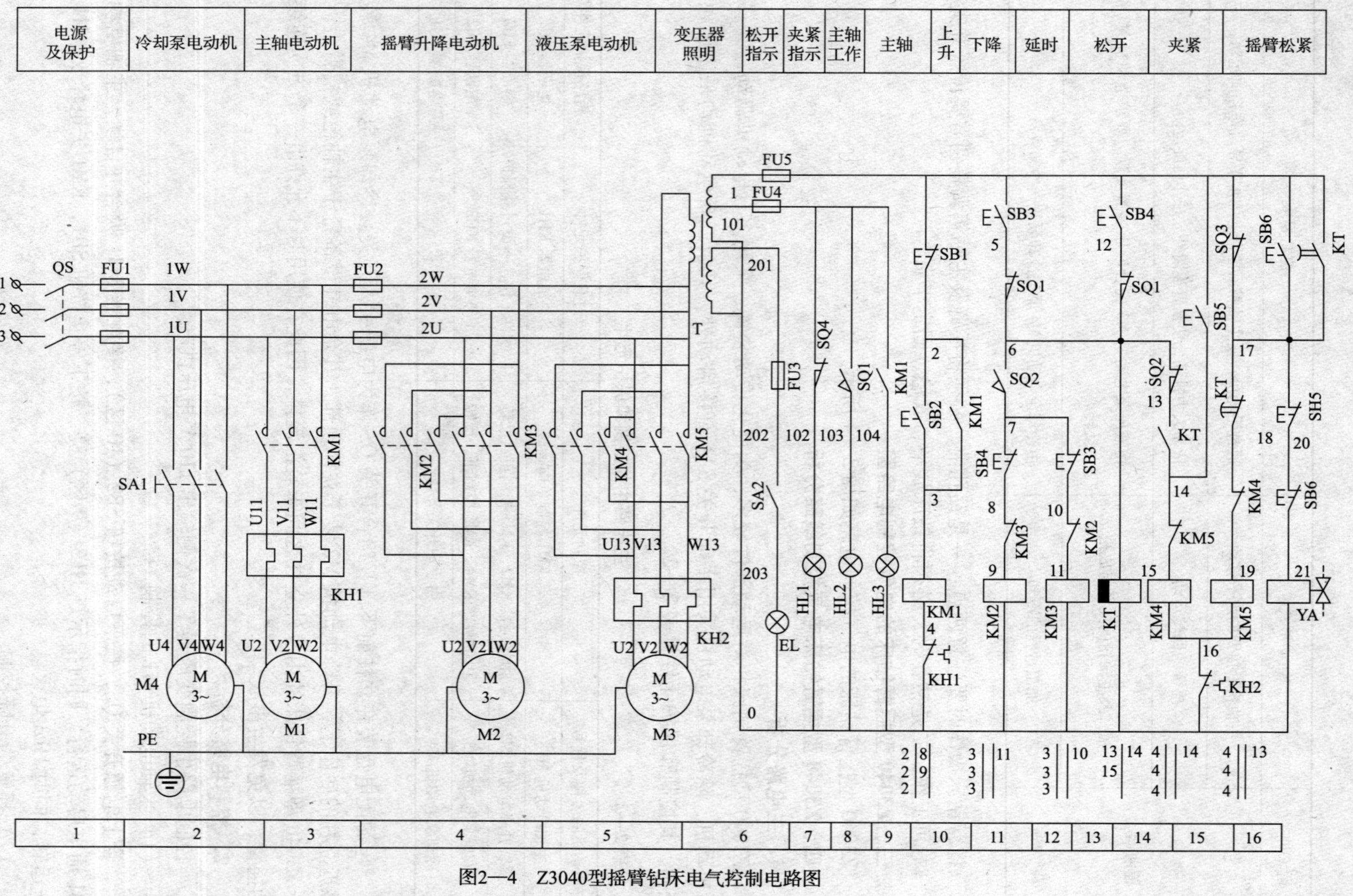

图2—4 Z3040型摇臂钻床电气控制电路图

摇臂通常夹紧在外立柱上，以免升降丝杠承担吊挂载荷，因此摇臂升降前必须先松开，然后再上升或下降，升降到预定位置后自动夹紧。摇臂处于夹紧状态时，行程开关 SQ3 处于压合状态，SQ2 处于释放状态；而摇臂松开后，行程开关 SQ2 处于压合状态，SQ3 处于释放状态。Z3040 型摇臂钻床摇臂的升降是由摇臂升降电动机 M2、摇臂夹紧机构和液压系统协调配合，自动完成摇臂松开→ 摇臂上升（下降）→摇臂夹紧的控制过程。现以摇臂上升为例分析其控制过程。

行程开关 SQ2 和 SQ3 的动作是分析摇臂升降控制过程的关键，在分析摇臂升降前，一定要记清在摇臂夹紧和放松这两种不同情况下行程开关 SQ2 和 SQ3 的不同状态。

1）摇臂放松　按下上升按钮 SB3。

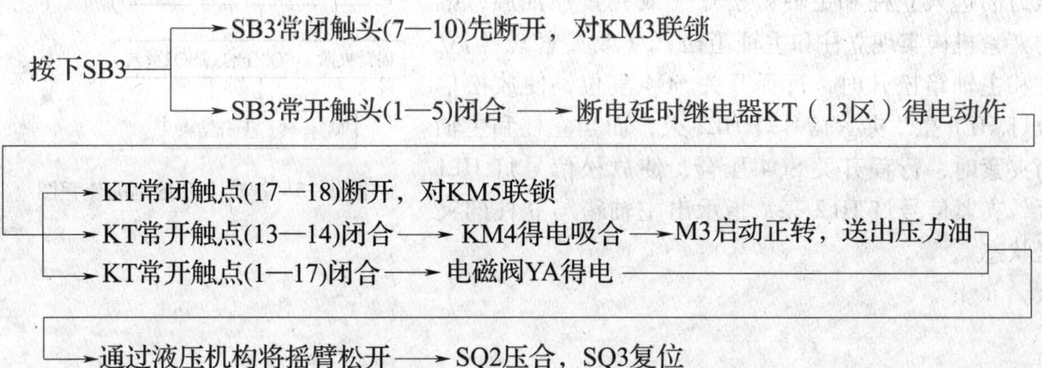

2）摇臂上升　摇臂夹紧机构松开后，通过机械机构使行程开关 SQ3 释放，SQ2 压合。

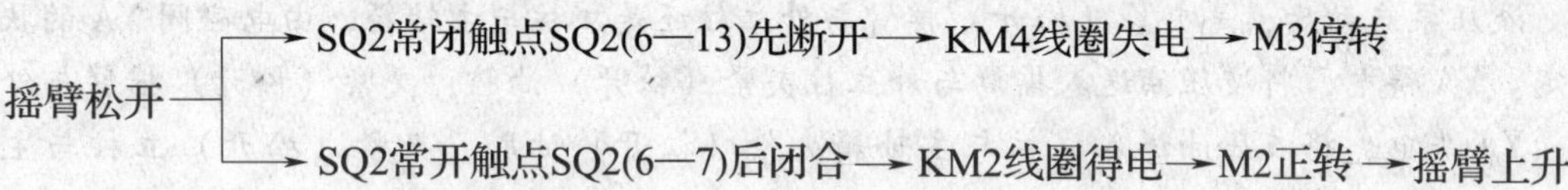

3）摇臂夹紧　当摇臂上升到所需位置后，松开按钮 SB3。

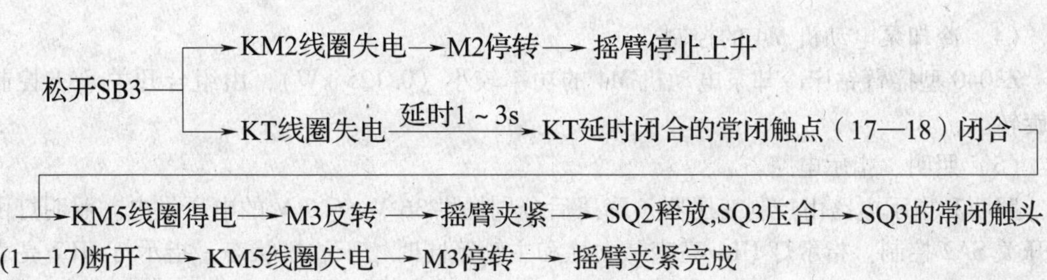

组合开关 SQ1 作为摇臂升降的超程限位保护。

摇臂上升的控制过程可用图 2—5 所示的流程图表示。

摇臂下降的工作过程与上升的过程基本相似，只是按下的是下降按钮 SB4，具体工作过程读者可自行分析。

(3) 立柱和主轴箱的夹紧和放松控制

立柱和主轴箱的夹紧和放松控制是同时进行的，其控制过程如下：

当需要立柱和主轴箱松开（或夹紧）时，按下复合按钮 SB5（或 SB6），其常开触点闭合使接触器 KM4（或 KM5）得电，液压泵电动机 M3 正转（或反转），提供正向（或反向）的压力油；同时 SB5（或 SB6）的常闭触点断开电磁阀 YA 的线圈电路，压力油进入立柱和主轴箱松开（或夹紧）油腔，推动夹紧机构实现立柱和主轴箱松开（或夹紧）。当立柱和主轴箱松开时，行程开关 SQ4 复位，使放松信号灯 HL1 亮，夹紧信号灯 HL2 灭；而当立柱和主轴箱夹紧时，行程开关 SQ4 压合，使放松信号灯 HL1 灭，夹紧信号灯 HL2 亮，指示出主轴箱与立柱的夹紧状态。

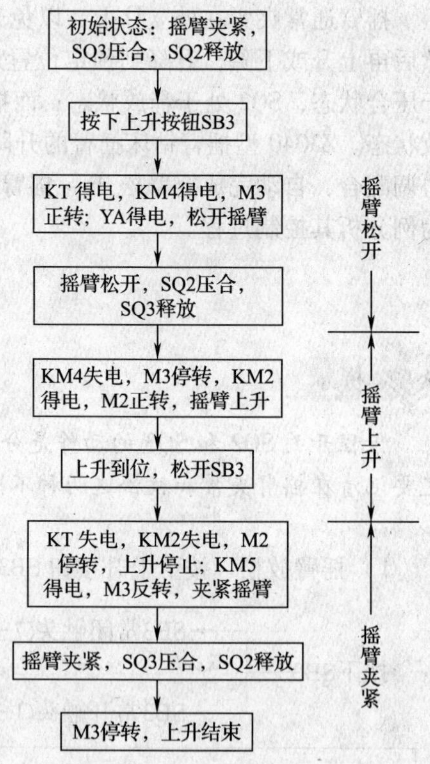

图 2—5　摇臂上升控制的流程图

提示

液压泵启动后，是夹紧（松开）摇臂与外立柱还是立柱与主轴箱，由电磁阀 YA 的状态决定。YA 得电，将液压油送入摇臂与外立柱夹紧（松开）油腔，夹紧（松开）摇臂与外立柱；YA 失电，将液压油送入立柱与主轴箱夹紧（松开）油腔，夹紧（松开）立柱与主轴箱。

(4) 冷却泵电动机 M4 的控制

Z3040 型摇臂钻床冷却泵电动机 M4 的功率较小（0.125 kW），由组合开关 SA1 控制单向旋转。

(5) 照明、指示电路

照明和指示电路由控制变压器 T 降压后分别提供 36 V、6.3 V 的电压供电。照明灯由手动开关 SA2 控制。指示灯 HL1 亮表示立柱和主轴箱同时处于放松状态，指示灯 HL2 亮表示立柱和主轴箱同时处于夹紧状态，这两只指示灯分别由行程开关 SQ4 的常开和常闭触点控制。指示灯 HL3 由接触器 KM1 的辅助常开触点控制，指示主轴电动机 M1 的工作状态。

任务准备

1. 工具、仪表

电工常用工具，万用表，钳形电流表，兆欧表等。

2. 设备

Z3040 型摇臂钻床。

任务实施

一、认识 Z3040 型摇臂钻床

1）现场参观 Z3040 型摇臂钻床，对照图 2—2，认真观察钻床的外形和结构，识别钻床的主要部件和各操纵部件的名称、作用。

2）结合图 2—6、图 2—7 所示的 Z3040 型摇臂钻床的电气元件位置图和接线图，熟悉钻床电气设备的位置、作用和型号。

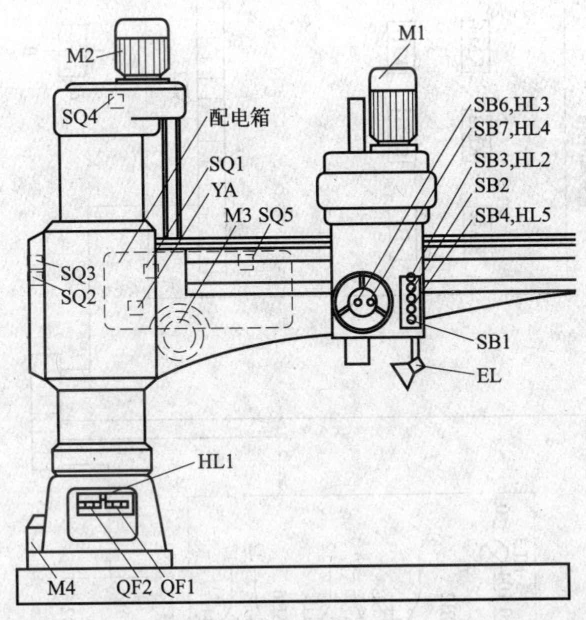

图 2—6　Z3040 型摇臂钻床电气元件位置图

二、钻床操作

观摩教师对 Z3040 型摇臂钻床基本操作的示范，然后在教师的指导监护下，完成对 Z3040 型摇臂钻床的操作训练。

1. 开车前的检查

首先检查各操作开关、手柄是否停在停止或原位，钻头的位置是否安全，然后合上电源开关 QS，接通电源。

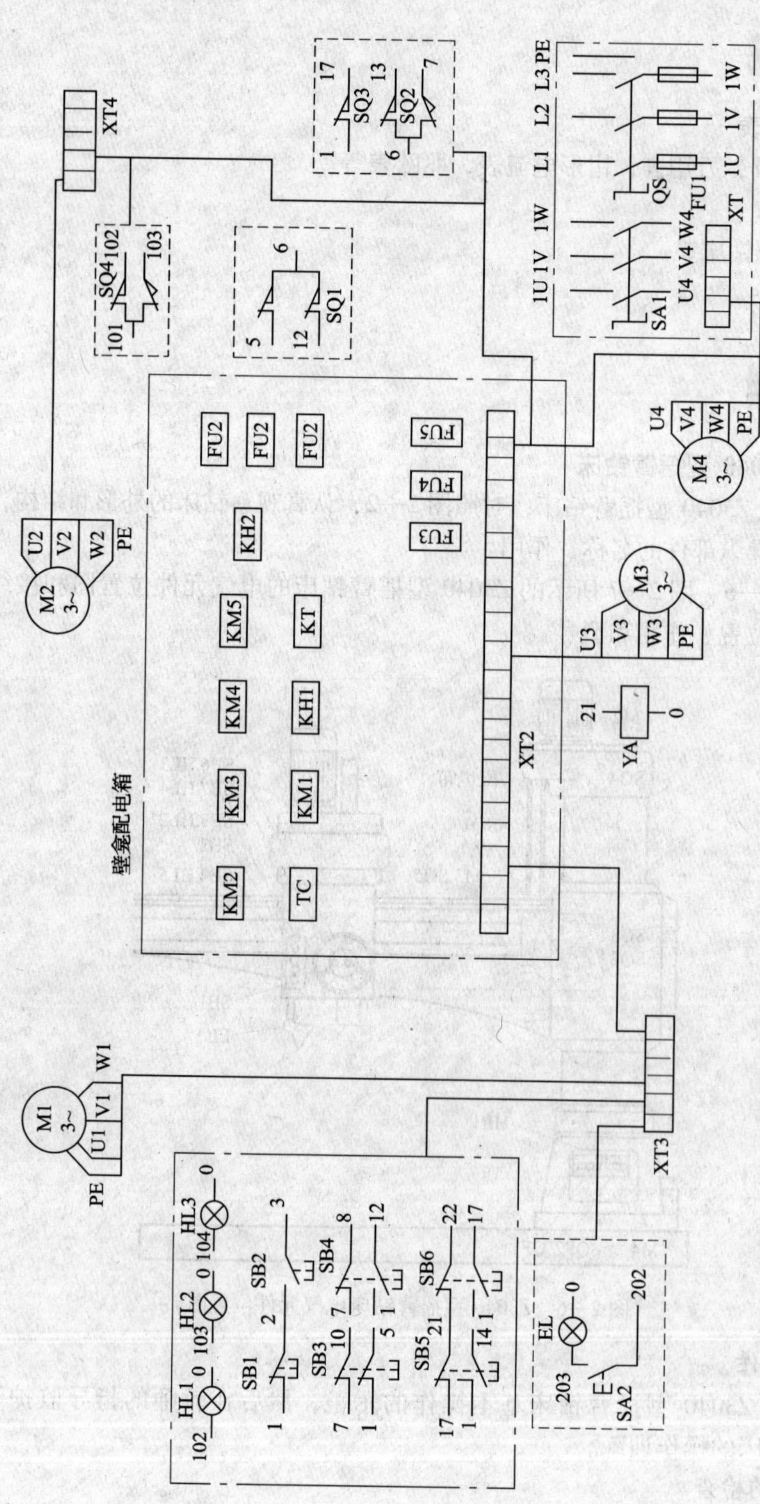

图2—7　Z3040型摇臂钻床元件接线图

2. 主轴正、反转操作

将主轴正、反转控制手柄扳至“正转”位置，按下启动按钮 SB2，观察主轴运转是否正常，信号灯 HL3 是否亮；按下停止按钮，观察主轴旋转方向是否符合要求。

3. 立柱和主轴箱的松开与夹紧操作

按下按钮 SB5（或 SB6），观察主轴箱和立柱的松开（或夹紧）动作是否正常，查看液压泵电动机 M3 的旋转方向是否符合要求，放松信号灯 HL1（或夹紧信号灯 HL2）是否正常亮。

4. 摇臂的上升或下降操作

按下按钮 SB3（或 SB4），摇臂应先松开，然后再上升（或下降），当摇臂上升（或下降）到需要位置，立即松开 SB3（或 SB4），摇臂随即停止上升（或下降），随后摇臂自动夹紧在外立柱上。

Z3040 型摇臂钻床的试车顺序应是：先试主轴电动机 M1 是否正常，以此判断机床电源是否正常；其次试立柱和主轴箱的松开与夹紧是否正常，以此判断 KM4、KM5 线圈回路及液压系统是否正常，然后试摇臂是否能升降。

5. 冷却泵的操作

扳动组合开关 SA1 至闭合位置，观察切削液是否正常输出。

6. 照明灯操作

扳动组合开关 SA2，观察照明灯 EL 是否正常工作。

三、实训注意事项

1. 操作前，一定要熟悉 Z3040 型钻床的结构及各操作部件的位置和功能。

2. 操作过程中，一定要正确使用合格的工具和仪表，做好安全保护措施，如有异常情况必须立即切断电源。

3. 必须在教师的监护指导下进行操作，严禁违规操作。

任务2　检修 Z3040 型摇臂钻床常见电气线路故障

◆ 掌握 Z3040 型摇臂钻床电气控制线路的组成和工作原理。

◆ 掌握 Z3040 型摇臂钻床常见电气故障的检修方法。

Z3040 型摇臂钻床在使用过程中，由于电气设备老化或操作不当等原因，不可避免地会出现电气故障，影响设备的正常工作，作为维修电工，应能快速、准确地排除故障，保障设备正常运行。本任务的主要内容就是学习 Z3040 型摇臂钻床常见电气故障的检修方法和步骤。

常见电气故障分析与检修举例

Z3040 型摇臂钻床的重点和难点环节是摇臂的升降及立柱与主轴箱的夹紧和松开控制，其工作过程是电气、机械和液压系统密切配合实现的，因此在检修时不仅要注意电气部分能否正常工作，还要注意它与机械、液压部分的协调关系。

1．故障一

摇臂不能升降。

摇臂的升降是一个放松 →上升（下降）→夹紧的半自动控制过程，其中任何一个环节出现故障，都可能会出现摇臂不能升降的现象。检修时应充分、合理试车，认真观察故障现象，确定故障范围，再采用合理的测量方法查找故障点，排除故障。

若按下启动按钮 SB3、SB4，接触器 KM3、KM4 均能正常动作，说明故障可能在主回路的公共部分，如图 2—8 中虚线框所示，并可按图 2—9 所示流程检修。

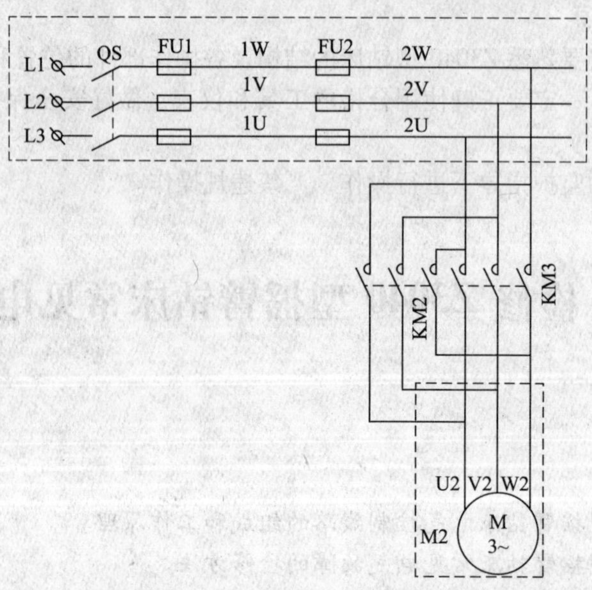

图 2—8　摇臂不能升降（KM2、KM3 动作）的故障电路图

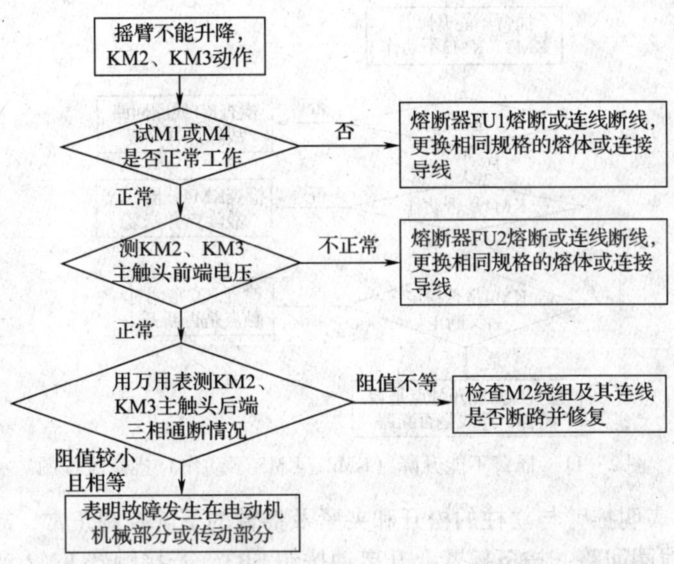

图 2—9　摇臂不能升降（KM2、KM3 动作）的检修流程图

若按下启动按钮 SB3、SB4，接触器 KM3、KM4 均不动作，说明故障在控制回路的公共部分，如图 2—10 所示，并可按图 2—11 所示流程检修。

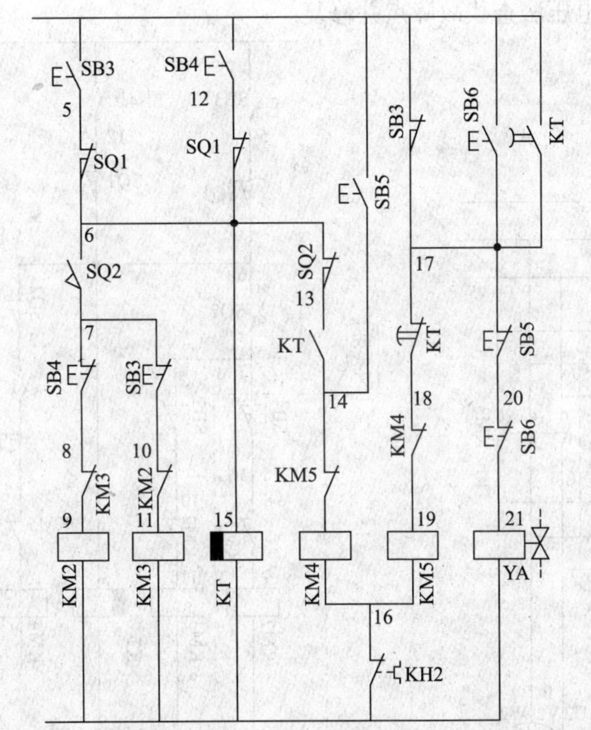

图 2—10　摇臂不能升降（KM2、KM3 不动作）的故障电路图

2. 故障二

摇臂能下降但不能上升。

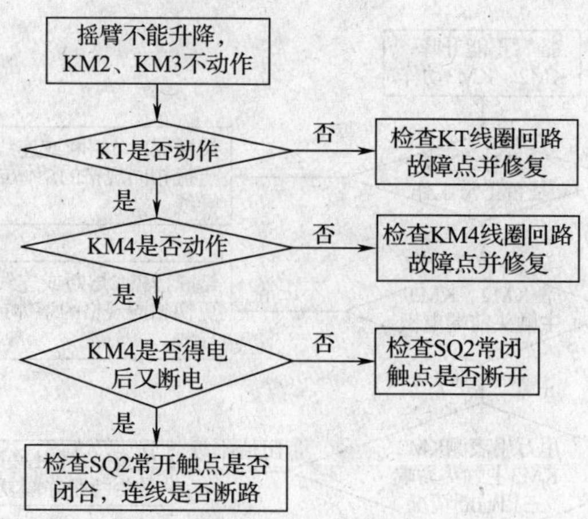

图 2—11　摇臂不能升降（KM2、KM3 不动作）检修流程图

摇臂能下降，表明摇臂与立柱的松开和夹紧及摇臂的下降控制正常，故障发生在上升的主回路或 KM2 的线圈回路。按下摇臂上升启动按钮 SB3，若接触器 KM2 动作正常，说明故障在主回路，故障范围应为 KM2 主触头接触不良或连接导线松动或断线，如图 2—12 中虚线框所示，可按前面介绍的方法检修。

若接触器 KM2 不动作，则故障在控制回路，故障范围应为 KM2 线圈回路，如图 2—13 中虚线框所示，可用电压法查找故障点并修复。

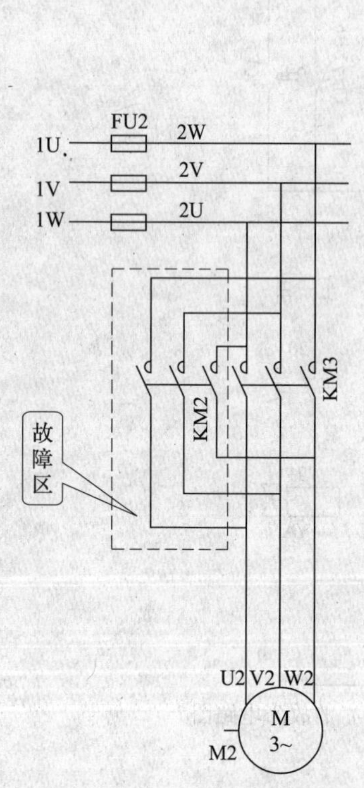

图 2—12　KM2 动作的故障电路图

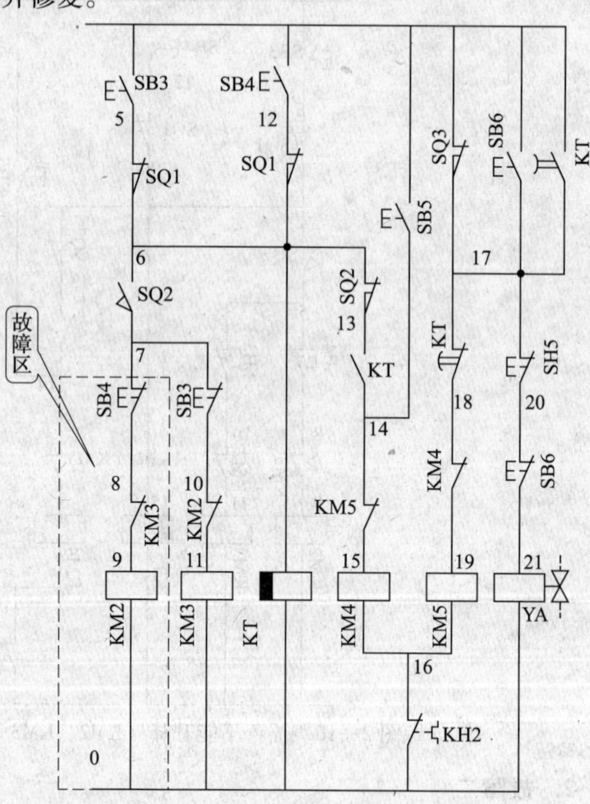

图 2—13　KM2 不动作的故障电路图

将万用表转换开关调至 250 V 挡，红表笔接变压器 T 的 1 线点，合上电压开关 QS，黑表笔依次测量 7 线、8 线、9 线及 0 线点，根据测量结果，即可找到故障点，具体检修电路方法见表 2—3。

表 2—3　　用电压测量法检修电路故障

故障现象	1—7	1—8	1—9	1—0	故障点	排除方法
摇臂能下降但不能上升，KM2 不动作	0 V	110 V	110 V	110 V	SB4 常闭触点接触不良或接线脱落	更换 SB4 或将脱落线接好
	0 V	0 V	110 V	110 V	KM3 常闭触头接触不良或接线脱落	更换 KM3 或将脱落线接好
	0 V	0 V	0 V	110 V	KM3 线圈断路或接线脱落	更换 KM3 或将脱落线接好
	0 V	0 V	0 V	0 V	KM3 线圈端 0 线接线脱落或导线断路	将脱落线接好或更换导线

3．故障三

摇臂升降后不能夹紧。

当摇臂升降到需要位置后，松开摇臂升降控制按钮，夹紧过程应自动完成。检修摇臂升降后不能夹紧的故障时，首先注意观察松开升降控制按钮 1 ~ 3 s 后，摇臂是否有夹紧动作，即接触器 KM5 和液压泵电动机 M3 是否动作，若 KM5、M3 正常动作，但摇臂不能夹紧，故障是 SQ3 动作距离不当或固定螺钉松动，其常闭触点（1—17）动作过早，尚未将摇臂完全夹紧就切断了 KM5 线圈电路，使 M3 停转。如果 KM5 不能正常动作，则应检查主轴箱能否夹紧，主轴箱能夹紧，则故障是 SQ3 常闭触点（1—17）断路或连接线断路；主轴箱也不能正常夹紧，则故障在 KM5 线圈回路，故障范围如图 2—14 中虚线框所示，可用测量法查找故障点并修复。

4．故障四

主轴箱和立柱能放松，不能夹紧。

主轴箱和立柱的夹紧是液压泵电动机 M3 配合液压装置完成的，如果不能夹紧，液压泵电动机 M3 不启动，则应检查接触器 KM5 是否动作。

如果按下主轴箱夹紧按钮 SB6，接触器 KM5 吸合，但液压泵电动机 M3 却不启动，这时可再按下主轴箱松开按钮 SB5，若电动机 M3 能正常启动，则故障在 KM5 的主触头及其连接导线上，如图 2—15 中虚线框所示。

如果按下主轴箱夹紧按钮 SB6，接触器 KM5 不吸合，则故障在 KM5 的线圈回路中，这时可检查摇臂是否能夹紧，若摇臂能自动夹紧（KM5 能得电吸合），则故障为夹紧按钮 SB6 的常开触点（1—17）闭合时接触不良或导线松脱，如图 2—16 中虚线框所示，

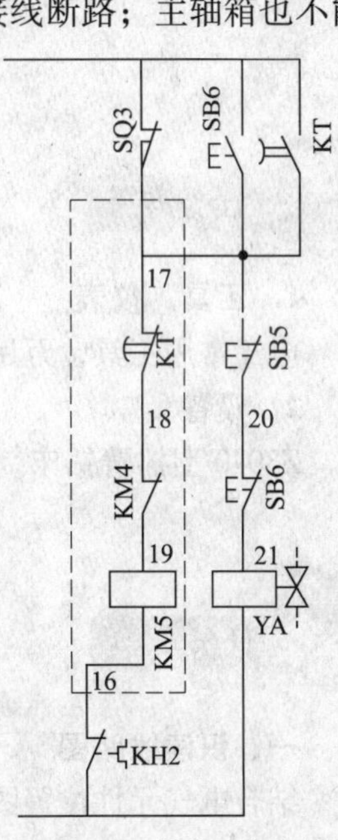

图 2—14　故障三电路图

可用测量法查找故障点并修复。

如果液压泵电动机 M3 能正常启动，但主轴箱和立柱不能夹紧，则排除电气方面的故障，应请机修人员检查机械、液压方面的故障。

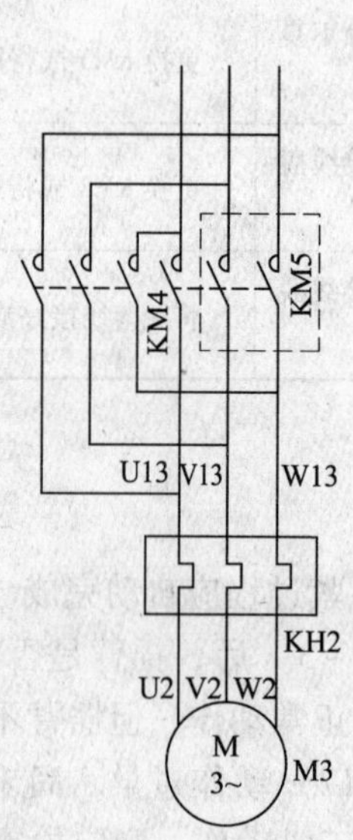

图 2—15　故障四电路（KM5 动作）

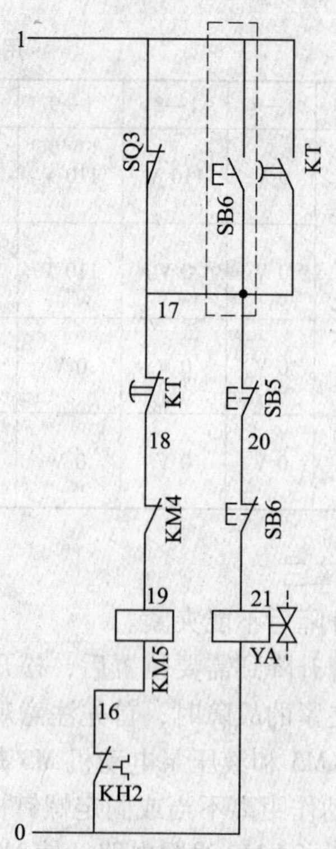

图 2—16　故障四电路（KM5 不动作）

任务准备

1. 工具、仪表

电工常用工具，万用表，钳形电流表，兆欧表等。

2. 设备

Z3040 型摇臂钻床。

任务实施

一、识读线路图

结合电气元件位置图和接线图，熟悉钻床电气元件的实际位置和走线情况，并通过测量等方法找出各回路的实际布线路径。

二、观摩检修

结合相关知识中所讲实例，认真观摩教师的示范检修，掌握检修 Z3040 型摇臂钻床电气线路的基本步骤和方法。

三、检修训练

在 Z3040 型摇臂钻床电气控制线路中设置 1、2 处故障，按照正确的检修方法进行检修练习，并做好维修记录，见表 2—4。

表 2—4　维修记录表

维修时间			维修人员	
设备名称			设备型号	
故障现象				
在电气图中标出最小故障范围，并简要记录分析过程				
查找故障点并排除	故障点	检修步骤	排除方法	
维修小结				

四、实训注意事项

1）检修前，要认真阅读电路图，熟练掌握各个控制环节的工作原理及作用。认真观摩教师的示范检修过程。

2）摇臂的升降是一个由机械和电气配合实现的半自动控制过程，检修时要特别注意机械与电气之间的配合。

3）检修时，切不能改变摇臂升降电动机原来的电源相序，以免使摇臂升降反向，造成事故。

4）停电要验电。带电检修时，必须有指导教师在现场监护，以确保用电安全，同时要做好训练记录。

任务测评

检修实训任务测评见表 2—5。

表 2—5　　任务测评

项目内容	配分	评分标准		扣分
故障分析	30 分	(1) 故障分析、排除故障思路不正确 (2) 不能标出最小故障范围	扣 5 ~ 10 分 每个扣 15 分	
排除故障	70 分	(1) 断电不验电 (2) 工具及仪表使用不当 (3) 检查故障的方法不正确 (4) 排除故障的方法不正确 (5) 不能排除故障点 (6) 扩大故障范围或产生新的故障点 (7) 损坏电气元件	扣 5 分 每次扣 5 分 扣 20 分 扣 20 分 每个扣 30 分 每个扣 40 分 每只扣 20 ~ 40 分	
安全文明生产	违反安全文明生产规程		扣 10 ~ 70 分	
定额时间：30 min	训练不允许超时，在修复故障过程中才允许超时，但以每超 1 min 扣 5 分计算			
备注	除定额时间外，各项内容的最高扣分，不得超过配分数		总得分	
开始时间		结束时间		实际时间	

知识拓展　Z37 型摇臂钻床电气控制线路简介

除 Z3040 型摇臂钻床外，Z37 型摇臂钻床也是实际生产中使用较多的一种钻床，其结构、主要运动形式、电力驱动的特点及控制要求与 Z3040 型基本相同，不同之处在于 Z3040 型摇臂的夹紧和放松是由电动机配合液压装置自动进行的，而 Z37 型摇臂的夹紧和放松是依靠机械机构和电气的配合自动进行的。另外，Z37 型摇臂钻床使用十字开关进行操作，具有集中控制和操作方便的优点。现对 Z37 型摇臂钻床电气控制线路做简要介绍。

Z37 型摇臂钻床的型号意义如下：

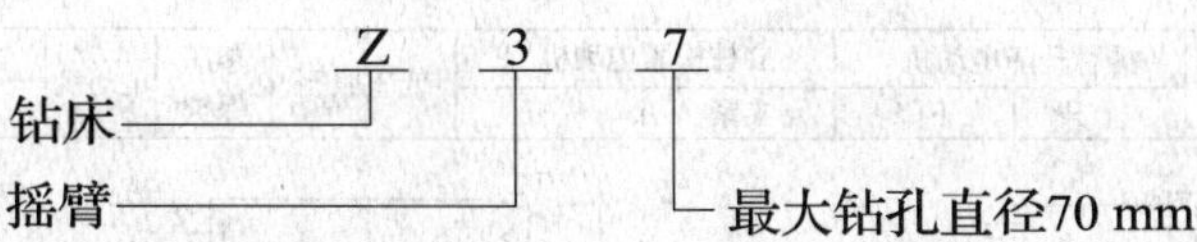

Z37 型摇臂钻床的结构如图 2—17 所示。

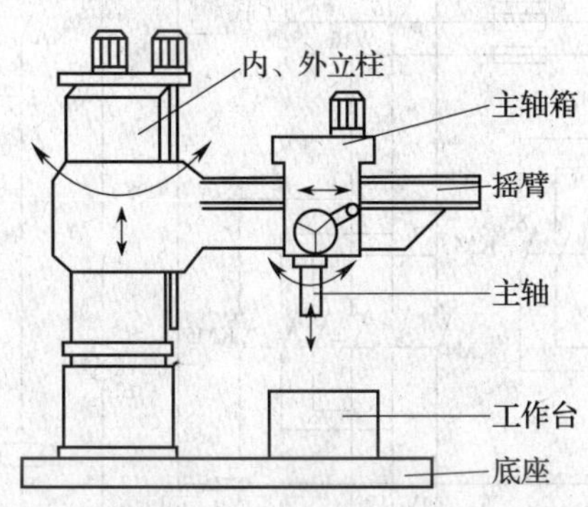

图 2—17　Z37 型摇臂钻床的结构

Z37 型摇臂钻床相对运动部件较多，为简化传动装置，采用多台电动机驱动。各种工作状态都通过十字开关 SA 操作，为防止十字开关手柄停在任何工作位置时，因接通电源而产生误动作，本控制线路设有零压保护环节。另外，摇臂升降要求有限位保护；钻削加工时需要对刀具及工件进行冷却。各电动机功能及控制要求见表 2—6。

表 2—6　　**各电动机功能及控制要求**

电动机名称及代号	作用	控制要求
冷却泵电动机 M1	供给冷却液	正转控制，驱动冷却泵输送冷却液
主轴电动机 M2	驱动钻削及进给运动	单向运转，主轴的正、反转通过摩擦离合器实现
摇臂升降电动机 M3	驱动摇臂升降	正、反转控制，通过机械和电气联合控制
立柱松紧电动机 M4	驱动内、外立柱及主轴箱与摇臂夹紧与放松	正、反转控制，通过液压装置和电气联合控制

Z37 型摇臂钻床电路图如图 2—18 所示。

（1）主电路分析

Z37 型摇臂钻床电气控制线路中共有四台三相异步电动机，它们的控制和保护元件见表 2—7。

（2）控制电路分析

Z37 型摇臂钻床控制电路的电源由控制变压器 TC 提供 110 V 电压，采用十字开关 SA 操作。它由十字手柄和四个微动开关组成，手柄处在各个工作位置时的工作情况见表 2—8。此外，该电路中还设有零压保护环节，由十字开关 SA 和中间继电器 KA 实现。

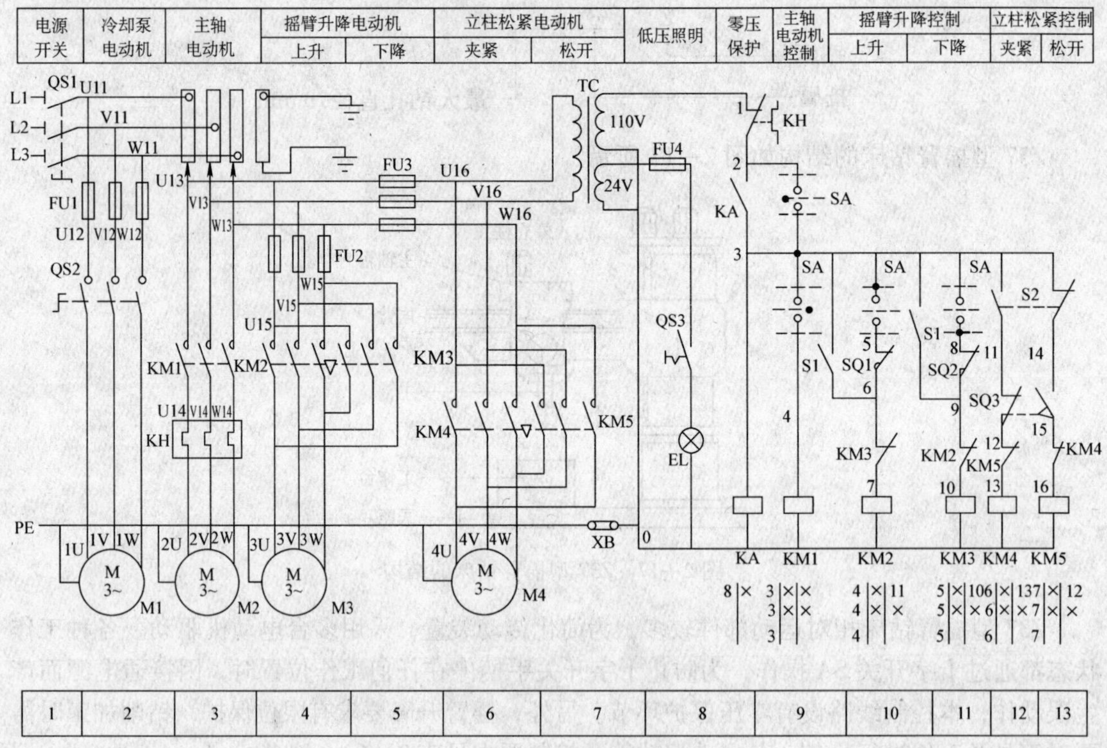

图 2—18　Z37 型摇臂钻床电路图

表 2—7　　主电路的控制和保护元件

电动机的名称及代号	控制元件	过载保护元件	短路保护元件
冷却泵电动机 M1	组合开关 QS2	无	熔断器 FU1
主轴电动机 M2	接触器 KM1	热继电器 KH	
摇臂升降电动机 M3	接触器 KM2、KM3	无	熔断器 FU2
立柱松紧电动机 M4	接触器 KM4、KM5	无	熔断器 FU3

表 2—8　　十字开关 SA 操作说明

手柄位置	接通微动开关的触头	工作情况
中	均不通	控制电路断电不工作
左	SA（2—3）	KA 得电自锁，零压保护
右	SA（3—4）	KM1 得电，主轴旋转
上	SA（3—5）	KM2 得电，摇臂上升
下	SA（3—8）	KM3 得电，摇臂下降

1）主轴电动机 M2 的控制　主轴电动机启、停由接触器 KM1 和十字开关 SA 来控制，控制流程图如下：

2）摇臂升降控制　摇臂的放松、升降、夹紧是通过十字开关 SA、接触器 KM2、KM3、行程开关 SQ1 和 SQ2 及鼓形组合开关 S1 控制电动机 M3 正、反转来实现的。

当工件与钻头的相对高度不合适时，可将摇臂升高或降低来调整。摇臂上升控制的流程图如下：

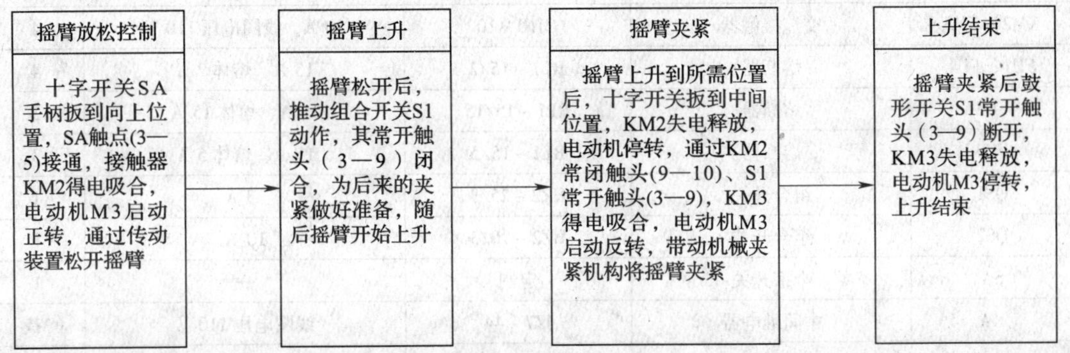

可见，摇臂的上升是由机械和电气联合控制实现的，能够自动完成摇臂松开→摇臂上升→摇臂夹紧的过程。

行程开关 SQ1 和 SQ2 用做限位保护，保护摇臂上升或下降不致超出允许的极限位置。

3）立柱的夹紧与松开控制　Z37 型摇臂钻床在正常工作时，外立柱夹紧在内立柱上，要使摇臂和外立柱绕内立柱转动，应首先将外立柱放松。立柱的松开和夹紧是靠电动机 M4 的正、反转驱动液压装置来完成的。其控制过程如下：

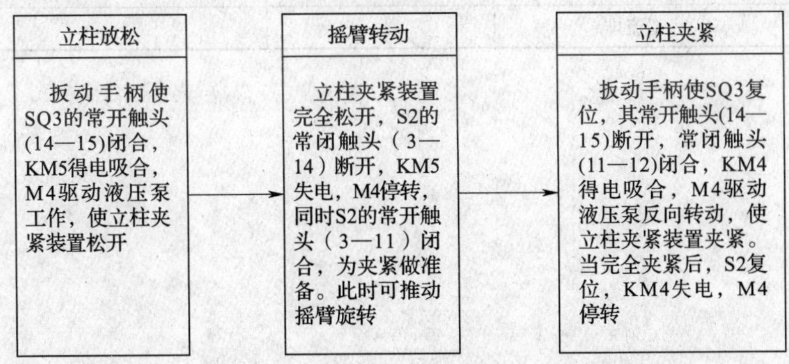

Z37 型摇臂钻床主轴箱在摇臂上的松开和夹紧和立柱的松开和夹紧是由同一台电动机 M4 驱动液压装置完成的。

（3）照明电路分析

照明电路的电源是由变压器 TC 将 380 V 的交流电压降为 24 V 安全电压来提供的。照明灯 EL 由开关 QS3 控制，熔断器 FU4 用于短路保护。

Z37 型摇臂钻床电气元件明细见表 2—8。

表 2—8　　Z37 型摇臂钻床电气元件明细表

代号	名称	型号	规格	数量
M1	冷却泵电动机	JCB - 22 - 2	0.125 kW、2 790 r/min	1
M2	主轴电动机	Y132M - 4	7.5 kW、1 440 r/min	1
M3	摇臂升降电动机	Y100L2 - 4	3 kW、1 440 r/min	1
M4	立柱夹紧、松开电动机	Y802 - 4	0.75 kW、1 390 r/min	1
KM1	交流接触器	CJ10 - 20	20 A、线圈电压 110 V	1
KM2 ~ KM5	交流接触器	CJ10 - 10	10 A、线圈电压 110 V	4
FU1、FU4	熔断器	RL1 - 15/2	15 A、熔体 2 A	4
FU2	熔断器	RL1 - 15/15	15 A、熔体 15 A	3
FU3	熔断器	RL1 - 15/5	15 A、熔体 5 A	3
QS1	组合开关	HZ2 - 25/3	25 A	1
QS2	组合开关	HZ2 - 10/3	10 A	1
SA	十字开关	定制	—	1
KA	中间继电器	JZ7 - 44	线圈电压 110 V	1
KH	热继电器	JR36 - 20/3	整定电流 14.1 A	1
SQ1、SQ2	行程开关	LX5 - 11	—	2
SQ3	行程开关	LX5 - 11	—	1
S1	鼓形组合开关	HZ4 - 22	—	1
S2	组合开关	HZ4 - 21	—	1
TC	控制变压器	BK - 150	150 V·A、380 V/110 V、24 V	1
EL	照明灯	KZ 型	24 V、40 W	1
YG	汇流排	—	—	

课题三

M7130 型平面磨床电气控制线路的检修

任务1 认识 M7130 型平面磨床

任务目标

◆ 熟悉 M7130 型平面磨床的主要结构和运动形式。
◆ 了解 M7130 型平面磨床的基本操作方法和各操作手柄的位置及作用。
◆ 掌握 M7130 型平面磨床电气控制线路的组成和工作原理。
◆ 熟悉 M7130 型平面磨床电气控制线路烙电气元件的位置、型号及功能。

工作任务

机械加工中，当对零件表面的光洁度要求较高时，一般需要用磨床进行加工。磨床是用砂轮的周边或端面对工件的表面进行机械加工的一种精密机床。本任务的主要内容是学习 M7130 型平面磨床的主要结构、运动形式和基本操作方法，以及其电气控制线路的组成和工作原理，为学习检修 M7130 型平面磨床常见电气故障打下基础。

相关知识

磨床的种类很多，根据用途不同可分为平面磨床、内圆磨床、外圆磨床、无心磨床等。M7130 型平面磨床是机械加工中应用极为广泛的磨床，其作用是用砂轮磨削加工各种零件的平面。它操作方便，磨削精度和光洁度都比较高，适于磨削精密零件和各种工具，并可做镜面磨削。

M7130 型平面磨床的型号意义如下：

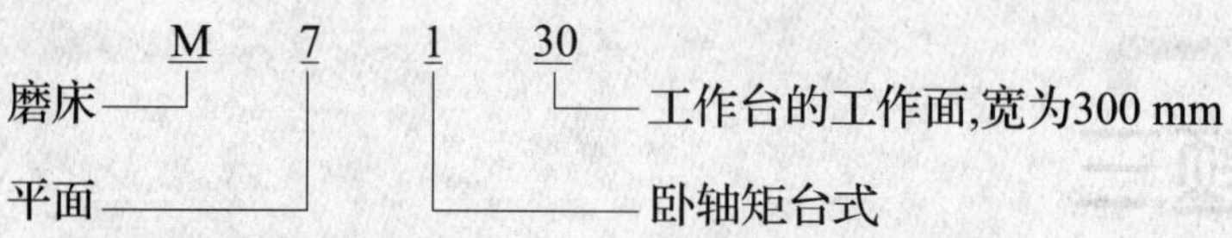

一、M7130 型平面磨床的主要结构

M7130 型平面磨床是卧轴矩形工作台式，外形如图 3—1 所示。其主要结构包括床身、工作台、电磁吸盘、砂轮架（又称磨头）、滑座和立柱等，如图 3—2 所示。砂轮与砂轮电动机均装在砂轮箱内，砂轮由砂轮电动机直接驱动；砂轮箱装在滑座上，滑座装在立柱上，并可沿立柱导轨上下运动。工作台表面上有 T 形槽，可以用螺钉和压板将工件直接固定在工作台上，也可以在工作台上安装电磁吸盘，用以固定铁磁性工件。

图 3—1 M7130 型平面磨床外形

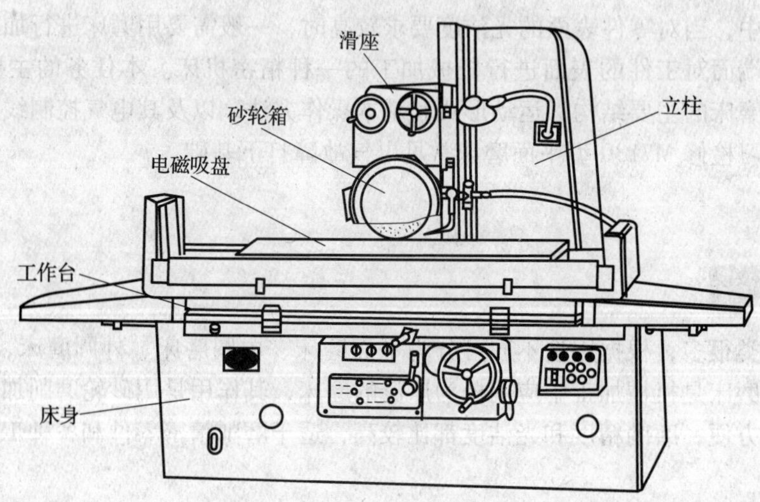

图 3—2 M7130 型平面磨床的结构

二、M7130 型平面磨床的主要运动形式和控制要求

M7130 型平面磨床的主运动是砂轮的旋转运动，进给运动是工作台的纵向往复运动以及砂轮架的横向和垂直进给运动，如图 3—3 所示。辅助运动包括工件的夹紧、工作台的快速移动以及工件的冷却。M7130 型平面磨床的主要运动形式及控制要求见表 3—1。

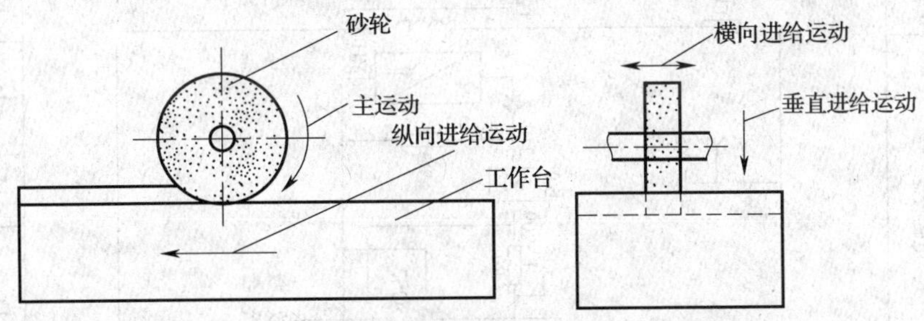

图 3—3　M7130 型平面磨床的主运动和进给运动

表 3—1　M7130 型平面磨床的主要运动形式及控制要求

运动种类	运动形式	控制要求
主运动	砂轮的高速旋转	（1）为保证磨削加工质量，要求砂轮有较高的转速，通常采用两极笼型异步电动机 （2）为提高主轴的刚度，简化机械结构，采用装入式电动机，将砂轮直接装到电动机轴上 （3）砂轮电动机只要求单向旋转，可直接启动，无调速和制动要求
进给运动	工作台的往复运动（纵向进给）	（1）因液压传动换向平稳，易于实现无级调速，因此液压泵电动机 M3 驱动液压泵驱动工作台在液压作用下做纵向运动。 （2）由装在工作台前侧的换向挡铁碰撞床身上的液压换向开关控制工作台进给方向
	砂轮架的横向（前后）进给	（1）在磨削的过程中，工作台每换向一次，砂轮架就横向进给一次 （2）在修正砂轮或调整砂轮的前后位置时，可连续横向移动 （3）砂轮架的横向进给运动可由液压传动，也可用手轮来操作
	砂轮架的升降运动（垂直进给）	（1）滑座可沿立柱的导轨垂直上、下移动，以调整砂轮架的上、下位置，或控制磨削工件时工件的进给量 （2）垂直进给运动是通过操作手轮由机械传动装置实现的
辅助运动	工件的夹紧	（1）工件可以用螺钉和压板直接固定在工作台上 （2）在工作台上也可以装电磁吸盘，将工件吸附在电磁吸盘上，因此要有充磁和退磁控制环节。为保证安全，电路中设有弱磁保护环节，当电磁吸盘吸力不足时，三台电动机立即停止工作
	工作台的快速移动	工作台能在纵向、横向和垂直三个方向快速移动，由液压传动机构实现
	工件冷却	冷却泵电动机 M2 驱动冷却泵旋转供给冷却液；要求砂轮电动机 M1 和冷却泵电动机要实现顺序控制

三、M7130 型平面磨床的电气线路图

M7130 型平面磨床的电气控制电路如图 3—4 所示。

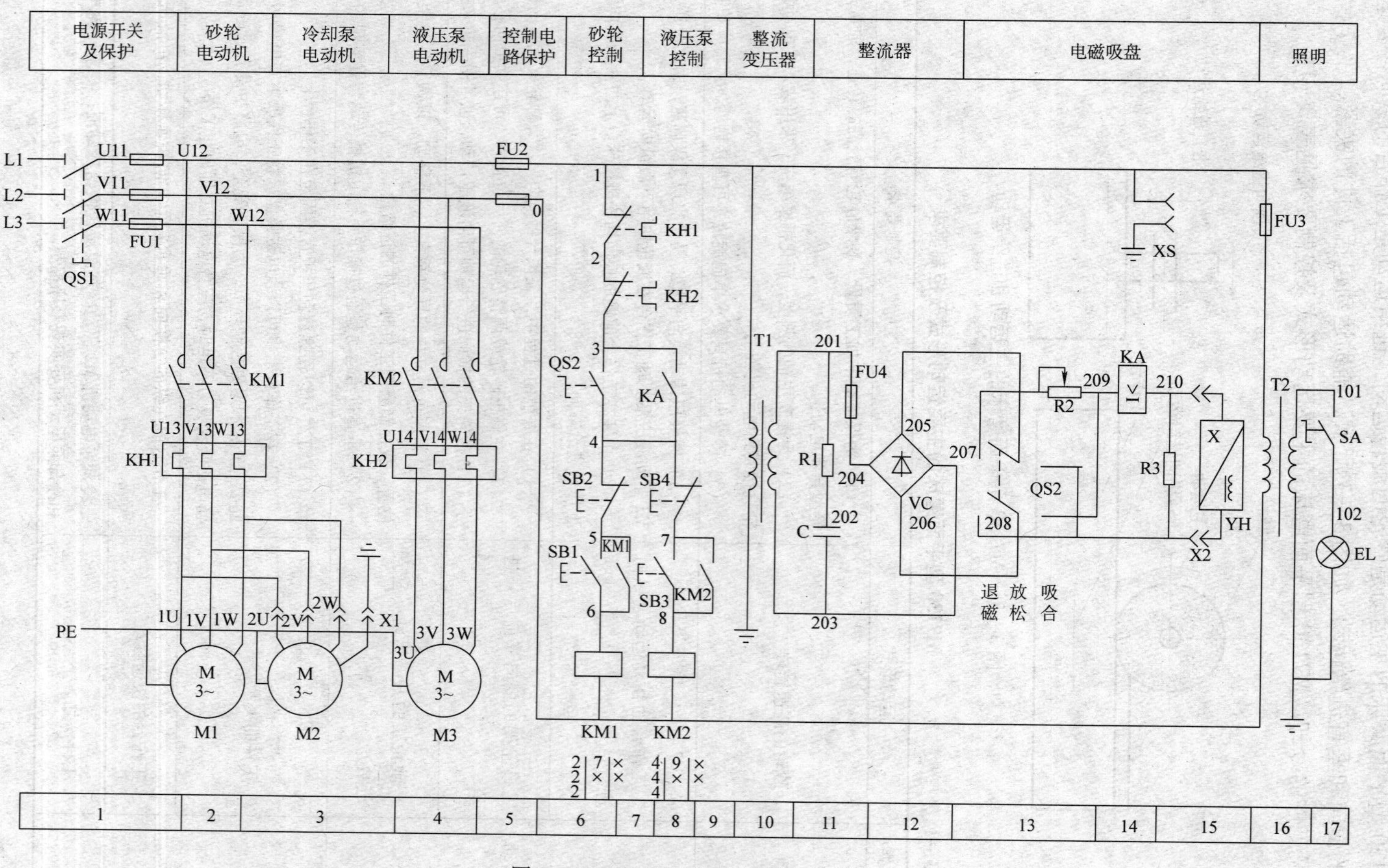

图 3—4　M7130 型平面磨床电路图

四、M7130 型平面磨床电气控制线路分析

该线路分为主电路、控制电路、电磁吸盘电路和照明电路四部分。

1. 主电路分析

三相交流电由电源开关 QS1 引入，熔断器 FU1 作短路保护，主电路中有三台电动机，M1 为砂轮电动机，M2 为冷却泵电动机，M3 为液压泵电动机，其控制和保护元件见表 3—2。

表 3—2　　主电路的控制和保护元件

名称及代号	作用	控制元件	过载保护元件	短路保护元件
砂轮电动机 M1	驱动砂轮高速旋转	接触器 KM1	热继电器 KH1	熔断器 FU1
冷却泵电动机 M2	输送冷却液	接触器 KM1 和接插器 X	无	熔断器 FU1
液压泵电动机 M3	为液压系统提供动力	接触器 KM2	热继电器 KH2	熔断器 FU1

2. 控制电路分析

M7130 控制电路元件较少，直接采用交流 380V 电压供电，由熔断器 FU2 作短路保护。

当转换开关 QS2 的常开触头（6 区，3—4）闭合或电磁吸盘得电工作时，欠电流继电器 KA 线圈得电吸合，其常开触头（8 区，3—4）闭合时，接通砂轮电动机 M1 和液压泵电动机 M3 的控制电路，砂轮电动机 M1 和液压泵电动机 M3 才能启动，进行磨削加工。

砂轮电动机 M1 和液压泵电动机 M3 都采用接触器自锁正转控制线路，按下砂轮电动机 M1 的启动按钮 SB1，接触器 KM1 得电并自锁，KM1 主触头闭合，砂轮电动机 M1 得电启动连续运转；按下停止按钮 SB2，KM1 失电，M1 断电停止运转。液压泵电动机的控制与之相似，由 SB3 控制启动，SB4 控制停止。

冷却泵电动机 M2 与砂轮电动机 M1 在主电路中实现顺序控制。按下启动按钮 SB1，砂轮电动机 M1 启动后，插上接插器 X1 后，冷却泵电动机 M2 即启动运行。

3. 电磁吸盘控制电路分析

电磁吸盘是装夹在工作台上用来固定加工工件的一种夹具。它与机械夹具相比，具有夹紧迅速、操作快速简便、不损伤工件、一次能吸牢多个小工件，以及磨削中工件发热可自由伸缩、不会变形等优点。不足之处是只能吸住铁磁材料的工件，不能吸牢非磁性材料（如铝、铜等）的工件。M7130 型平面磨床的电磁吸盘 YH 如图 3—5 所示。

图 3—5　M7130 型平面磨床的电磁吸盘

电磁吸盘电路包括整流电路、控制电路和保护电路三部分。

（1）整流电路

整流变压器 T1 将 220 V 的交流电压降为 145 V，经桥式整流器 VC 整流后输出约 130 V 的直流电压，作为电磁吸盘的电源。

（2）电磁吸盘控制电路

转换开关 QS2 控制电磁吸盘的工作方式，分为“吸合”“放松”和“退磁”三种工作状态。

1）吸合控制　将 QS2 扳至“吸合”位置，其触头（205—208）和（206—209）闭合，直流电压接入电磁吸盘 YH，工件被牢牢吸住。此时，欠电流继电器 KA 线圈得电吸合，KA 的常开触头闭合，接通砂轮和液压泵电动机的控制电路。

2）放松控制　当工件加工完毕，先把 QS2 扳到“放松”位置，触头（205—208）和（206—209）恢复断开，切断电磁吸盘 YH 的直流电源。由于工件具有剩磁而不易取下，因此必须进行退磁。

3）退磁控制　将 QS2 扳到“退磁”位置，QS2 触头（205—207）和（206—208）闭合，由于退磁回路中串入了退磁电阻 R2，电磁吸盘 YH 通入较小的反向电流进行退磁。调节退磁电阻 R2 的阻值即可以改变退磁电流的大小，达到既能充分退磁又不致反向磁化的目的。退磁结束，将 QS2 扳回到“放松”位置，即可将工件取下。

如果工件不易退磁时，可将附件退磁器的插头插入插座 XS，使工件在交变磁场的作用下进行退磁。

如果将工件夹在工作台上而不需要电磁吸盘时，则应将电磁吸盘 YH 的插头 X2 从插座上拔下，同时将转换开关 QS2 扳到“退磁”位置，这时，接在控制电路中的 QS2 常开触头（3—4）闭合，接通砂轮和液压泵电动机的控制电路。

（3）电磁吸盘的保护电路

电磁吸盘的保护电路是由放电电阻 R3 和欠电流继电器 KA 组成。因为电磁吸盘的电感很大，当电磁吸盘从“吸合”状态转变为“放松”状态的瞬间，线圈两端将产生很大的自感电动势，易使线圈或其他元件由于过电压而损坏。电阻 R3 的作用是在电磁吸盘断电瞬间给线圈提供放电通路，吸收线圈释放的磁场能量。欠电流继电器 KA 作用是防止电磁吸盘断电时工件飞出发生事故，其保护原理是：当电磁吸盘突然发生断电或欠压等故障时，欠电流继电器 KA 因通过线圈的电流小于整定值而释放，其常开触头（3—4）分断，切断 KM1、KM2 线圈回路，KM1、KM2 断电释放，砂轮电动机 M1 和液压泵电动机 M3 立即停转，从而避免发生工件飞出发生事故。

电阻 R1 与电容器 C 的并联组成阻容吸收电路，用以吸收电磁吸盘回路交流侧的过电压和直流侧通断时产生的浪涌电压，对整流器进行过电压保护。熔断器 FU4 为电磁吸盘提供短路保护。

4. 照明电路分析

照明变压器 T2 将 380 V 的交流电压降为 24 V 的安全电压供给照明电路。EL 为照明灯，由开关 SA 控制，熔断器 FU3 作照明电路的短路保护。

M7130 型平面磨床电气元件明细表见表 3—3 。

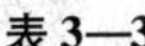

表 3—3　　M7130 型平面磨床电气元件明细表

代号	名称	型号	规格	数量	用途
M1	砂轮电动机	W451 - 4	4.5 kW，220/380 V，1 440 r/min	1	驱动砂轮
M2	冷却泵电动机	JCB - 22	125 W，220/380 V，2 790 r/min	1	驱动冷却泵
M3	液压泵电动机	JO42 - 4	2.8 kW，220/380 V，1 450 r/min	1	驱动液压泵
QS1	电源开关	HZ1 - 25/3	—	1	引入电源
QS2	转换开关	HZ1 - 10P/3	—	1	控制电磁吸盘
SA	照明灯开关	—	—	1	控制照明灯
FU1	熔断器	RL1 - 60/30	60 A，熔体 30 A	3	电源保护
FU2	熔断器	RL1 - 15	15 A，熔体 5 A	2	控制电路短路保护
FU3	熔断器	BLX - 1	1 A	1	照明电路短路保护
FU4	熔断器	RL1 - 15	15 A，熔体 2 A	1	保护电磁吸盘
KM1	接触器	CJ10 - 10	线圈电压 380 V	1	控制 M1
KM2	接触器	CJ10 - 10	线圈电压 380 V	1	控制 M3
KH1	热继电器	JR10 - 10	整定电流 9.5 A	1	M1 过载保护
KH2	热继电器	JR10 - 10	整定电流 6.1 A	1	M3 过载保护
T1	整流变压器	BK - 400	400 V·A，220/145 V	1	降压
T2	照明变压器	BK - 50	50 V·A，380/36 V	1	降压
VC	硅整流器	GZH	1 A，200 V	1	输出直流电压
YH	电磁吸盘	—	1.2 A，110 V	1	工件夹具
KA	欠电流继电器	JT3 - 11L	1.5 A	1	保护用
SB1	按钮	LA2	绿色	1	启动 M1
SB2	按钮	LA2	红色	1	停止 M1
SB3	按钮	LA2	绿色	1	启动 M3
SB4	按钮	LA2	红色	1	停止 M3
R1	电阻器	GF	6 W，125 Ω	1	放电保护电阻
R2	电阻器	GF	50 W，1 000 Ω	1	去磁电阻
R3	电阻器	GF	50 W，500 Ω	1	放电保护电阻
C	电容器	—	600 V，5 μF	1	保护用电容
EL	照明灯	JD3	24 V，40 W	1	工作照明
X1	接插器	CY0 - 36	—	1	M2 用

续表

代号	名称	型号	规格	数量	用途
X2	接插器	CY0－36	—	1	电磁吸盘用
XS	插座	—	250 V，5 A	1	退磁器用
附件	退磁器	TC1TH/H	—	1	工件退磁用

任务准备

1．工具、仪表

电工常用工具，万用表，钳形电流表，兆欧表等。

2．设备

M7130 型平面磨床。

任务实施

一、认识 M7130 型平面磨床

1．现场参观 M7130 型平面磨床，对照图 3—2，认真观察磨床的外形和结构，识别磨床的主要部件和各操纵部件的名称、作用。

2．结合电气元件位置图和接线图，熟悉 M7130 型平面磨床电气设备的位置、作用和型号，如图 3—6 和图 3—7 所示。

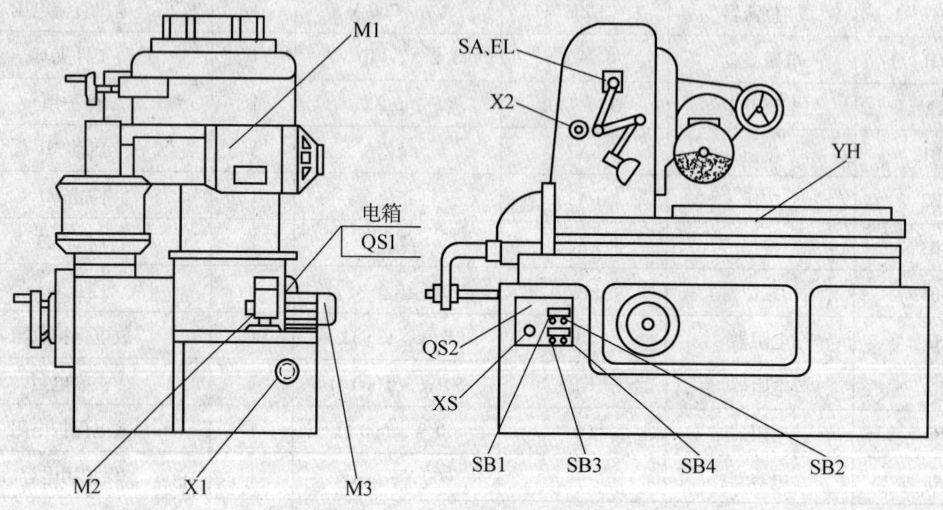

图 3—6　M7130 型平面磨床元件位置图

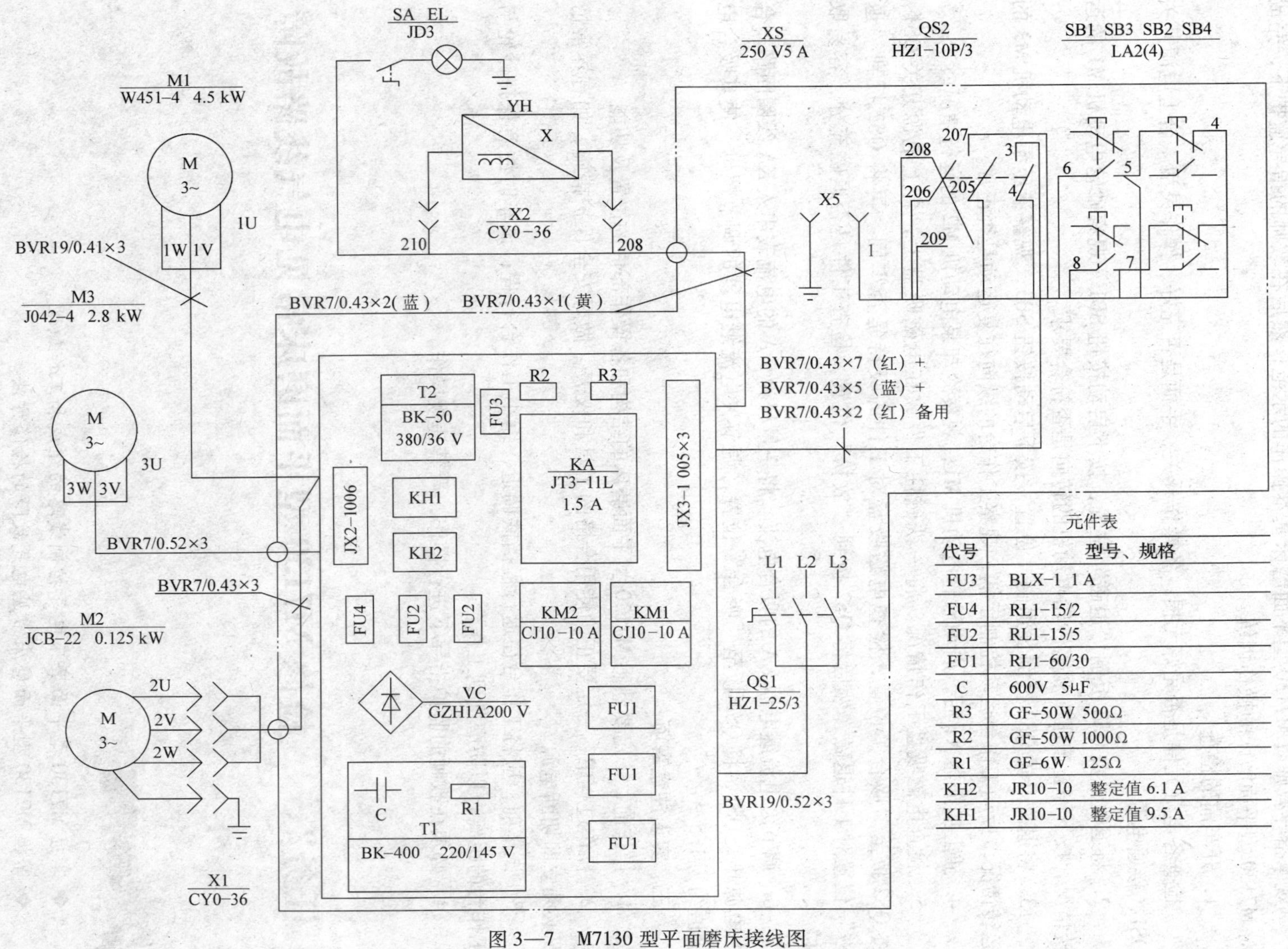

元件表

代号	型号、规格
FU3	BLX-1 1 A
FU4	RL1-15/2
FU2	RL1-15/5
FU1	RL1-60/30
C	600V 5μF
R3	GF-50W 500Ω
R2	GF-50W 1000Ω
R1	GF-6W 125Ω
KH2	JR10-10 整定值 6.1 A
KH1	JR10-10 整定值 9.5 A

图 3—7 M7130 型平面磨床接线图

二、磨床操作

观摩指导教师对 M7130 型平面磨床基本操作的示范，然后在教师的指导监护下，完成对 M7130 型平面磨床的操作训练。

1．开车前的检查

检查各电气元件是否完好无损，各操作开关、手柄是否完好、操作灵活。合上电源开关 QS1，接通电源。

2．将退磁开关 QS2 扳倒“退磁”位置，按下启动按钮 SB1，观察砂轮电动机 M1 的运转情况，按下停止按钮，观察砂轮电动机的转向是否符合要求。

3．将退磁开关 QS2 扳倒“退磁”位置，按下启动按钮 SB3，观察液压泵电动机 M3 的运转情况，扳动工作台运动控制手柄，观察工作台的纵向往复运动是否正常。

4．插上接插器 X1 后，启动砂轮电动机 M1，观察冷却泵电动机 M2 的运行情况。

5．检查电磁吸盘工作情况。将一铁磁性工件放在电磁吸盘上，合上电源开关 QS1，将 QS2 扳至“吸合”位置，检查电磁吸盘对工件的吸持是否牢固。再将 QS2 扳到“退磁”位置对工件退磁，然后将 QS2 扳到“放松”位置，检查工件是否退磁充分，容易取下。

6．调节欠电流继电器 KA 的吸合电流。将一量程为 5 A 的电流表串入 KA 线圈回路，合上电源开关 QS1，将 QS2 扳至“吸合”位置，调节欠电流继电器的调节螺母，使其吸合电流值约为 1.5 A。

三、实训注意事项

1．操作前，一定要熟悉 M7130 型平面磨床的结构和各操作部件的位置及功能。

2．操作过程中，一定要正确使用合格的工具和仪表，做好安全保护措施，如有异常情况必须立即切断电源。

3．试车前，应将工作台往返行程挡铁调近，缩小工作台行程；试车时注意保持砂轮与工作台的距离，以防磨削到工作台。

4．必须在教师的监护指导下进行操作，严禁违规操作。

任务2　检修 M7130 型平面磨床常见电气线路故障

◆ 掌握 M7130 型平面磨床电气控制线路的组成和工作原理。

◆ 掌握 M7130 型平面磨床常见电气故障的检修方法。

M7130 型平面磨床在使用过程中，由于电气设备老化或操作不当等原因，不可避免地会出现电气故障，影响设备的正常工作。本任务的主要内容就是学习 M7130 型平面磨床常见电气故障的检修方法和步骤。

常见电气故障分析与检修举例

1. 故障一——三台电动机都不能启动

先将 QS2 扳到“吸合”位置，合上电源开关 QS1，按下启动按钮 SB1、SB3，观察 KM1、KM2 是否动作。若 KM1、KM2 动作，但电动机不能启动，则故障在主电路的 W 相，可按前面介绍的方法检修。如果 KM、KM2 不动作，故障在控制回路。此时可再检查照明灯 EL 是否正常发光，若 EL 不亮，故障在电源部分；若 EL 正常发光，说明控制电路的电源电压正常，故障应该在 KM1、KM2 线圈电路的公共部分，如图 3—8 中虚线框所示，并可用电压测量法按图 3—9 所示的流程检修。

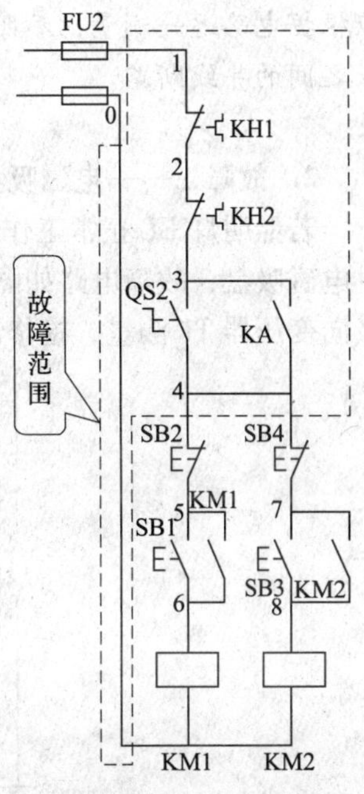

图 3—8　故障一电路图

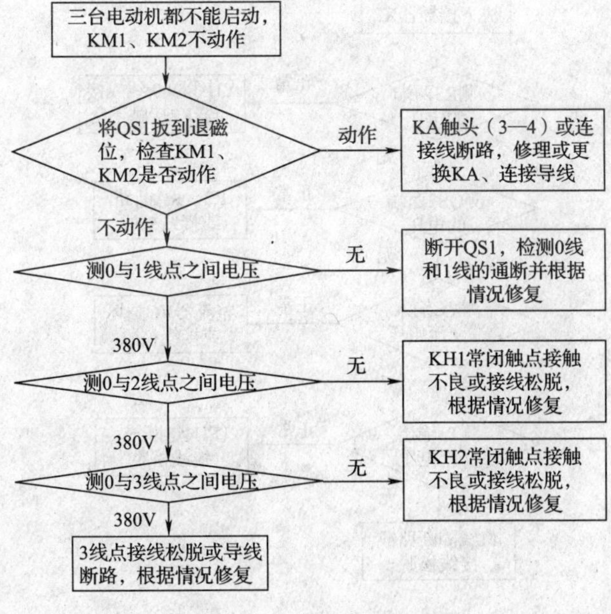

图 3—9　故障一检修流程图

在查找故障时，对于像图3—8中3线这样一个线号有多个接线连接点的情况，检查时应根据电路逐一测量，参照该电路图，分析、判断是连接点处接线松脱还是同一线号两连接点之间的导线断路。

2. 故障二——电磁吸盘无吸力

若照明灯EL正常工作而电磁吸盘无吸力，说明整流变压器的电源正常，但没有电流通过电磁吸盘，故障电路如图3—10所示。检修时，应先测量电磁吸盘两端有无电压，然后逐级向变压器T1测量，检修流程如图3—11所示。

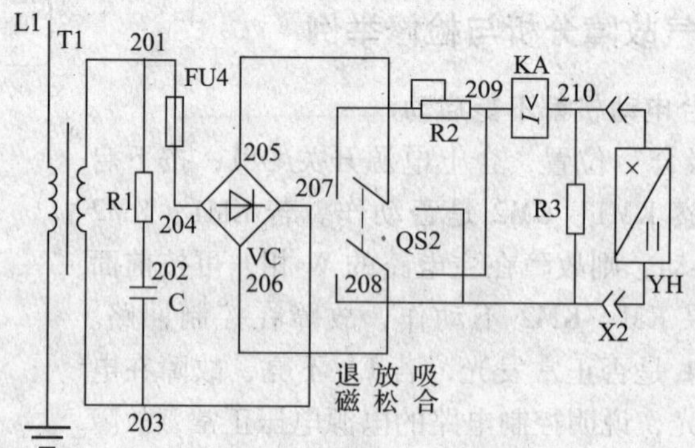

图3—10 故障二电路图

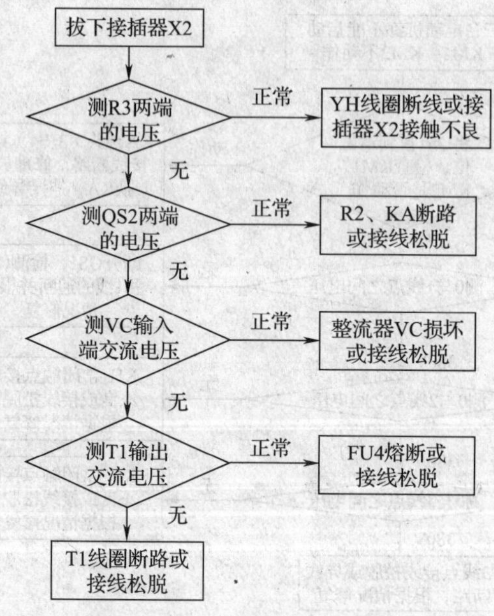

图3—11 故障二检修流程图

3. 故障三——电磁吸盘吸力不足

引起这种故障的原因是电磁吸盘线圈发生局部短路或整流器输出电压不正常造成的。M7130 型平面磨床电磁吸盘的电源电压由整流器 VC 供给，空载时，整流器直流输出电压应为 130 V 左右；负载时，不应低于 110 V。若整流器空载输出电压正常，带负载时电压远低于 110 V，则表明电磁吸盘线圈已短路，一般需更换电磁吸盘线圈。

若空载时电磁吸盘电源电压不正常，大多是因为整流元件短路或断路造成的，应检查整流器 VC 的交流侧电压及直流侧电压。若交流侧电压正常，直流输出电压不正常，则表明整流器元件发生短路或断路故障，可用万用表测量整流器的输出及输入电压，判断出故障部位，查出故障元件，进行修理或更换即可。

实践证明，在直流输出回路中加装快速熔断器，可避免损坏整流二极管。

4. 故障四——电磁吸盘退磁不好，使取下工件困难

电磁吸盘的退磁回路如图 3—12 所示。从图中可看出，电磁吸盘退磁不好的原因一是退磁电路断路，根本没有退磁。这时应检查转换开关 QS2 接触是否良好，退磁电阻 R2 是否损坏；二是退磁电压过高。这时应调整电阻 R2，将退磁电压调至 5 ~ 10 V；三是退磁时间掌握不当，退磁时间太长或太短。对于不同的材料工件，所需的退磁时间不同，应根据经验注意掌握退磁时间。

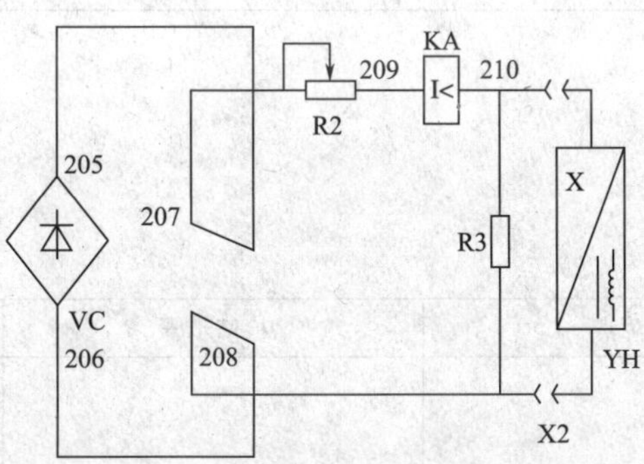

图 3—12　电磁吸盘的退磁回路

任务准备

1. 工具、仪表

电工常用工具，万用表，钳形电流表，兆欧表等。

2. 设备

M7130 型平面磨床。

任务实施

一、识读线路图

结合 M7130 型平面磨床的电气元件位置图和接线图，熟悉其电气元件的实际位置和布线情况，并通过测量等方法找出各回路的实际走线路径。

二、观摩检修

结合相关知识中所讲实例，认真观摩教师的示范检修，掌握检修 M7130 型平面磨床电气线路的基本步骤和方法。

三、检修训练

针对教师人为设置的线路故障，按照正确的检修方法进行检修练习，并做好维修记录。

在 M7130 型平面磨床电气控制线路中设置 1、2 处故障，按照正确的检修方法进行检修练习，并做好维修记录，见表 3—4。

表 3—4　　维修记录表

维修时间		维修人员	
设备名称		设备型号	
故障现象			
在电路图中标出最小故障范围，并简要记录分析过程			
查找故障点并排除	故障点	检修步骤	排除方法
维修小结			

四、实训注意事项

1. 检修前要认真阅读电路图，熟练掌握各个控制环节的工作原理及作用。并认真观摩教师的示范检修。

2. 电磁吸盘的工作环境恶劣，容易发生故障，检修时应特别注意电磁吸盘及其控制电路。

3. 停电要验电。带电检修时，必须有指导教师在现场监护，以确保用电安全。同时要做好训练记录。

检修实训任务测评见表 3—5。

表 3—5　　　　任务测评

<table>
<tr><th>项目内容</th><th>配分</th><th colspan="3">评分标准</th><th>扣分</th></tr>
<tr><td>故障分析</td><td>30 分</td><td colspan="3">（1）故障分析、排除故障思路不正确　扣 5 ~ 10 分
（2）不能标出最小故障范围　每个扣 15 分</td><td></td></tr>
<tr><td>排除故障</td><td>70 分</td><td colspan="3">（1）断电不验电　扣 5 分
（2）工具及仪表使用不当　每次扣 5 分
（3）检查故障的方法不正确　扣 20 分
（4）排除故障的方法不正确　扣 20 分
（5）不能排除故障点　每个扣 30 分
（6）扩大故障范围或产生新的故障点　每个扣 40 分
（7）损坏电气元件　每只扣 20 ~ 40 分
（8）排除故障后通电试车不成功　扣 50 分</td><td></td></tr>
<tr><td>安全文明生产</td><td colspan="4">违反安全文明生产规程　扣 10 ~ 70 分</td><td></td></tr>
<tr><td>定额时间：
30 min</td><td colspan="4">训练不允许超时，在修复故障过程中才允许超时，但以每超 1 min 扣 5 分计算</td><td></td></tr>
<tr><td>备注</td><td colspan="3">除定额时间外，各项内容的最高扣分，不得超过配分数</td><td>总得分</td><td></td></tr>
<tr><td>开始时间</td><td></td><td>结束时间</td><td></td><td>实际时间</td><td></td></tr>
</table>

知识拓展　M1432A 型万能外圆磨床电气控制线路简介

在机械加工过程中，不仅需要磨削平面，往往还需要加工圆柱面和圆锥面，这时就要用到外圆磨床，M1432A 型万能外圆磨床是目前比较典型的一种普通精度级外圆磨床，可以用来加工外圆柱面及外圆锥面，利用机床上配备的内圆磨具还可以磨削内圆柱面和内圆锥面，也能磨削阶梯轴的轴肩和端平面。为拓展视野，现简单介绍 M1432A 型万能外圆磨床及其电气控制线路。

M1432A 型万能外圆磨床的型号意义：

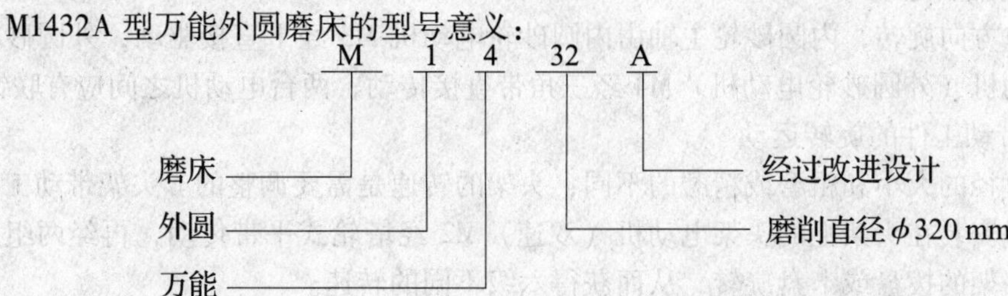

1. 主要结构及运动形式

M1432A 型万能外圆磨床的外形如图 3—13 所示，它主要由床身、工件头架、工作台、内圆磨具、砂轮架、尾座、控制箱等部件组成，在床身上安装着工作台和砂轮架，并通过工作台支承着工作头架及尾座等部件，床身内部用做液压油的储油池。工作头架用于安装及夹持工件，并带动工件旋转。砂轮架用于支承并传动砂轮轴。砂轮架可沿床身上的滚动导轨前后移动，实现工作进给及快速进退。内圆磨具用于支承磨内孔的砂轮主轴，由单独电动机经带传动。尾座用于支承工件，它和工作头架的前顶尖一起把工件沿轴线顶牢。工作台由上工作台和下工作台两部分组成，上工作台可相对于下工作台偏转一定角度，用于磨削锥度较小的长圆锥面。

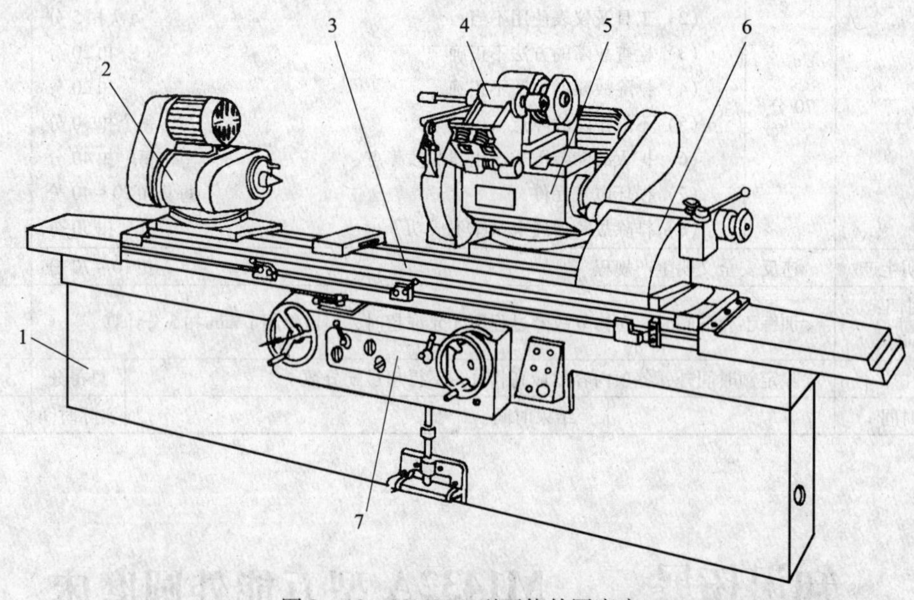

图 3—13　M1432A 型万能外圆磨床

1—床身　2—工作头架　3—工作台　4—内圆磨具　5—砂轮架　6—尾座　7—控制面板

M1432A 型磨床的主运动是砂轮架（或内圆磨具）主轴带动砂轮做高速旋转运动和头架主轴带动工件做旋转运动；进给运动是工作台的纵向（轴向）往复运动和砂轮架的横向（径向）进给运动。辅助运动是砂轮架的快速进退运动和尾座套筒的快速退回运动。

2. 电力驱动的特点及控制要求

该磨床共用五台电动机驱动：油泵电动机 M1、头架电动机 M2、内圆砂轮电动机 M3、外圆砂轮电动机 M4 和冷却泵电动机 M5。

（1）砂轮的旋转运动

砂轮只需单方向旋转，内圆砂轮主轴由内圆砂轮电动机 M3 经平直接驱动，外圆砂轮主轴由砂轮架电动机（外圆砂轮电动机）M4 经三角带直接传动，两台电动机之间应有联锁。

（2）头架带动工件的旋转运动

根据工件直径的大小和粗磨或精磨的不同，头架的转速是需要调整的。头架带动工件的旋转运动是通过安装在头架上的头架电动机（双速）M2 经塔轮式平带传动，再经两组三角带传动，带动头架的拨盘或卡盘旋转，从而获得六级不同的转速。

（3）工作台的纵向往复运动

工作台的纵向往复运动采用了液压传动，以实现运动及换向的平稳和无级调速。另外，砂轮架周期自动进给和快速进退、尾座套筒快速退回及导轨润滑等也是采用液压传动来实现的。液压泵由油泵电动机 M1 驱动。要求只有油泵电动机 M1 启动后，其他电动机才能启动。

当内圆磨头插入工件内腔时，砂轮架不允许快速移动，以免造成事故。

（4）冷却液的供给

冷却泵电动机 M5 驱动冷却泵旋转供给砂轮和工件冷却液。

3．电气控制线路分析

M1432A 型万能外圆磨床的电路图如图 3—14 所示。该线路分为主电路、控制电路和照明指示电路三部分。

（1）主电路分析

主电路共有五台电动机，其中，M1 是油泵电动机，由接触器 KM1 控制；M2 是工作头架电动机，由接触器 KM2、KM3 实现低速和高速控制；M3 是内圆砂轮电动机，由接触器 KM5 控制；M4 是外圆砂轮电动机，由接触器 KM4 控制；M5 是冷却泵电动机，由接触器 KM6 和接插器 X 控制。熔断器 FU1 作为线路总的短路保护，熔断器 FU2 作为 M1 和 M2 的短路保护，熔断器 FU3 作为 M3 和 M5 的短路保护。五台电动机均用热继电器作过载保护。

（2）控制电路分析

控制变压器 TC 将 380 V 的交流电压降为 110 V 供给控制电路，由熔断器 FU8 作短路保护。

1）油泵电动机 M1 的控制　按下启动按钮 SB2，接触器 KM1 线圈得电，KM1 的常开触头闭合，油泵电动机 M1 启动运转，指示灯 HL2 亮。按下停止按钮 SB1，接触器 KM1 线圈失电，KM1 的常开触头断开，电动机 M1 停转，灯 HL2 熄灭。

由于其他电动机与油泵电动机在控制电路实现了顺序控制，所以保证了只有当油泵电动机 M1 启动后，其他电动机才能启动的控制要求。

2）工作头架电动机 M2 的控制　SA1 是头架电动机 M2 的转速选择开关，分“低”“停”“高”三挡位置。如将 SA1 扳到“低”挡位置，按下油泵电动机 M1 的启动按钮 SB2，M1 启动，通过液压传动使砂轮架快速前进。当接近工件时，便压合位置开关 SQ1，接触器 KM2 线圈得电，其触头动作，头架电动机 M2 接成△形低速启动运转。同理，若将转速选择开关 SA1 扳到“高”挡位置，砂轮架快速前进压合位置开关 SQ1 后，使接触器 KM3 线圈得电，KM3 触头动作，头架电动机 M2 又接成 YY 高速启动运转。

SB3 是点动控制按钮，以便对工件进行校正和调试。

磨削完毕，砂轮架退回原位，位置开关 SQ1 复位断开，电动机 M2 自动停转。

3）内、外圆砂轮电动机 M3 和 M4 的控制　由于内、外圆砂轮电动机不能同时启动，故用位置开关 SQ2 对它们实行联锁控制。当进行外圆磨削时，把砂轮架上的内圆磨具往上翻，它的后侧压住位置开关 SQ2，如图 3—15 所示。这时 SQ2 的常闭触头断开，切断内圆砂轮的控制电路。SQ2 的常开触头闭合，按下启动按钮 SB4，接触器 KM4 线圈得电，KM4 的主触头和自锁触头闭合，外圆砂轮电动机 M4 启动运转，KM4 联锁触头分断对 KM5 联锁。

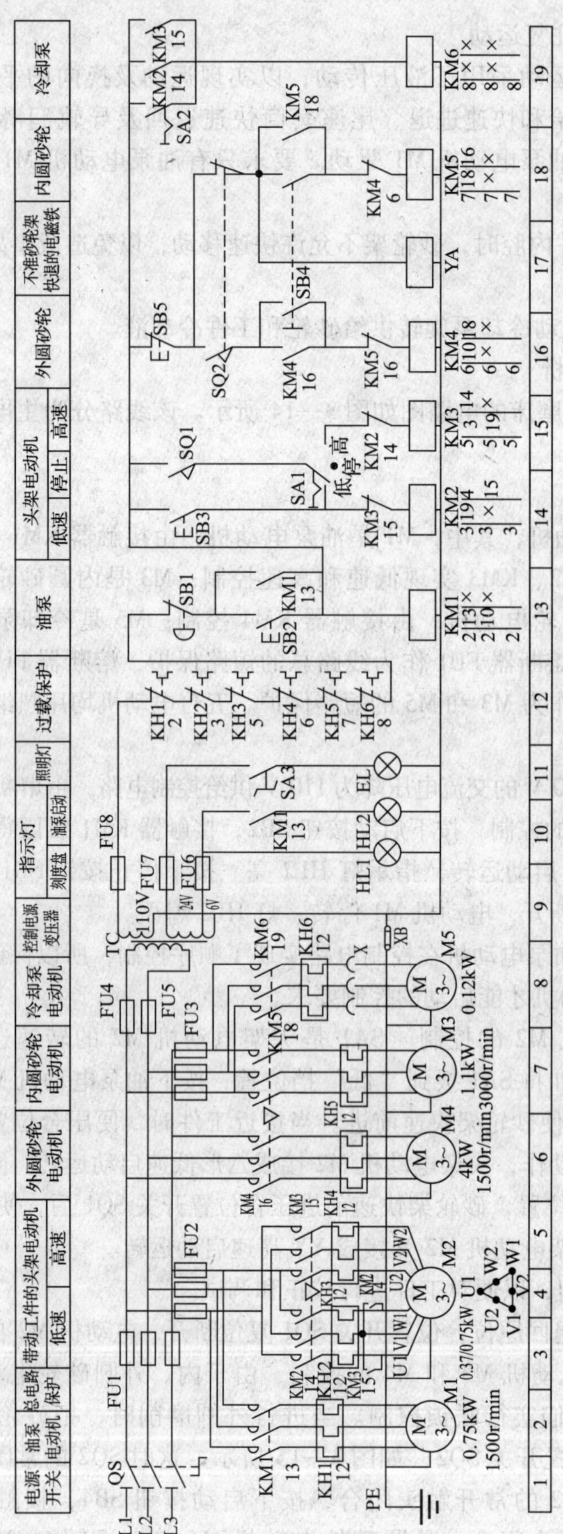

图3—14 M1432A型万能外圆磨床的电路图

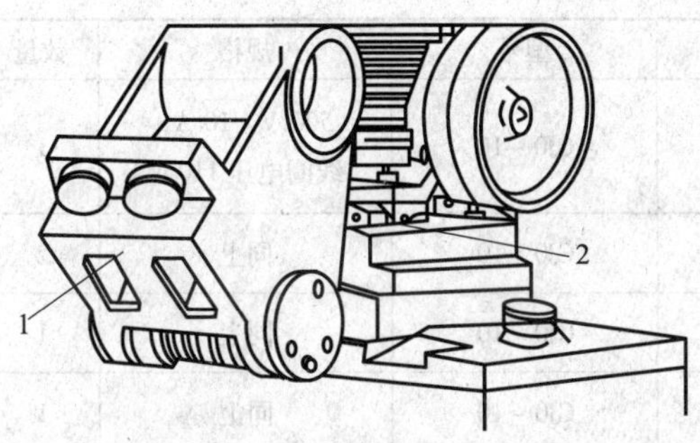

图 3—15　内圆磨具

1—内圆磨具　2—位置开关 QS2（被压住状态）

当进行内圆磨削时，将内圆磨具翻下，原被内圆磨具压下的位置开关 SQ2 复位，按下启动按钮 SB4，接触器 KM5 得电动作，使内圆砂轮电动机 M3 启动运转。内圆砂轮磨削时，砂轮架不允许快速退回，因为此时内圆磨头在工件的内孔，砂轮架若快速移动，易造成损坏磨头及工件报废的严重事故。为此，内圆磨削与砂轮架的快速退回进行了联锁。当内圆磨具翻下时，由于位置开关 SQ2 复位，故电磁铁 YA 线圈得电动作，衔铁被吸下，砂轮架快速进退的操纵手柄锁住液压回路，使砂轮架不能快速退回。

4）冷却泵电动机 M5 的控制　冷却泵电动机 M5 可与工作头架电动机 M2 同时运转，也可以单独启动和停止。当控制头架电动机 M2 的接触器 KM2 或 KM3 得电动作时，KM2 或 KM3 的常开辅助触头闭合，使接触器 KM6 得电动作，冷却泵电动机 M5 随之自动启动。

修整砂轮时，不需要启动头架电动机 M2，但要启动冷却泵电动机 M5，这时可用开关 SA2 来控制冷却泵电动机 M5。

X 是接通冷却泵电动机的电源接插器，插头插入和拔下必须在电源断开下进行。

（3）照明及指示电路分析

控制变压器 TC 将 380 V 的交流电压降为 24 V 的安全电压供给照明电路，6 V 的电压供给指示电路。照明灯 EL 由开关 SA3 控制，由熔断器 FU7 作短路保护。HL1 为刻度照明灯，HL2 为油泵指示灯，指示电路由熔断器 FU6 作短路保护。

M1432A 型万能外圆磨床电气元件明细表见表 3—6。

表 3—6　　M1432A 型万能外圆磨床电气元件明细表

代号	元件名称	型号	规格	数量	用途
M1	油泵电动机	Y802-4/B5	0.75 kW，380 V，4 极	1	驱动油泵
M2	头架电动机	YUD90LA-8/4	0.55/1.1 kW，380 V 8/4 极	1	驱动头架工件旋转
M3	内圆电动机	Y302-2	1.1 kW，380 V，2 极	1	驱动内圆砂轮
M4	外圆电动机	Y112M-4	4 kW，380 V，4 极	1	驱动外圆砂轮
M5	冷却泵电动机	DB-25	0.12 kW，380 V，2 极	1	驱动冷却泵

续表

代号	元件名称	型号	规格	数量	用途
KM1	交流接触器	CJ0－10	500 V，10 A，线圈电压 110 V	1	控制油泵电动机 M1
KM2、KM3	交流接触器	CJ0－10	同上	2	控制头架电动机 M2
KM4	交流接触器	CJ0－10	同上	1	控制外圆砂轮电动机 M4
KM5	交流接触器	CJ0－10	同上	1	控制内圆砂轮电动机 M3
KM6	交流接触器	CJ0－10	同上	1	控制冷却泵电动机 M5
KH1	热继电器	JR16B－20/3	1.5～2.4/2 A	1	M1 过载保护
KH2	热继电器	JR16B－20/3	2.2～3.5/2.67 A	1	M2 低速过载保护
KH3	热继电器	JR16B－20/3	2.2～3.5/2.83 A	1	M2 高速过载保护
KH4	热继电器	JR16B－20/3	6.8～11/8.72 A	1	M4 过载保护
KH5	热继电器	JR16B－20/3	2.2～3.5/2.5 A	1	M3 过载保护
KH6	热继电器	JR16B－20/3	0.32～0.5/0.45 A	1	M5 过载保护
FU1	熔断器	RL1－60	座 55×78，35 A	3	电源短路保护
FU2、FU3	熔断器	RL1－15	座 38×62，10 A	6	M1、M2、M3、M5 短路保护
FU4、FU5	熔断器	BCF	座 19×19，2 A	2	控制变压器保护
FU6、FU7	熔断器	BCF	座 19×19，2 A	2	照明指示电路短路保护
FU8	熔断器	BCF	座 19×19，3 A	1	控制电路短路保护
QS	电源开关	HZ10－25/3	25 A	1	引入电源
SA1	选择转速开关	LAY3－22X/3（黑）	单极 3 位，110 V，6 A	1	选择工件转速
SA2	冷却泵开关	LAY3－11X/2（黑）	单极 2 位，110 V，6 A	1	单独启停冷却泵
SA3	照明开关	LAY3－11X/2（黑）	单极 2 位，110 V，6 A	1	控制照明
SB1	停止按钮	LAY3－11M/1	110 V，6 A	1	总停止
SB2	启动按钮	LAY3－11D（绿）	110 V，6 A	1	启动 M1
SB3	点动按钮	LAY1－11（黑）	110 V，6 A	1	点动 M2
SB4	启动按钮	LAY3－22（绿）	110 V，6 A	1	M3、M4 启动
SB5	停止按钮	LAY3－22（红）	110 V，6 A	1	M3、M4 停止
SQ1	位置开关	JW2A－11H/LTH	380 V，3 A	1	砂轮架快速联锁
SQ2	位置开关	LX5－11Q/1	380 V，3 A	1	内外圆砂轮联锁
YA	电磁铁	MQW－0.7	110 V	1	砂轮架不准快退

续表

代号	元件名称	型号	规格	数量	用途
TC	控制变压器	BKC－150	380/110，24，6 V	1	给控制、照明和指示电路提供电源
X	接插器	C4－6/4	500 V，6 A	1	冷却泵电源
EL	照明灯	JC6－1	24 V，40 W	1	工作照明
HL1	指示灯	DS22－2/T	0.15 A，6～8 V 灯珠透明	1	刻度照明灯
HL2	指示灯	DS22－2/T	0.15 A，6～8 V 灯珠透明	1	油泵指示灯

课题四

M7475B 型平面磨床电气控制线路的检修

任务1　认识 M7475B 型平面磨床

任务目标

◆ 熟悉 M7475B 型平面磨床的主要结构和运动形式。
◆ 了解 M7475B 型平面磨床的基本操作方法。
◆ 掌握 M7475B 型平面磨床电气控制线路的组成和工作原理。
◆ 熟悉 M7475B 型平面磨床电气控制线路中各元件位置、型号及功能。

工作任务

M7475B 型立轴圆台平面磨床是以砂轮端面对工件进行磨削的大型平面磨床，主要用来磨削毛坯及一般精度的大型零件，特别适用于冶金、汽车、拖拉机等行业对大型零件的平面磨削加工。本任务的主要内容是学习 M7475B 型平面磨床的主要结构、运动形式和基本操作方法，以及电气控制线路的组成和工作原理，为学习检修 M7475B 型平面磨床常见电气故障打下基础。

相关知识

M7475B 型立轴圆台平面磨床的型号意义如下：

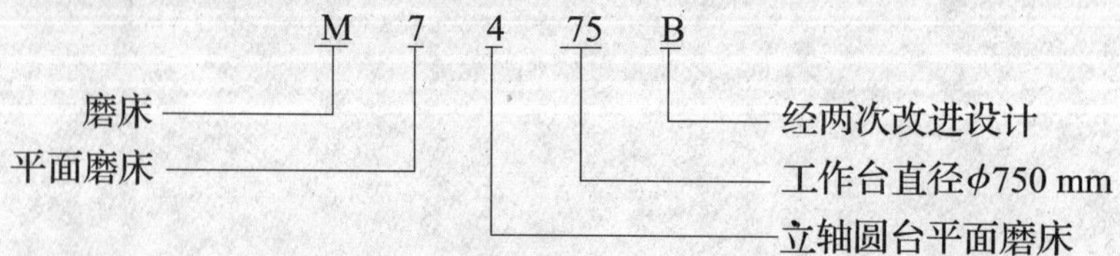

一、M7475B 型平面磨床的主要结构及运动形式

M7475B 型平面磨床外形如图 4—1 所示。它主要由床身、圆工作台、砂轮架、立柱等部分组成。它采用立式磨头，用砂轮的端面进行磨削加工；用电磁吸盘固定工件，如图 4—2 所示。

M7475B 型平面磨床的主运动是砂轮电动机 M1 带动砂轮的旋转运动，进给运动是工作台转动电动机 M2 驱动圆工作台转动，辅助运动是工作台移动电动机 M3 带动工作台的左右

图 4—1 M7475B 型平面磨床外形

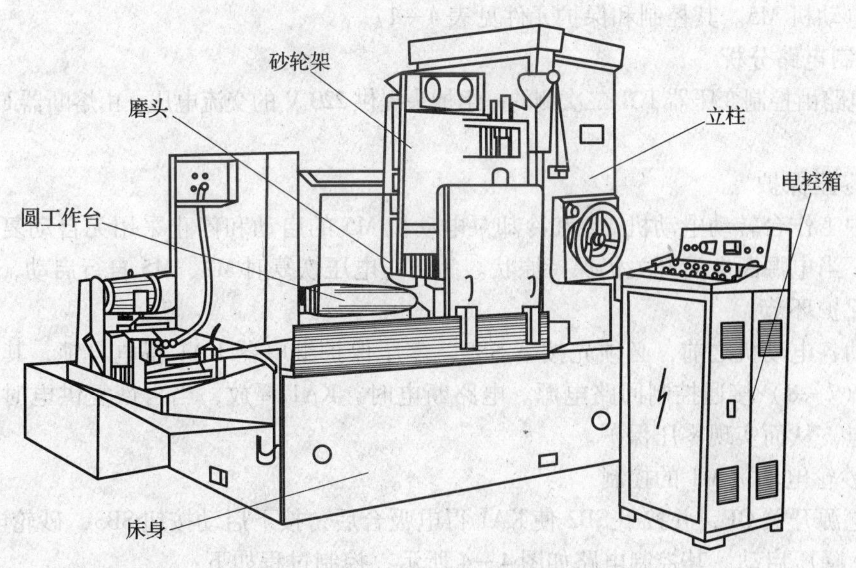

图 4—2 M7475B 型平面磨床的结构

移动和磨头升降电动机 M4 带动砂轮架沿立柱导轨的上下移动。

二、M7475B 型平面磨床电力驱动的特点及控制要求

1. 机床的砂轮和工作台分别由单独的电动机驱动，五台电动机都选用交流异步电动机，并用继电器、接触器控制，属纯电气控制。

2. 砂轮电动机 M1 只要求单方向旋转。由于它容量较大，采用 Y－△降压启动以限制启动电流。

3. 工作台转动电动机 M2 选用双速异步电动机来实现工作台的快速和慢速旋转，以简化传动机构。工作台慢速转动时，电动机定子绕组接成△形，转速为 940 r/min。工作台快速旋转时，电动机定子绕组接成双 Y 形，转速为 1 440 r/min。

4. 工作台转动电动机 M2 和冷却泵电动机 M5 分别由手动选择开关 SA1、SA2 操作，为实现 M2、M5 的零电压保护，设置了零压继电器 KA1。

5. 电磁吸盘的励磁、退磁采用电子线路控制。为了加工后能将工件取下，要求圆工作台的电磁吸盘在停止励磁后自动退磁。

6. 为保证机床安全和电源不会被短路，机床在工作台转动与磨头下降、工作台快转与慢转、工作台左移与右移、磨头上升与下降的控制线路中都设有电气联锁，且在工作台的左、右移动和磨头上升控制中设有限位保护。

三、M7475B 型平面磨床的电气线路图

M7475B 型平面磨床的电路图如图 4—3 所示。

四、M7475B 型平面磨床电气控制线路分析

线路分为主电路、控制电路、电磁吸盘控制电路和照明与指示电路四部分。

1. 主电路分析

M7475B 型平面磨床的三相交流电源由低压断路器 QF 引入，主电路中共有五台电动机，分别是砂轮电动机 M1，工作台转动电动机 M2，工作台移动电动机 M3，磨头升降电动机 M4 及冷却泵电动机 M5。其控制和保护元件见表 4—1。

2. 控制电路分析

控制电路由控制变压器 TC1 二次侧的一组抽头提供 220 V 的交流电压，由熔断器 FU3 作短路保护。

（1）零压保护

机床中工作台转动电动机 M2 和冷却泵电动机 M5 的启动和停止采用无自动复位功能的开关操作，当电源断电后开关仍保持原状。为防止电压恢复时 M2、M5 自行启动，电路中设置了零压保护环节。

在启动各电动机之前，必须先按下 SB2，零压保护继电器 KA1 得电自锁，其自锁常开触头 KA1（7—8）接通控制回路电源。电路断电时，KA1 释放，当再恢复供电时，KA1 不会自行得电，从而实现零压保护。

（2）砂轮电动机 M1 的控制

合上电源开关 QF，并按下 SB2 使 KA1 得电吸合后，按下启动按钮 SB3，砂轮电动机 M1 实现 Y－△降压启动。其控制电路如图 4—4 所示，控制过程如下：

电源开关
砂轮电动机
启动
运行
工作台转动电动机
慢转
快转
工作台移动电动机
左行
右行
磨头升降电动机
上升
下降
冷却泵电动机
QF
L1
L2
L3
U10
V10
W10
FU1
FU2
U14
V14
W14
TC1
KM1
W11
U11
V11
TA
A
KH1
PE
1W1
1V1
1U1
M
3～
M1
KM2
1W2
1U2
1V2
U12
V12
W12
KH2
W13
V13
U13
KM3
KM4
2U1
2V1
2W1
M2
2U2
2V2
2W2
KM5
KM6
W15
V15
U15
KM7
KM8
W16
V16
U16
KH3
3U
3V
3W
M3
KH4
4U
4V
4W
M4
KM9
U17
V17
W17
KH5
U18
V18
W18
XS
XP
5U
5V
5W
M5
XB
1
2
3
4
5
6
7
8
9
10
11
12

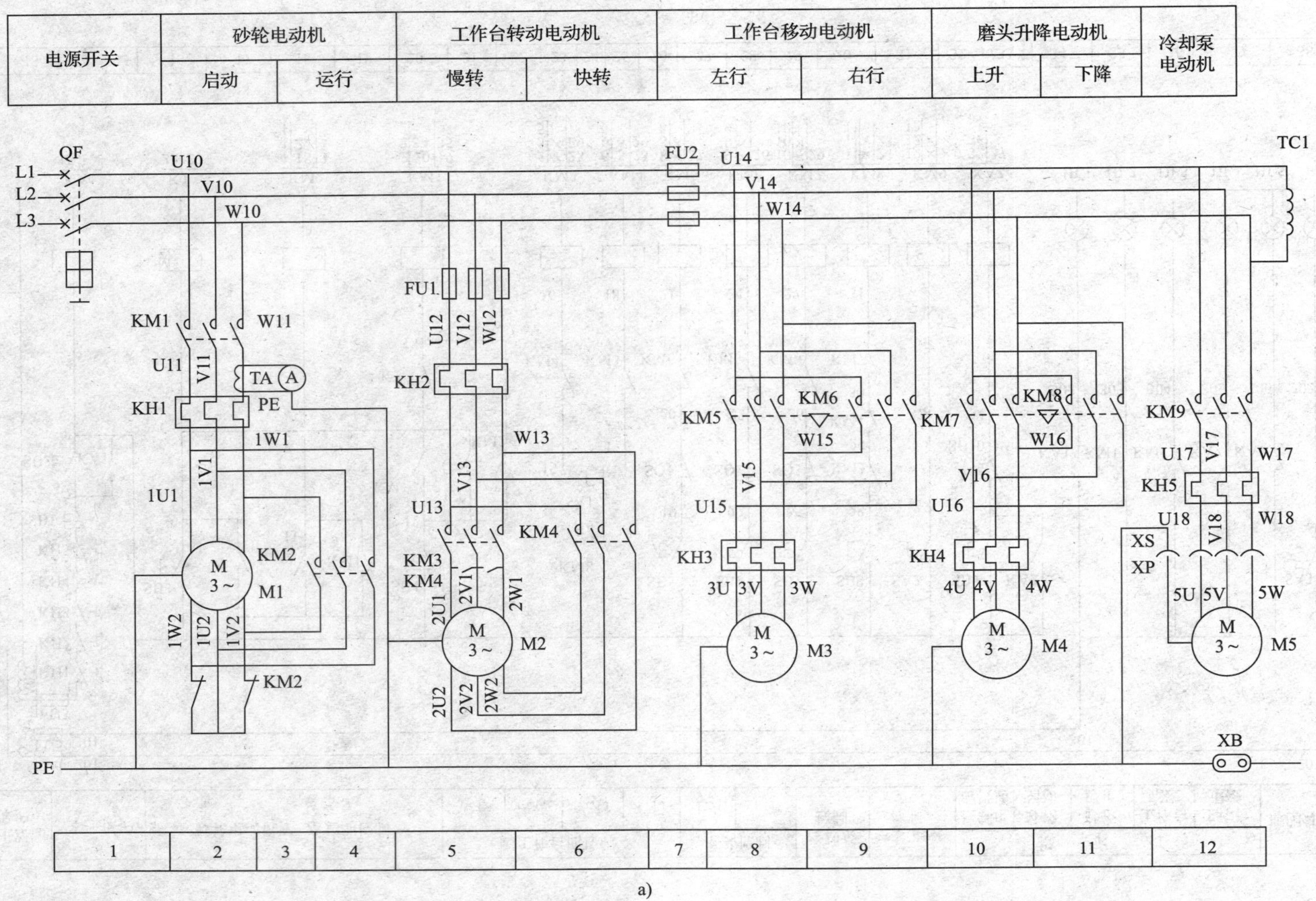

a)

控制变压器及短路保护
零压保护
砂轮电动机Y-△启动控制
圆工作台面控制
慢转
快转
左行
右行
磨头控制
上升
下降
冷却泵控制
充、退磁控制
指示灯
控制电源接通
砂轮启动
砂轮停止
工作台充磁
工作台退磁
照明灯
TC1
FU3
FU4
FU5
220V
24V
6V
KH1
KH2
KH3
KH4
KH5
SB1
SB2
SB3
SB4
SB5
SB6
SB7
SB8
SB9
SB10
SA1
SA2
SA3
SQ1
SQ2
SQ3
KA1
KA2
KM1
KM2
KM3
KM4
KM5
KM6
KM7
KM8
KM9
KT
HL1
HL2
HL3
HL4
HL5
EL
13 14 15 16 17 18 19 20 21 22 23 24 25 26 27 28 29 30 31 32 33 34 35 36 37 38
b)

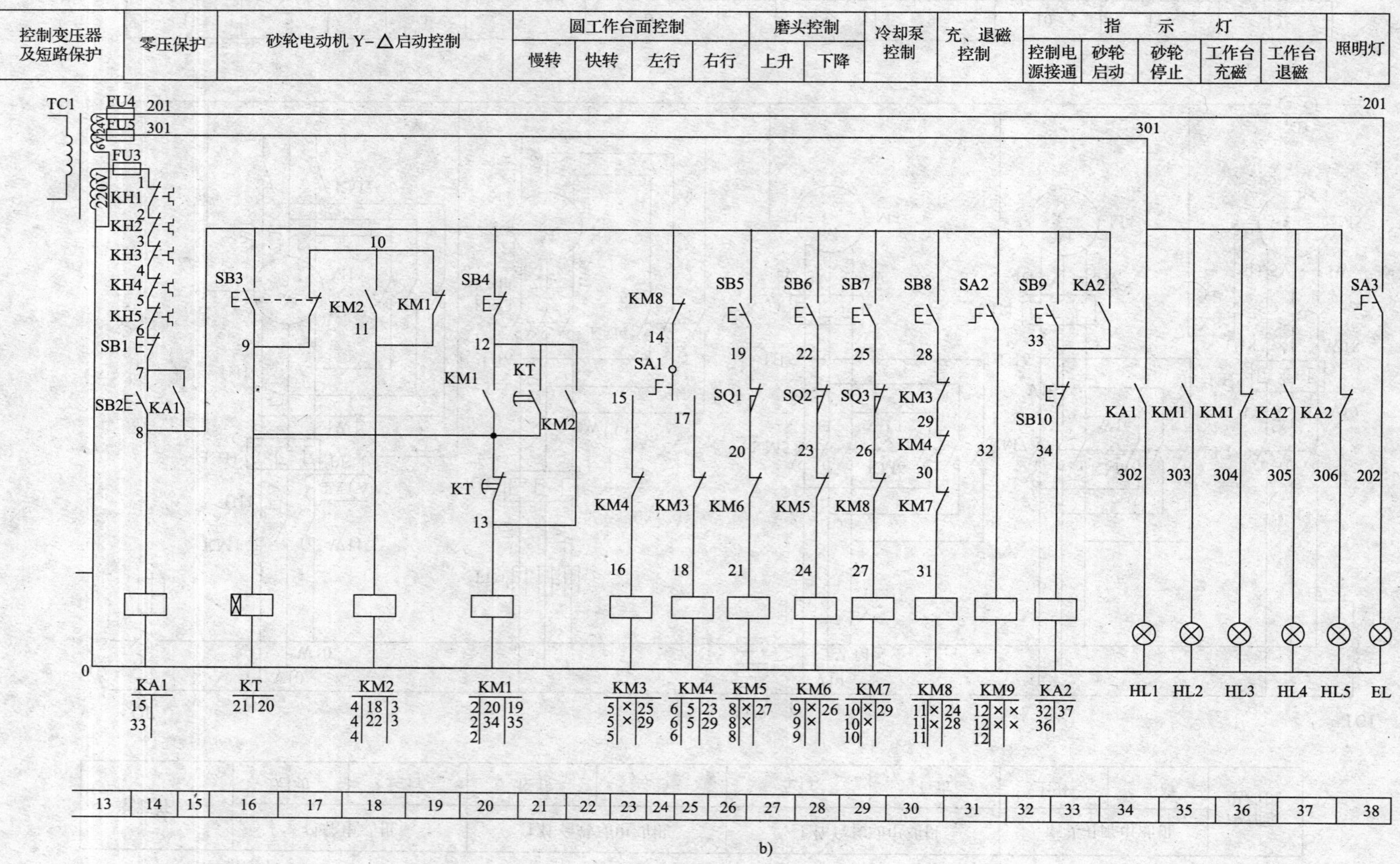

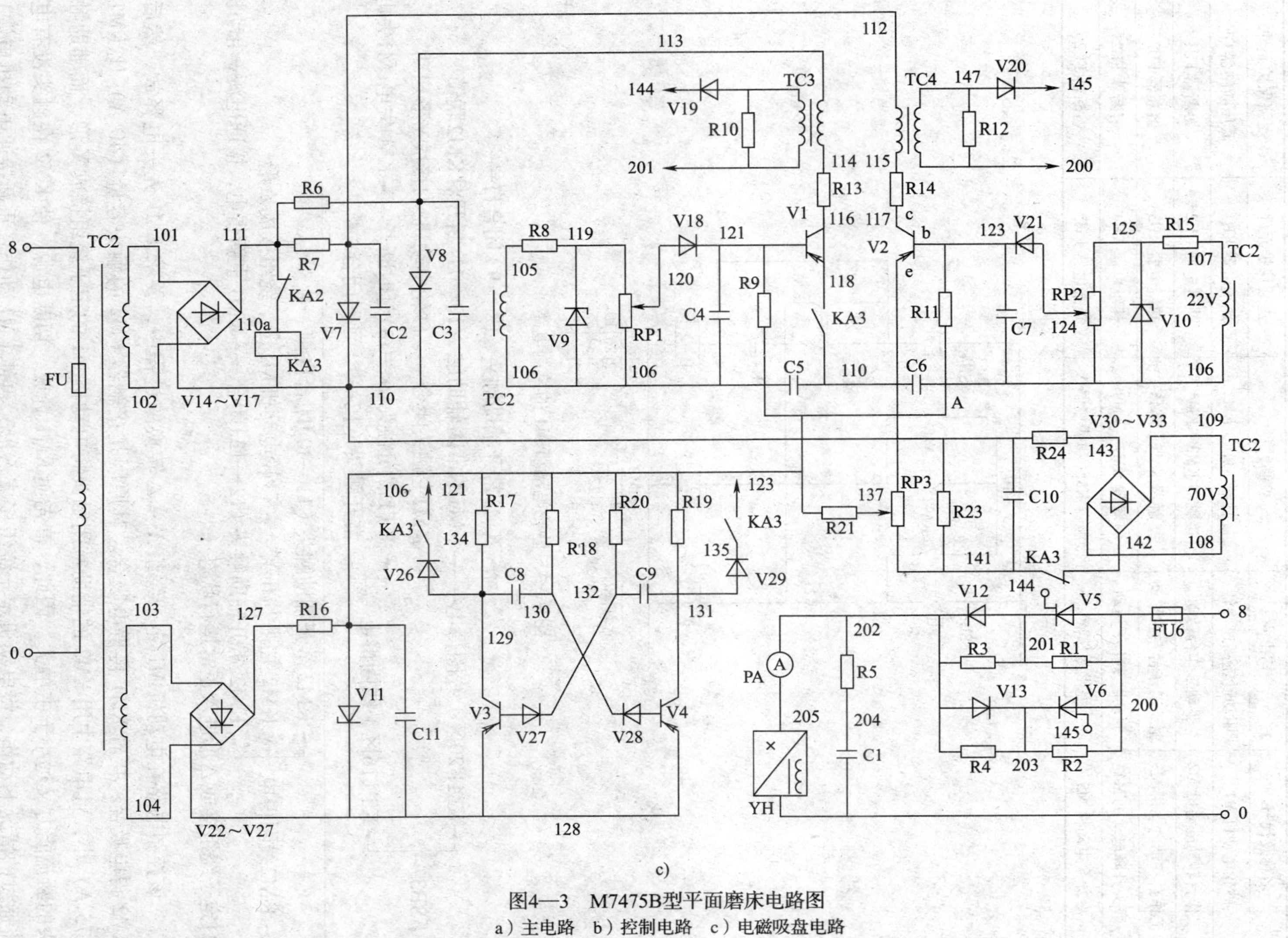

图4—3　M7475B型平面磨床电路图
a）主电路　b）控制电路　c）电磁吸盘电路

表 4—1　　主电路的控制和保护元件

名称及代号	作用	控制元件	过载保护元件	短路保护元件
砂轮电动机 M1	驱动砂轮高速旋转	接触器 KM1、KM2	热继电器 KH1	低压断路器 QF
工作台转动电动机 M2	驱动工作台转动	接触器 KM3、KM4	热继电器 KH2	熔断器 FU1
工作台移动电动机 M3	驱动工作台左右移动	接触器 KM5、KM6	热继电器 KH3	熔断器 FU2
磨头升降电动机 M4	驱动磨头上下运动	接触器 KM7、KM8	热继电器 KH4	熔断器 FU2
冷却泵电动机 M5	提供冷却液	接触器 KM9 和插接器 X	热继电器 KH5	熔断器 FU2

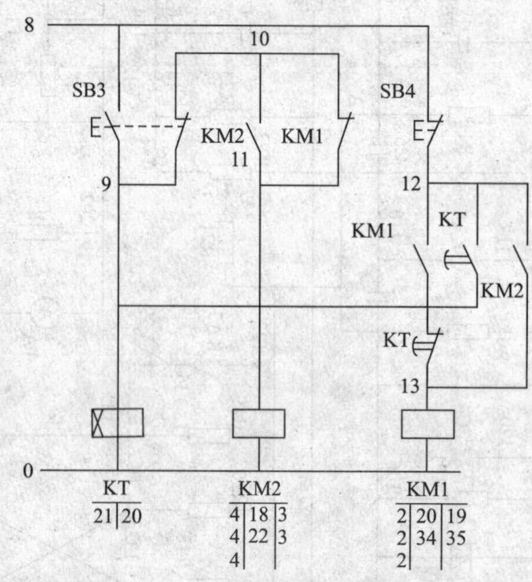

图 4—4　砂轮电动机 M1 的控制电路

KM2线圈得电 → KM2 常开辅助触头（11—10)闭合自锁；KM2 主触头闭合 → 砂轮电动机 M1 定子绕组接成△形；KM2 常开辅助触头（12—13)闭合 → KM1 重新得电，接通电源，电动机 M1定子绕组接成△形进入正常运行状态

该控制电路在电动机 M1 定子绕组 Y－△转换的过程中，要求 KM1 先失电释放，然后 KM2 得电吸合，接着 KM1 再得电吸合。其原因是接触器 KM2 的触头容量（40 A）比 KM1（75 A）小，且电路中用 KM2 的辅助常闭触头将电动机 M1 的定子绕组接成 Y 形，而辅助触头的断流能力又远小于主触头。因此，首先使 KM1 释放，切断电源，使 KM2 在触头没有电流通过的情况下动作，将电动机定子绕组接成△形，再使 KM1 动作，重新接通电动机电源。如果 KM1 不先断电释放而直接使 KM2 动作，则 KM2 的辅助触头要断开大电流，这可能会

将触头烧坏。更严重的是，由于在断开大电流时会产生强烈的电弧，而辅助触头的灭弧能力又差，在 KM2 的主触头闭合时，它的辅助触头间的电弧可能尚未熄灭，从而将产生电源短路事故。

砂轮电动机启动后，KM1 的常开辅助触点接通砂轮启动信号灯 HL2，同时 KM1 另一常闭触点断开砂轮停止信号灯 HL3。

停车时，按下停止按钮 SB4（20 区），KM1、KM2 和 KT 线圈断电释放，砂轮电动机 M1 停转；同时指示灯 HL2 灭，HL3 亮。

（3）工作台转动电动机 M2 的控制

工作台转动电动机 M2 是双速电动机，由转换开关 SA1 控制高速和低速两种旋转速度。将 SA1 扳到低速位置，接触器 KM3 得电吸合，M2 定子绕组接成△形低速运转，带动工作台低速转动。将 SA1 扳到高速位置，接触器 KM4 得电吸合，M2 定子绕组接成双 Y 形带动工作台高速转动。将 SA1 扳到中间位置，KM3 和 KM4 均失电，M2 停止运转。

（4）工作台移动电动机 M3 的控制

工作台移动电动机采用点动控制，分别由按钮 SB5、SB6 控制其正反转。其控制过程如下：

按下 SB5 → KM5 得电吸合→ M3 正转，带动工作台向左移动；

按下 SB6 → KM6 得电吸合→ M3 反转，带动工作台向右移动。

工作台的左移和右移分别用位置开关 SQ1 和 SQ2 作限位保护。当工作台移动到极限位置时，压动位置开关 SQ1 或 SQ2，断开 KM5 或 KM6 线圈电路，使 M3 失电停转，工作台停止移动。

（5）磨头升降电动机 M4 的控制

磨头升降电动机也采用点动控制，其控制过程如下：

按下 SB7 → KM7 得电吸合→ M4 正转，驱动磨头向上运动；

按下 SB8 → KM8 得电吸合→ M4 反转，驱动磨头向下运动。

磨头的上升限位保护由位置开关 SQ3 实现。

提示

在磨头的下降过程中，不允许圆工作台转动，否则容易发生机械事故。因此，在工作台转动控制线路中，串接磨头下降接触器 KM8 的辅助常闭触头（10—14），当 KM8 吸合，磨头下降时，切断工作台转动控制电路；而在工作台转动时，不允许磨头下降，因此在磨头下降的控制电路中串接了 KM3 和 KM4 的常闭触头（28—29）和（29—30），使工作台转动时切断磨头下降的控制电路，实现电气联锁。

（6）冷却泵电动机 M5 的控制

冷却泵电动机 M5 由接插器 X 和接触器 KM9 控制。当加工过程中需要冷却液时，将接插器插好，然后将开关 SA3 接通，KM9 得电吸合，M5 启动运转。断开 SA3，KM9 失电释放，M5 停转。

3. 电磁吸盘的控制

电磁吸盘电路如图 4—3c 所示。

(1) 电磁吸盘励磁控制

M7475B 型平面磨床在进行磨削加工时，需要电磁吸盘将工件牢牢吸住，这要求晶闸管整流电路给电磁吸盘提供较大的工作电流，使电磁吸盘具有强磁性。

按下励磁按钮 SB9（31 区），中间继电器 KA2（31 区）得电吸合并自锁，其常闭触头（110a—111）断开，继电器 KA3 失电释放，KA3 的常开触头（110—118、121—134、123—135）断开，三极管 V1 因发射极断开而不能工作，V3 管、V4 管因输出端断开而不起作用，只有 V2 管正常工作。

V2 管是 NPN 型锗管，当它的发射极与基极间的电压 U_{EB}大于 0.2 V 时，V2 导通；小于 0.2 V 时，V2 截止。在 V2 的发射极、基极回路中有两个输入电压，一个是由 TC2（108—109）输出的 70 V 交流电压经单相桥式整流、电容器 C10 滤波后，从电位器 RP3 上获得的给定电压 U_{EA}；另一个是由同步变压器 TC2（106—107）22 V 交流电压从电位器 RP2 取出并经二极管 V21 整流的电压 U_{BA}，即电阻 R11 两端的电压。在其正半周，正弦波电压被稳压管 V10 削成梯形波之后加在 RP2 上，并通过 V21 给电容器 C7 充电，使 C7 两端的电压逐渐上升。在其负半周，稳压管 V10 正向导通，它上面只有 0.7 V 左右的管压降，从 RP2 上取出的电压不能使 V21 导通，二极管 V21 截止，C7 对 R11 放电，C7 两端的电压又逐渐下降。这样在 R11 两端出现锯齿波电压 U_{BA}，方向为 B 正 A 负。

从图 4—3c 中可看出，这两个电压的极性相反，给定电压 U_{EA}的方向是使 V2 导通，而锯齿波电压 U_{BA}的极性是使 V2 截止，两个电压经比较后作用于 V2 的发射结上，使 V2 处于两种工作状态。当给定电压超过锯齿波电压 0.2 V 及以上时，V2 导通；否则 V2 截止。可见，一般情况下，当 U_{BA}处于峰值及其附近的较高电压值时，V2 截止，而当 U_{BA}处于较低值时，V2 导通。

在 V2 开始导通时，通过脉冲变压器 TC4 产生一个触发脉冲，经二极管 V20 送到晶闸管 V6 的控制极与阴极之间，使晶闸管 V6 触发导通，电磁吸盘 YH 得电。在交流电源的负半周，V6 阳极电压改变极性，晶闸管截止。V2 在电源电压的每个周期内均导通一次，晶闸管也随着导通一次，在电磁吸盘中通过脉冲直流电流，其电压约为 100 V。

调节电位器 RP3 可以改变给定电压 U_{EA}的大小。给定电压大时，V2 导通时间提前，触发脉冲前移，晶闸管导通角增大，流过电磁吸盘的电流增大，工作台吸力增大；反之，工作台吸力减小。

(2) 电磁吸盘退磁控制

工件磨削完毕，要求电磁吸盘能退磁以便容易地将工件取下。M7475B 的电磁吸盘只要按下励磁停止按钮 SB10，即可自动完成退磁过程。

按下SB10→KA2断电→KA2 常闭触头闭合 (110a—111)→KA3通电吸合

→KA3常开触头 (110—118、121—134、123—135)闭合→ 接通V1发射极和 V3、V4 输出电路

→KA3 常闭触头 (141—142) 断开→ 切断给定电压的直流电源→C10经过R23和RP3放电，给定电压 U_{EA} 逐渐降低

KA3 动作后，三极管 V3 和 V4 组成的多谐振荡器开始工作，两个三极管 V3、V4 轮流导通，V3、V4 的两个输出端轮流有电压输出，V3 和 V4 的输出端分别与 V1 和 V2 的基极相连。V3 或 V4 导通时，其输出电压的极性与给定电压 U_{EA} 相反，会使 V1 或 V2 截止，V3 和 V4 轮流有输出电压加到 V1 和 V2 的基极回路上，使 V1 和 V2 也轮流导通，通过脉冲变压器将触发脉冲分别加到晶闸管 V5 和 V6 的门极上，使 V5 和 V6 轮流导通。通过 YH 的电流方向交替改变，其变化频率由多谐振荡器的振荡频率决定。

由于 C10 放电，给定电压 U_{EA} 逐渐减小，触发脉冲逐渐后移，晶闸管的导通角逐步减小，所以加在 YH 上的正向电压和反向电压逐渐降低，最后趋向于零，从而达到退磁目的。

多谐振荡器的工作原理

多谐振荡器的电路如图 4—5 所示。它是由 V3 和 V4 组成的两个放大器通过电容 C8 和 C9 相互耦合而成。两个三极管不能同时维持导通状态，只能轮流导通。

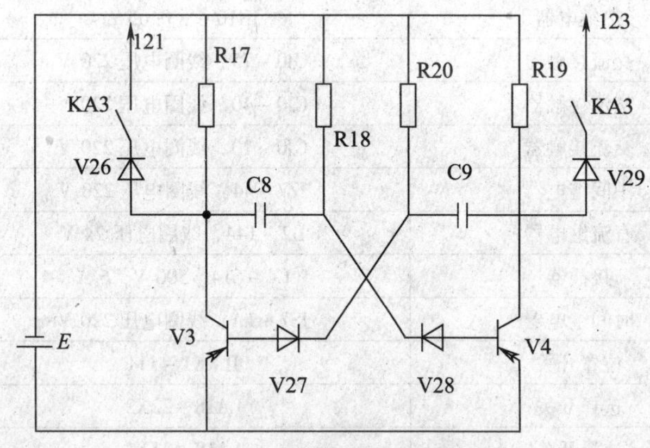

图 4—5　多谐振荡电路图

假定在接通电源时，由于三极管参数的差异使 V3 导通、V4 截止，则电源通过 V3 的发射极和基极对电容器 C9 充电，在 C9 上建立电压 U_{C9}，另一方面通过 V3 的发射极和集电极对电容器 C8 充电，充电速度由 R17 和 R18 的阻值决定。当电容器 C8 上的电压达到一定值时，V4 导通。V4 导通后，电容器 C9 上的电压使 V3 迅速截止。这时电源又通过 V4 对电容器 C8 充电，C9 则通过 R20 和 V4 而放电，电压 U_{C9} 逐渐降低，然后又被反向充电，充电到一定程度，V3 再次导通，而 V4 立即截止，这样产生了自激振荡，使两个三极管 V3、V4 轮流导通，V3、V4 的两个输出端轮流有电压输出。

由于电磁吸盘是电感性负载，因而在其电路中并联大电容器 C1 进行滤波，以减小电压脉动成分。同时，采用 C1 后，晶闸管在初次导通时的过电流现象较严重，所以电路中采用了快速熔断器 FU6 作过电流保护。

M7475B 型平面磨床的电气元件明细表见表 4—2。

表4—2　　M7475B型平面磨床电气元件明细表

代号	名称	型号与规格	数量
M1	砂轮电动机	JO3－81－6，25 kW，9 705 r/min	1
M2	工作台转动电动机	JOO3－112S－6/4，2. 2/3 kW	1
M3	工作台移动电动机	JO3－802－6，0. 75 kW，905 r/min	1
M4	磨头升降电动机	JO3－801－4，0. 75 kW，1 410 r/min	1
M5	冷却泵电动机	DB－100，0. 25 kW，2 920 r/min	1
QF	电源引入开关	Dz10－100/330，100 A	1
FU1、FU2	熔断器	RL1－15/15	6
FU3	熔断器	RL1－15/6	1
FU4、FU5	熔断器	BCF，2 A	2
FU6	熔断器	RLS－10/5，快速熔断器	1
KH1	热继电器	JR2－3，52. 5 A	1
KH2	热继电器	JR10－10，7. 2 A	1
KH3	热继电器	JR10－10，2. 5 A	1
KH4	热继电器	JR10－10，2. 0 A	1
KH5	热继电器	JR10－，0. 65 A	1
KM1	交流接触器	CJ0－75，线圈电压220 V	1
KM2	交流接触器	CJ0－40，线圈电压220 V	1
KM3～KM9	交流接触器	CJ0－10，线圈电压220 V	7
KA1、KA2	中间继电器	JZ7－44，线圈电压220 V	2
KA	直流继电器	D2－144，线圈电压24 V	1
XS、XP	接插器	C4－614，500 V，6 A	1
KT	时间继电器	JS7－1A，线圈电压220 V	1
SQ1～SQ3	位置开关	JLXK1－111	1
SA1	选择开关	LA18－22X3	1
SA2	选择开关	LA18－22X2	1
A	交流电流表	44L1－A，100 A	1
TA	电流互感器	LQG－0. 5，100/5	1
A1	直流电流表	44C2－10 A，±5 A	1
SA3	照明开关	—	1
SB1	按钮	LA19－11J，红色	1
SB2～SB4	按钮	LA19－11D，两绿一红	3
SB5～SB8	按钮	LA19－11，黑色	4
SB9、SB10	按钮	LA19－11D，一红一绿	2
TC1	控制变压器	BK－250，380/220 V、24 V、6 V	1
EL	机床照明灯	TC3Y，24 V，40 W	1
HL1～HL5	信号灯	6 V、0. 15 A	5

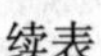

续表

代号	名称	型号与规格	数量
TC2	同步变压器	BK100，220/70 V、70 V、22 V、22 V	1
YH	电磁吸盘	STCP－780，110 V	1
TC3、TC4	脉冲变压器	MX100，GU－25X20	2
C1	电容器	CZJD－2B，630 V，20 μF	1
C2、C3	电容器	CDX－1，50 V，10 μF	2
C4～C9	电容器	CDX－1，15 V，20 μF	6
C10、C11	电容器	CDX－1，150 V，500 μF	2
R1～R4	电阻器	RT－1，1 MΩ，1 W	4
R5	电阻器	RT－50，0.5 Ω，50 W	1
R6、R7	电阻器	RT－1，100 Ω，1 W	2
R8、R15	电阻器	RT－0.125，1 kΩ，0.125 W	2
R9、R11	电阻器	RT－0.125，820 Ω，0.125 W	2
R10、R12	电阻器	RT－0.125，1 kΩ，0.125 W	2
R13、R14	电阻器	RT－0.125，200 Ω，0.125 W	2
R16	电阻器	RT－2，1.8 kΩ，2 W	1
R717、R719	电阻器	RT－0.125，1.8 kΩ，0.125 W	2
R18、R20	电阻器	RT－0.125，31 kΩ，0.125 W	2
R21	电阻器	RT－0.125，12 kΩ，0.125 W	1
R22	电阻器	RT－0.125，30 kΩ，0.125 W	1
R23	电阻器	RT－0.125，18 kΩ，0.125 W	1
R24	电阻器	RT－2，1 kΩ，2 W	1
V1、V2	二极管	3AX81	2
V3、V4	二极管	3AX31B	2
V5、V6	晶闸管	3CT－20A，20 A，500 V	2
V7、V8	稳压管	2CW21J	2
V9、V10	稳压管	2CW15	2
V11	稳压管	2CW19	1
V12、V13	二极管	2CZ20A，500 V	2
V14～V21	二极管	2CP6A	8
V22～V25	二极管	2CP6B	4
V27、V28	二极管	2CP6	2
V30～V33	二极管	2CP6B	4
RP1、RP2	电位器	WX3－43，2.2 kΩ，2 W	2
RP3	电位器	WX3－12，33 kΩ，2 W	1

任务准备

1. 工具、仪表

电工常用工具，万用表，钳形电流表，兆欧表等。

2. 设备

M7475B 型立轴圆台平面磨床或其模拟设备。

任务实施

一、认识 M7475B 型平面磨床

现场参观 M7475B 型平面磨床，对照图 4—2，认真观察磨床的外形和结构，识别磨床的主要部件和各操纵部件的名称、作用，熟悉磨床主要电气设备的位置、作用、型号及走线情况。

二、磨床操作

观摩指导教师对 M7475B 型平面磨床基本操作的示范，然后在教师的指导监护下，完成对 M7475B 型平面磨床的操作训练。

1. 开车前的检查

检查各电气元件是否完好无损，各操作开关、手柄是否完好、操作灵活。合上电源开关 QF，接通电源。

2. 按下砂轮电动机启动按钮 SB3，观察砂轮电动机 M1 的 Y－△启动过程；按下停止按钮，观察砂轮电动机 M1 的转向是否符合要求。

3. 将 SA1 扳倒“低速”位置，观察工作台的转动情况，再将 SA1 扳倒“高速”位置，观察工作台的转动情况。

4. 分别按下 SB5、SB6，观察工作台的左、右运动。

5. 分别按下 SB7、SB8，观察磨头的上、下运动。

6. 检查电磁吸盘工作情况。将一铁磁性工件放在电磁吸盘上，按下 SB9，检查电磁吸盘对工件的吸持是否牢固。再按下 SB10，检查工件是否退磁充分，容易取下。

三、实训注意事项

1. 操作前，一定要认真观摩指导教师的操作示范，熟悉 M7475B 型平面磨床的结构和各操作部件的位置及功能。

2. 操作过程中，做好安全保护措施，如有异常情况必须立即切断电源。

3. 操作训练必须在教师的严格监护和指导下进行，严禁违规操作。

任务2 检修 M7475B 型平面磨床常见电气线路故障

- 掌握 M7475B 型平面磨床电气控制线路的组成和工作原理。
- 掌握 M7475B 型平面磨床常见电气故障的检修方法。

M7475B 型平面磨床在使用过程中，不可避免地会出现电气故障，影响设备的正常工作。本任务的主要内容是学习 M7475B 型平面磨床常见电气故障的检修方法和步骤，逐步提高检修机床电气线路故障的能力。

常见电气故障分析与检修举例

M7475B 型平面磨床的控制线路中，继电—接触器控制线路部分的故障分析与前面讨论的相类似，这里只对电磁吸盘励磁和退磁电路的常见故障举例进行分析。

1. 故障一——按下电磁吸盘励磁按钮 SB9，熔断器 FU6 立即熔断

该故障现象表明晶闸管触发电路工作，故障应在电磁吸盘主电路，可按以下流程检修：

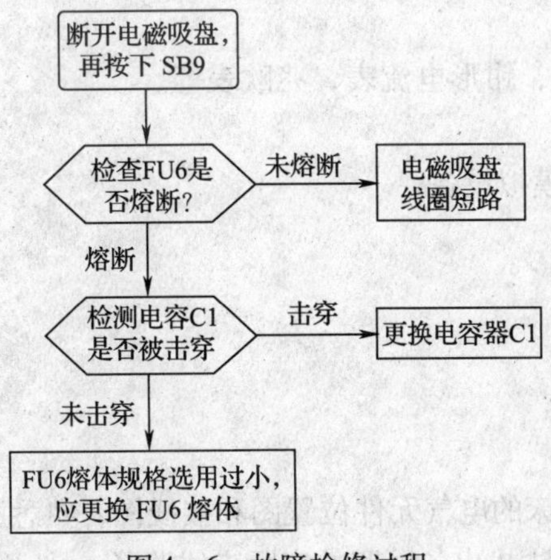

图 4—6 故障检修过程

电磁吸盘 YH 的短路点如果在线圈外部，可进行简单修复；但如果短路点在线圈内部，则须更换电磁吸盘线圈。

2. 故障二——电磁吸盘 YH 无吸力

若 YH 无吸力，应先检查电磁吸盘的交流电压是否正常和熔断器 FU6 的熔体是否完好，然后再检查电磁吸盘两端直流电压是否正常。若直流电压正常，说明故障点在电磁吸盘 YH 及连接导线上；若无电压，说明故障在晶闸管整流及触发电路部分，可检查晶闸管 V6 的门极是否有触发信号电压。若触发信号电压正常，故障原因可能是 V6 损坏或给定电压极性接反；若没有触发信号，可依次检查从 RP3 上取得的给定电压、从 RP2 上取得的锯齿波电压、从稳压管上取得的三极管 V2 的电源电压和 V2 的工作是否正常，直至找出故障。

3. 故障三——电磁吸盘吸力不足

电磁吸盘吸力不足一般是由于触发脉冲延迟角过大，以致造成晶闸管导通角过小，使得输出电压过低。此时，一般可通过调整电位器 RP3 来解决，而不要随意调整电位器 RP2，以免电磁吸盘退磁时由于电路不对称，使 V5、V6 的触发脉冲延迟角差异较大，引起退磁不彻底。

4. 故障四——电磁吸盘能励磁但不能退磁

电磁吸盘能励磁而不能退磁，说明电磁吸盘线圈电路及励磁控制部分正常，故障在退磁控制部分。这时可依次检查继电器 KA3 是否能吸合，其常开触头是否闭合，多谐振荡电路是否正常工作，电容器 C10 上残余充电电压是否符合要求等。如果以上检查结果均正常，可再检查三极管 V1、脉冲变压器 TC3 等部分的工作是否正常。另外，V1 和 V2 的锯齿波形成电路不对称会造成两只晶闸管导通时间不相等；多谐振荡器工作频率过高等都会造成电磁吸盘不能彻底退磁。对此可根据故障现象有针对性地检查，找出故障点并排除。

在检查电子线路的故障时，通常使用示波器，通过观察有关点的电压波形，帮助尽快找出故障点。

1. 工具、仪表

电工常用工具，万用表，钳形电流表，兆欧表等。

2. 设备

M7475B 型平面磨床或模拟设备。

一、识读线路图

结合 M7475B 型平面磨床的电气元件位置图和接线图，熟悉磨床电气元件的实际位置和布线情况，并通过测量等方法找出各回路的实际走线路径。

二、观摩检修

结合相关知识中的所讲实例，认真观摩教师的示范检修，掌握检修 M7475B 型平面磨床电气线路的基本步骤和方法。

三、检修训练

针对教师人为设置的线路故障，按照正确的检修方法进行检修练习，并做好维修记录。

表 4—3　　故障检修记录表

<table>
<tr><td>维修时间</td><td colspan="2"></td><td>维修人员</td><td></td></tr>
<tr><td>设备名称</td><td colspan="2"></td><td>设备型号</td><td></td></tr>
<tr><td>故障现象</td><td colspan="4"></td></tr>
<tr><td>在电路图中标出最小故障范围，并简要记录分析过程</td><td colspan="4"></td></tr>
<tr><td rowspan="2">查找故障点并排除</td><td>故障点</td><td>检修步骤</td><td colspan="2">排除方法</td></tr>
<tr><td></td><td></td><td colspan="2"></td></tr>
<tr><td>维修小结</td><td colspan="4"></td></tr>
</table>

四、实训注意事项

1. 检修前，要认真阅读 M7475B 型平面磨床的电路图，弄清有关电气元件的位置、作用及其相互连接导线的布线。

2. 检修过程中使用示波器时，最好用安全隔离变压器供电，且在操作地上铺设绝缘垫。

3. 停电要验电。带电检查时，必须有指导教师在现场监护，以确保用电安全。

4. 检修时，工具和仪表的使用要正确，要认真核对导线线号，以免出现误判。

任务测评

检修实训任务测评见表 4—4。

表 4—4　　任务测评

项目内容	配分	评分标准		扣分
故障分析	30 分	（1）故障分析、排除故障思路不正确 （2）不能标出最小故障范围	扣 5 ~ 10 分 每个扣 15 分	
排除故障	70 分	（1）断电不验电 （2）工具及仪表使用不当 （3）检查故障的方法不正确 （4）排除故障的方法不正确 （5）不能排除故障点 （6）扩大故障范围或产生新的故障点 （7）损坏电气元件	扣 5 分 每次扣 5 分 扣 20 分 扣 20 分 每个扣 30 分 每个扣 40 分 每只扣 20 ~ 40 分	
安全文明生产	违反安全文明生产规程		扣 10 ~ 70 分	
定额时间：30 min	训练不允许超时，在修复故障过程中才允许超时，但以每超 1 min 扣 5 分计算			
备注	除定额时间外，各项内容的最高扣分，不得超过配分数		总得分	
开始时间		结束时间	实际时间	

课题五

X62W 型卧式万能铣床电气控制线路的检修

任务1　认识 X62W 型卧式万能铣床

任务目标

◆ 熟悉 X62W 型卧式万能铣床的主要结构和运动形式。

◆ 了解 X62W 型卧式万能铣床的基本操作方法和各操作手柄的位置及作用。

◆ 掌握 X62W 型卧式万能铣床电气控制线路的组成和工作原理。

◆ 熟悉 X62W 型卧式万能铣床电气控制线路中的电气元件的位置、型号及功能。

工作任务

万能铣床是一种通用的多用途机床，它可以用圆柱铣刀、圆片铣刀、角度铣刀、成形铣刀及端面铣刀等刀具对各种零件进行平面、斜面、螺旋面及成形表面的加工，还可以通过加装万能铣头、分度头和圆工作台等机床附件来扩大加工范围。图 5—1 所示为万能铣床所加工的部分零件。本任务的主要内容是学习 X62W 型卧式万能铣床的主要结构和运动形式，以及电气控制线路的组成和工作原理，为检修其电气线路的常见故障做必要准备。

图 5—1　卧式铣床加工的部分零件

X62W 型卧式万能铣床的铣削是一种高效率的加工方式，它是通过操作手柄并同时操作电气与机械部分，通过机电的紧密配合完成预定的操作，是机械与电气结构联合动作的典型控制系统。X62W 型卧式万能铣床的型号含义如下：

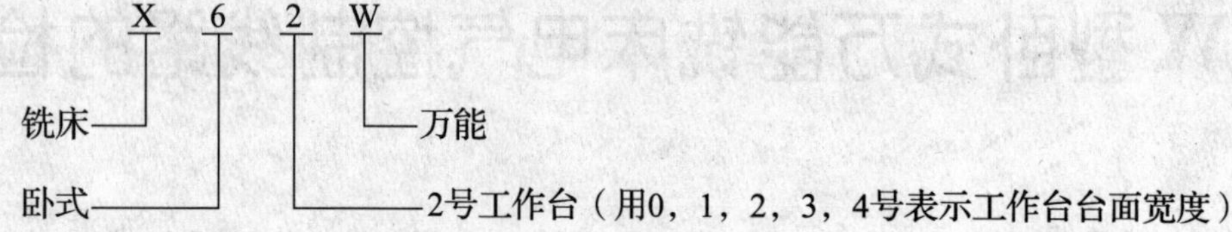

一、X62W 型卧式万能铣床的主要结构

X62W 型卧式万能铣床的外形如图 5—2 所示，它主要由床身、底座、主轴、刀杆支架、悬梁、工作台、回转盘、中滑板、升降台等几部分组成。

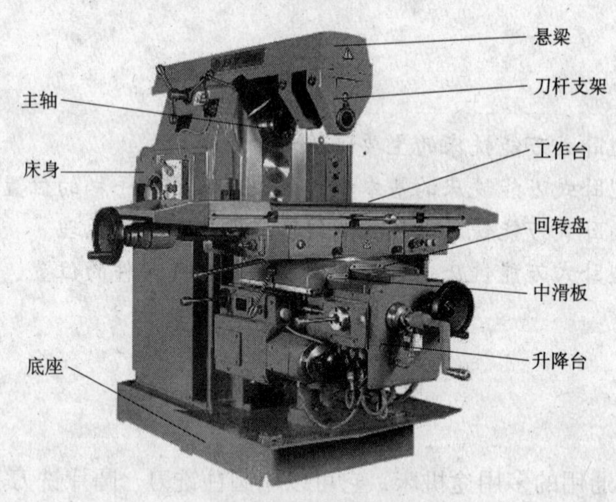

图 5—2 X62W 型卧式万能铣床

床身固定在底座上，床身内装有主轴的传动机构和变速操作机构。

床身的顶部有水平导轨，上面装着带有一个或两个刀杆支架的悬梁。刀杆支架用来支承铣刀心轴的一端，心轴的另一端则固定在主轴上，由主轴带动铣刀铣削。刀杆支架在悬梁上以及悬梁在床身顶部的水平导轨上都可以做水平移动，以便安装不同的心轴。

在床身的前面有垂直的导轨，升降台可以沿着它上、下移动。

在升降台上面的水平导轨上，装有可在平行主轴轴线方向移动（前后移动）的溜板。溜板上部有可转动的回转盘，工作台就在此回转盘的导轨上做垂直于主轴轴线方向的移动（左、右移动）。

这样固定在工作台上的工件就可以在三个坐标的六个方向（上下、左右、前后）上调整位置或进给。

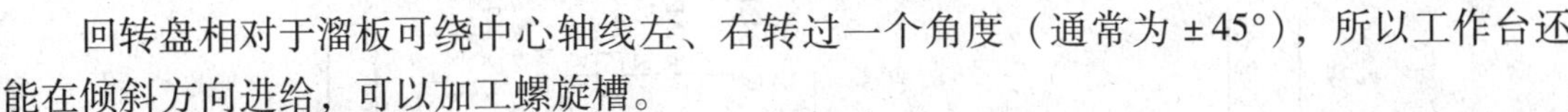

回转盘相对于溜板可绕中心轴线左、右转过一个角度（通常为 ±45°），所以工作台还能在倾斜方向进给，可以加工螺旋槽。

二、X62W 型卧式万能铣床主要运动形式及控制要求

X62W 型卧式万能铣床的主要运动形式有三种，具体控制要求如下：

1. 主运动

X62W 型卧式万能铣床的主运动是指主轴带动铣刀的旋转运动。

在铣削加工中，有顺铣和逆铣两种加工方式，所以要求主轴电动机能正反转。但考虑正、反转操作并不频繁（批量顺铣或逆铣），因此用组合开关来改变电源相序，以控制主轴电动机的正、反转。

铣削加工是一种不连续的切削加工方式，为减小振动，主轴上装有惯性轮，但这样造成主轴停车困难，为此主轴电动机采用电磁离合器制动以实现准确停车。

铣削加工过程中需要主轴调速，采用改变变速箱的齿轮传动比来实现，因此主轴电动机不需要调速。

2. 进给运动

进给运动是指工件随工作台在前后、左右和上下六个方向上的运动以及椭圆形工作台的旋转运动。

铣床的工作台要求有前后、左右和上下六个方向上的进给运动和快速移动，所以要求进给电动机能正、反转。为扩大加工能力，在工作台上可加装圆形工作台，圆形工作台的回转运动是由进给电动机经传动机构驱动的。

为保证机床和刀具的安全，在铣削加工时，任何时刻工件都只能有一个方向的进给运动，因此采用了机械操作手柄和行程开关相配合的方式实现六个运动方向的联锁。

提示

为防止刀具和机床的损坏，要求只有主轴旋转后才允许有进给运动和进给方向的快速移动；同时为了减小加工件的表面粗糙度，只有进给停止后主轴才能停止或同时停止。该铣床在电气上采用主轴和进给同时停止的方式，但由于主轴运动的惯性大，实际上就保证了进给运动先停止，主轴运动后停止的要求。

进给变速采用机械方式实现，因此进给电动机不需要调速。

3. 辅助运动

辅助运动包括工作台的快速运动及主轴和进给的变速冲动。

工作台的快速运动是指工作台在前后、左右和上下六个方向之一上的快速移动。它是通过快速移动电磁离合器的吸合，从而改变机械传动链的传动比来实现的。

为保证变速后齿轮能良好啮合，主轴和进给变速后，都要求电动机做瞬时点动，即变速冲动。

三、M7475B 型平面磨床的电气线路图

X62W 型卧式万能铣床的电气控制电路如图 5—3 所示。

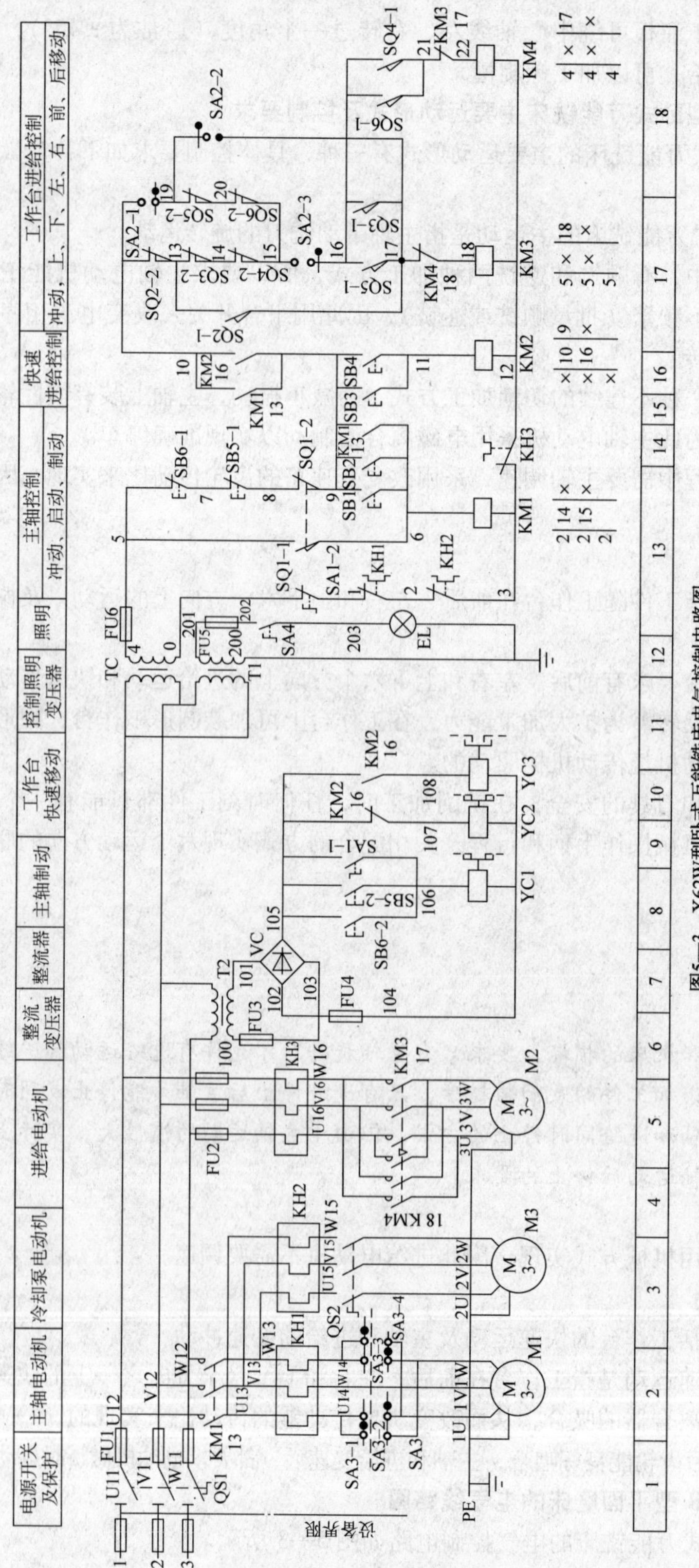

图5—3 X62W型卧式万能铣床电气控制电路图

四、X62W 型卧式万能铣床电气控制线路分析

X62W 型卧式万能铣床电气控制线路可分为主电路、控制电路和照明电路三部分，具体分析如下：

1. 主电路分析

主电路共有 3 台电动机，其控制和保护元件见表 5—1 所示。

表 5—1　主电路的控制与保护无件

名称及代号	功能	控制元件	过载保护元件	短路保护元件
主轴电动机 M1	驱动主轴带动铣刀旋转	接触器 KM1 和组合开关 SA	热继电器 KH1	熔断器 FU1
进给电动机 M2	驱动进给运动和快速移动	接触器 KM3 和 KM4	热继电器 KH3	熔断器 FU1 FU2
冷却泵电动机 M3	供应冷却液	手动开关 QS2	热继电器 KH2	熔断器 FU1

2. 控制电路分析

控制电路的电源由控制变压器 TC 输出 110 V 电压供电。

（1）主轴电动机 M1 的控制

为方便操作，主轴电动机 M1 采用两地控制方式，一组启动按钮 SB1 和停止按钮 SB5 安装在工作台上，另一组启动按钮 SB2 和停止按钮 SB6 安装在床身上。主轴电动机 M1 的控制包括启动控制、制动控制、换刀控制和变速冲动控制，具体见表 5—2。

表 5—2　主轴电动机 M1 的控制

控制要求	控制作用	控制过程
启动控制	启动主轴电动机 M1	选择好主轴的转速和转向，按下启动按钮 SB1 或 SB2，接触器 KM1 得电吸合并自锁，M1 启动运转，同时 KM1 的辅助常开触头（9—10）闭合，为工作台进给电路提供电源
制动控制	停车时使主轴迅速停转	按下停止按钮 SB5（或 SB6），其常闭触头 SB5—1 或 SB6—1（13 区）断开，接触器 KM1 线圈断电，KM1 的主触头分断，电动机 M1 断电作惯性运转；常开触头 SB5—2 或 SB6—2（8 区）闭合，电磁离合器 YC1 通电，M1 制动停转
换刀控制	更换铣刀时将主轴制动，以方便换刀	将转换开关 SA1 扳向换刀位置，其常开触头 SA1—1（8 区）闭合，电磁离合器 YC1 得电将主轴制动；同时常闭触头 SA1—2（13 区）断开，切断控制电路，铣床不能通电运转，确保人身安全
变速冲动控制	保证变速后齿轮能良好啮合	变速时先将变速手柄向下压并向外拉出，转动变速盘选定所需转速后，将手柄推回。此时冲动开关 SQ1（13 区）短时受压，主轴电动机 M1 点动，手柄推回原位后，SQ1 复位，M1 断电，变速冲动结束

（2）进给电动机 M2 的控制

铣床的工作台要求有前后、左右和上下六个方向上的进给运动和快速移动，并且可在工作台上安装附件圆形工作台，进行对圆弧或凸轮的铣削加工。这些运动都是由进给电动机 M2 驱动。

1）工作台前后、左右和上下六个方向上的进给运动。工作台的前、后和上、下进给运动由一个手柄控制，左、右进给运动由另一个手柄控制。手柄位置与工作台运动方向的关系见表 5—3。

表 5—3　控制手柄的位置与工作台运动方向的关系

控制手柄	手柄位置	行程开关动作	接触器动作	电动机 M2 转向	传动链搭合丝杠	工作台运动方向
左右进给手柄	左	SQ5	KM3	正转	左右进给丝杠	向左
	中	—	—	停止	—	停止
	右	SQ6	KM4	反转	左右进给丝杠	向右
上下和前后进给手柄	上	SQ4	KM4	反转	上下进给丝杠	向上
	下	SQ3	KM3	正转	上下进给丝杠	向下
	中	—	—	停止	—	—
	前	SQ3	KM3	正转	前后进给丝杠	向前
	后	SQ4	KM4	反转	前后进给丝杠	向后

现以工作台的左、右移动为例来分析工作台的进给。

左右进给操作手柄与行程开关 SQ5 和 SQ6 联动，有左、中、右三个位置，其控制关系见表 5—3。当手柄扳向中间位置时，行程开关 SQ5 和 SQ6 均未被压合，进给控制电路处于断开状态；当手柄扳向左（或右）位置时，如图 5—4 所示，手柄压下行程开关 SQ5（或 SQ6），同时将电动机的传动链和左右移动丝杠相连。其控制过程如下：

图 5—4　左、右进给

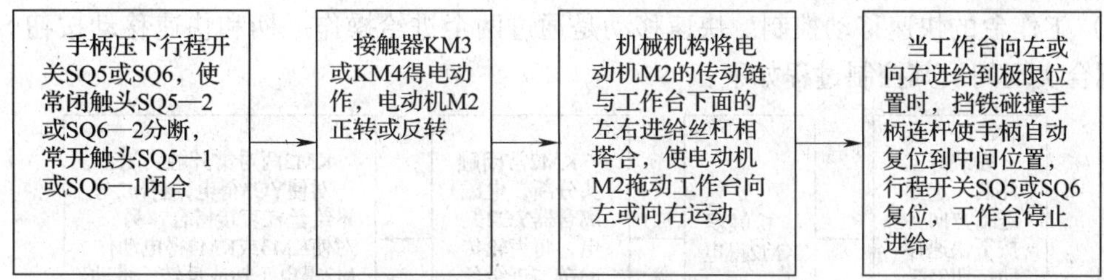

工作台的上、下和前、后进给由上、下和前、后进给手柄控制，其控制过程与左右进给相似，可自行分析。

通过以上分析可见，两个操作手柄被置于某一方向后，只能压下四个行程开关 SQ3、SQ4、SQ5、SQ6 中的一个开关，接通电动机 M2 正转或反转电路，同时通过机械机构将电动机的传动链与三根丝杠（左右丝杠、上下丝杠、前后丝杠）中的一根（只能是一根）丝杠相搭合，驱动工作台沿选定的进给方向运动，而不会沿其他方向运动。

2）左、右进给与上、下前后进给的联锁控制。在控制进给的两个手柄中，当其中的一个操作手柄被置定在某一进给方向后，另一个操作手柄必须置于中间位置，否则将无法实现任何进给运动。这是因为在控制电路中对两者实行了联锁保护。例如，当把左、右进给手柄扳向左时，若又将另一个进给手柄扳到向下进给方向，则行程开关 SQ5 和 SQ3 均被压下，触头 SQ5—2 和 SQ3—2 均分断，断开了接触器 KM3 和 KM4 的通路，电动机 M2 只能停转，保证了操作的安全。

3）进给变速时的瞬时点动。和主轴变速时一样，进给变速时，为使齿轮进入良好的啮合状态，也要进行变速后的瞬时点动。进给变速时，必须先把进给操纵手柄放在中间位置，然后将进给变速盘（在升降台前面）向外拉出，选择好转速后，再将变速盘推进去。如图 5—5 所示，在推进的过程中，挡块压下行程开关 SQ2，使触头 SQ2—2 分断，SQ2—1 闭合，接触器 KM3 经 10—19—20—15—14—13—17—18 路径得电动作，电动机 M2 启动；但随着变速盘的复位，行程开关 SQ2 也跟着复位，使 KM3 断电释放，M2 则失电停转。这样使电动机 M2 瞬时点动一下，齿轮系统产生一次抖动，齿轮实现了顺利啮合。

图 5—5　进给变速冲动

4）工作台的快速移动控制。快速移动是通过两个进给操作手柄和快速移动按钮 SB3 或 SB4 配合实现的。其控制过程如下：

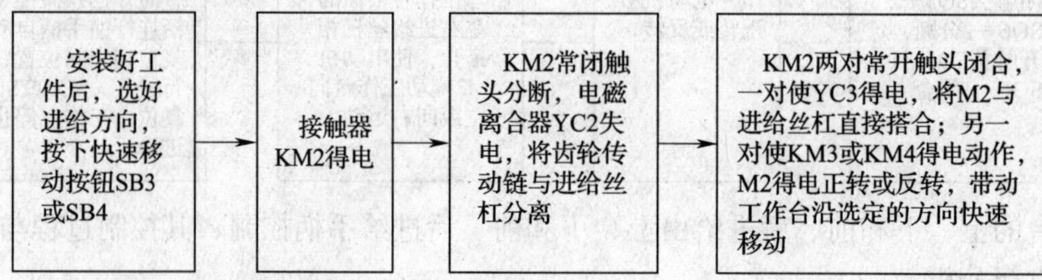

松开 SB3 或 SB4，快速移动停止。

5）圆形工作台的控制。圆形工作台的工作由转换开关 SA2 控制。当需要圆工作台旋转时，可将开关 SA2 扳到接通位置，此时过程如下：

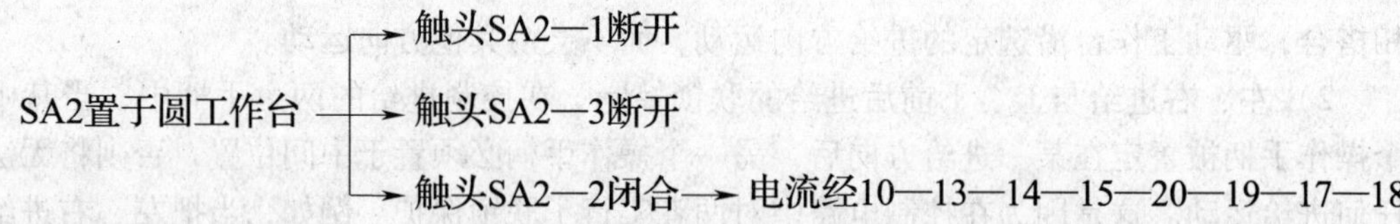

路径，使接触器KM3得电→电动机M2启动，通过一根专用轴带动圆形工作台做旋转运动

当不需要圆形工作台旋转时，转换开关 SA2 扳到断开位置，这时触头 SA2—1 和 SA2—3 闭合，触头 SA2—2 断开，工作台在六个方向上正常进给，圆工作台不能工作。

圆工作台开动时其余进给一律不准运动。两个进给手柄必须置于零位。若出现误操作，扳动两个进给手柄中的任意一个，则必然压合行程开关 SQ3～SQ6 中的一个，使电动机停止转动。圆工作台加工不需要调速，也不需要正反转。

3. 冷却泵及照明电路的控制

主轴电动机 M1 和冷却泵电动机 M3 采用的是顺序控制，即只有在主轴电动机 M1 启动后冷却泵电动机 M3 才能启动。冷却泵电动机 M3 由组合开关 QS2 控制。

机床照明由变压器 T1 供给 24 V 的安全电压，由开关 SA4 控制。熔断器 FU5 作照明电路的短路保护。

X62W 型卧式万能铣床电气元件明细表见表 5—4。

表 5—4　　X62W 型卧式万能铣床电气元件明细表

代号	名称	型号	规格	数量	用途
M1	主轴电动机	Y132M－4－B3	7.5 kW　380 V 1 450 r/min	1	驱动主轴
M2	进给电动机	Y90L－4	1.5 kW　380 V 1 400 r/min	1	驱动进给
M3	冷却泵电动机	JCB－22	125 W　380 V 2 790 r/min	1	驱动冷却泵
QS1	开关	HZ10－60/3J	60 A　380 V	1	电源总开关
QS2	开关	HZ10－10/3J	10 A　380 V	1	冷却泵开关
SA1	开关	LS2－3 A		1	换刀开关
SA2	开关	HZ10－10/3J	10 A　380 V	1	圆工作台开关

续表

代号	名称	型号	规格	数量	用途
SA3	开关	HZ3 - 133	10 A 500 V		M1 换向开关
FU1	熔断器	RL1 - 60	60 A 熔体 50 A	3	电源短路保护
FU2	熔断器	RL1 - 15	15 A 熔体 10 A	3	进给短路保护
FU3、FU6	熔断器	RL1 - 15	15 A 熔体 4 A	2	整流、控制电路短路保护
FU4、FU5	熔断器	RL1 - 15	15 A 熔体 2 A	2	直流、照明电路短路保护
KH1	热继电器	JR0 - 40	整定电流 16 A	1	M1 过载保护
KH2	热继电器	JR10 - 10	整定电流 0.43 A	1	M3 过载保护
KH3	热继电器	JR10 - 10	整定电流 3.4 A	1	M2 过载保护
T2	变压器	BK - 100	380/36 V	1	整流电源
TC	变压器	BK - 150	380/110 V	1	控制电路电源
T1	照明变压器	BK - 50	50 VA 380/24 V	1	照明电源
VC	整流器	2CZ × 4	5 A 50 V	1	整流用
KM1	接触器	CJ10 - 20	20 A 线圈电压 110 V	1	主轴启动
KM2	接触器	CJ10 - 10	10 A 线圈电压 110 V	1	快速进给
KM3	接触器	CJ10 - 10	10 A 线圈电压 110 V	1	M2 正转
KM4	接触器	CJ10 - 10	10 A 线圈电压 110 V	1	M2 反转
SB1、SB2	按钮	LA2	绿色	2	启动 M1
SB3、SB4	按钮	LA2	黑色	2	快速进给点动
SB5、SB6	按钮	LA2	红色	2	停止、制动
YC1	电磁离合器	B1DL - Ⅲ	—	1	主轴制动
YC2	电磁离合器	B1DL - Ⅱ	—	1	正常进给
YC3	电磁离合器	B1DL - Ⅱ	—	1	快速进给
SQ1	行程开关	LX3 - 11K	开启式	1	主轴冲动开关
SQ2	行程开关	LX3 - 11K	开启式	1	进给冲动开关
SQ3	行程开关	LX3 - 131	单轮自动复位	1	M2 正反转及联锁
SQ4	行程开关	LX3 - 131	单轮自动复位	1	
SQ5	行程开关	LX3 - 11K	开启式	1	
SQ6	行程开关	LX3 - 11K	开启式	1	

任务准备

1. 工具、仪表

电工常用工具，万用表，钳形电流表，兆欧表等。

2. 设备

X62W 型卧式万能铣床或其模拟设备。

一、认识 X62W 型卧式万能铣床

1．现场参观 X62W 型卧式万能铣床，对照图 5—2，认真观察铣床的外形和结构，识别铣床的主要部件和各操纵部件的名称、作用。

2．结合 X62W 型卧式万能铣床的电气元件位置图和接线图，如图 5—6 和图 5—7 所示，熟悉铣床电气设备的位置、作用和型号。

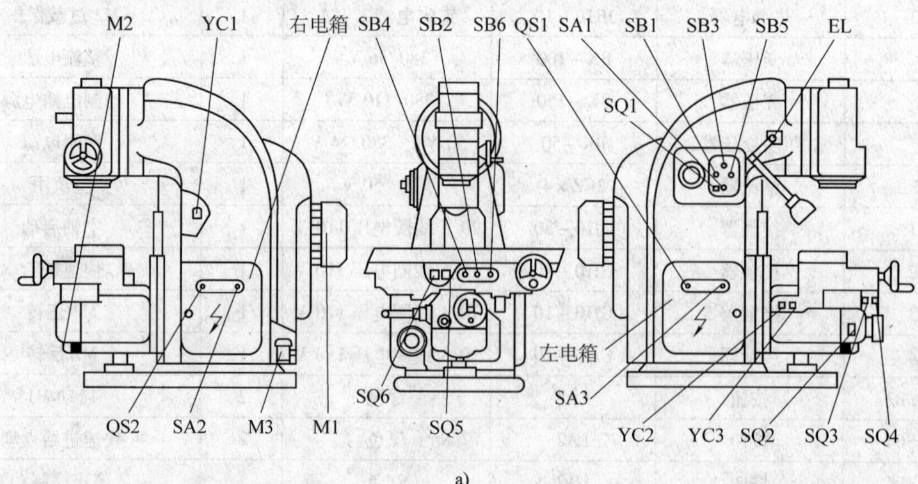

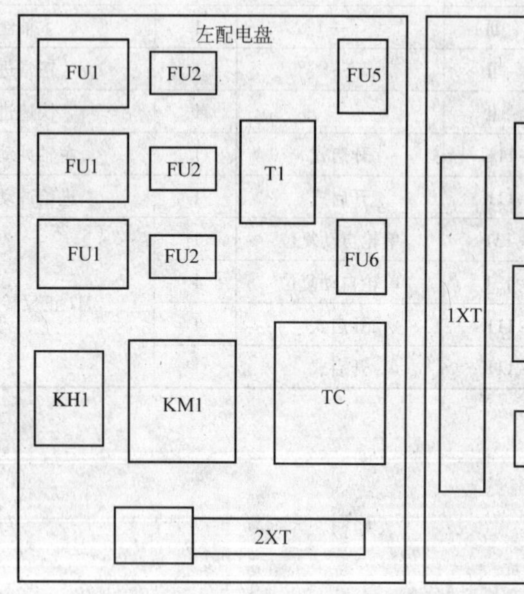

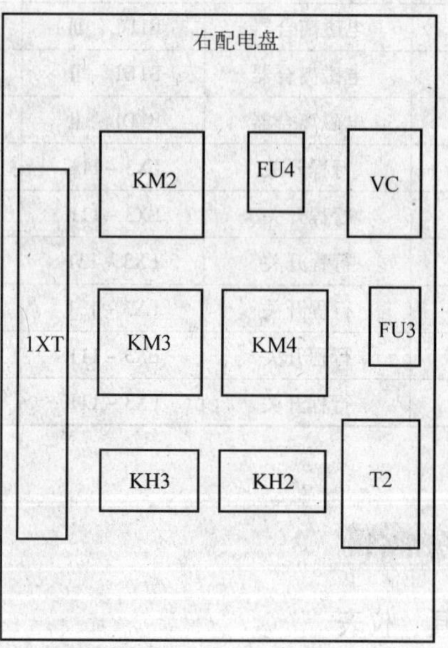

图 5—6　X62W 型卧式万能铣床元件位置图

a）床身上的元件位置图　b）配电箱内的元件位置图

左侧按钮站
主轴停止
工作台快速
主轴启止
信号灯
主轴装刀
照明
主轴冲动
照明灯
左侧配电箱
TC
FU1
FU2
FU3
FU4
KM1
KH1
主轴电动机
左侧配电箱门
SA3
主轴换向开关
QS
电源开关
电源进线

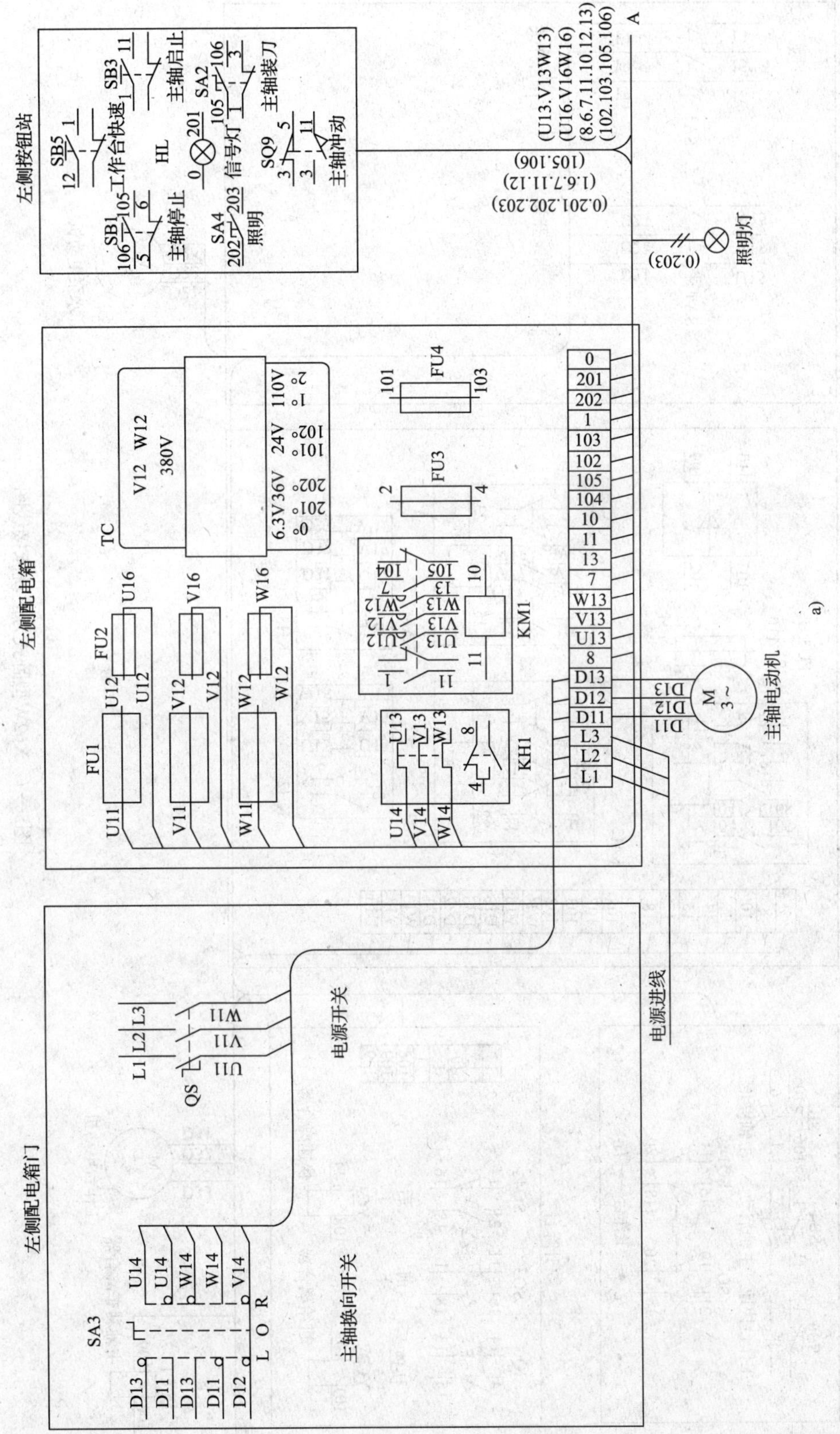

a)

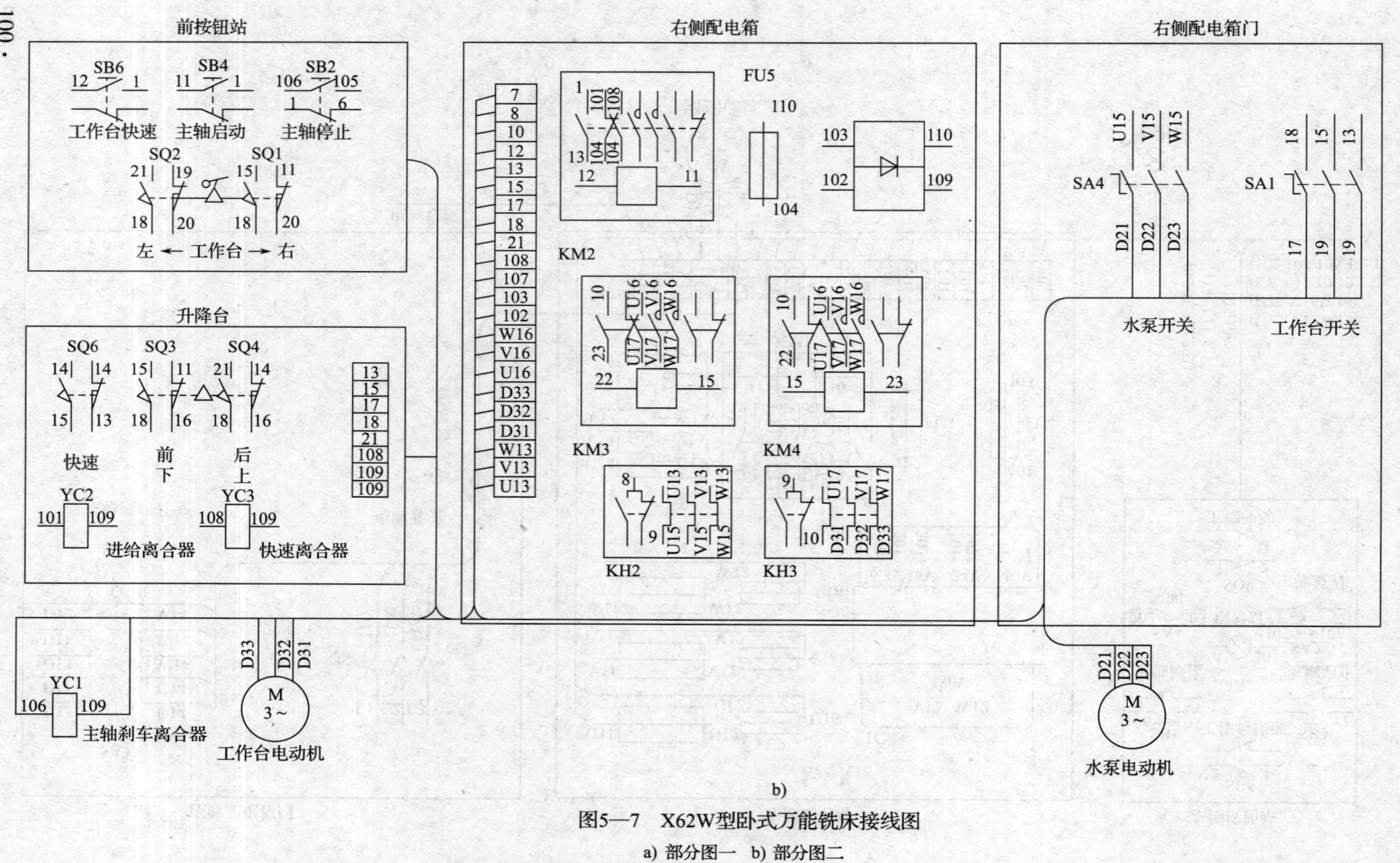

b)

图5—7　X62W型卧式万能铣床接线图

a) 部分图一　b) 部分图二

二、铣床操作

观摩教师对 X62W 型卧式万能铣床基本操作的示范，然后在教师的指导监护下，完成对 X62W 型卧式万能铣床的操作训练。

1. 开车前的准备工作

检查各电气元件是否完好无损，各操作开关、手柄是否完好、操作是否灵活。然后合上电源开关 QS1，接通电源。

2. 主轴电动机

首先选择好主轴的转速和转向，按下启动按钮 SB1 或 SB2，M1 启动；按下停止按钮 SB5 或 SB6，M1 能迅速制动停转。将转换开关 SA1 扳向换刀位置，看主轴是否符合要求。

对变速冲动控制，变速手柄向下压并向外拉出，选定所需转速，M1 点动；手柄推回原位后，M1 断电，变速冲动结束。

3. 进给电动机

参考表 5—3 操作各进给控制手柄，观察 KM3、KM4 动作是否正常，进给运动是否正确。

按下快速移动按钮 SB3 或 SB4，看能否实现快速进给。

4. 冷却泵电动机

在主轴电动机 M1 启动的前提下，操作组合开关 QS2 ，看冷却泵电动机 M3 能否正常运行。

5. 照明

操作开关 SA4，机床照明灯亮。

三、实训注意事项

1. 操作前，一定要熟悉 X62W 型卧式万能铣床的结构及各操作部件的位置和功能。
2. 操作过程中，要正确使用合格的工具和仪表，做好安全保护措施，如有异常情况必须立即切断电源。
3. 必须在教师的监护指导下进行操作，严禁违规操作。

任务2　检修 X62W 型卧式万能铣床常见电气线路故障

任务目标

- ◆ 掌握 X62W 型卧式万能铣床电气线路的组成和工作原理。
- ◆ 掌握 X62W 型卧式万能铣床电气控制线路的常见故障分析与检修方法。

X62W 型卧式万能铣床在使用过程中，由于电气设备老化或操作不当等原因，不可避免地会出现电气故障，影响设备的正常工作。本任务的主要内容是学习 X62W 型卧式万能铣床常见电气故障的检修方法和步骤。

常见故障分析与检修举例

1. 故障一——主轴电动机 M1 不启动

主轴电动机 M1 不能启动，首先检查各开关是否处于正常工作位置，然后检查三相电源、熔断器、热继电器的常闭触头，两地启停按钮以及接触器 KM1 的情况，看有无电器损坏、接线脱落、接触不良、线圈短路等现象。另外，还要检查主轴变速冲动开关 SQ1，是否有开关位置移动甚至撞坏现象，或者常闭触头接触不良。其具体检修可按图 5—8 所示的流程进行。

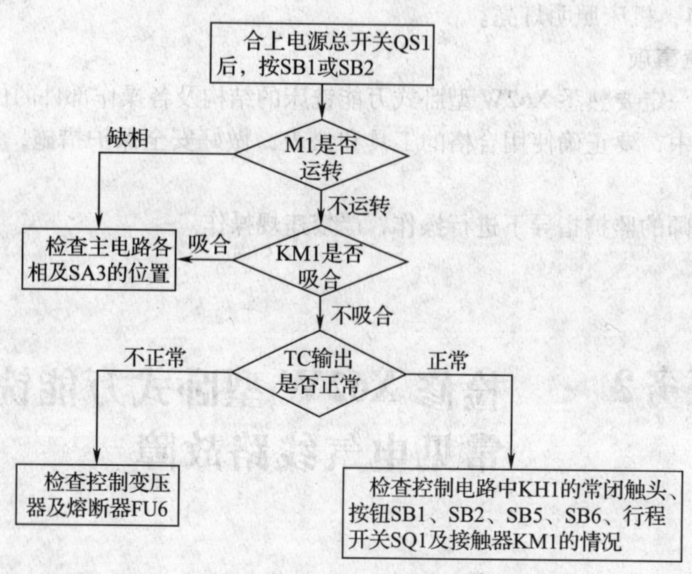

图 5—8　主轴电动机 M1 不启动的检修流程图

2. 故障二——工作台的各个方向都不能进给

铣床工作台的进给是通过进给电动机 M2 的正、反转配合机械传动来实现的，如果各个方向都不能进给，大多是因为进给电动机 M2 不能启动所引起的。其具体检修可按图 5—9 所示的流程图进行。

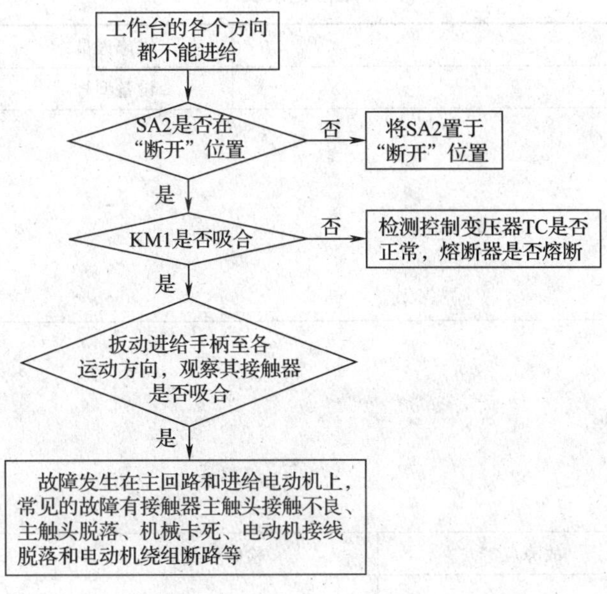

图 5—9 工作台的各个方向都不能进给的检修流程图

1. 工具、仪表

电工常用工具，万用表，钳形电流表，兆欧表等。

2. 设备

X62W 型卧式万能铣床或其模拟配电盘。

一、识读线路图

结合 X62W 型卧式万能铣床的电气元件位置图和接线图，熟悉铣床电气元件的实际位置和布线情况，并通过测量等方法找出各回路的实际布线路径。

二、观摩检修

结合相关知识中所讲实例，认真观摩教师的示范检修，掌握检修 X62W 型卧式万能铣床电气线路的基本步骤和方法。

三、检修训练

针对教师人为设置的线路故障，按照正确的检修方法进行检修练习，并做好维修记录，见表 5—5。

表 5—5　　　　维修记录表

<table>
<tr><td>维修时间</td><td></td><td>维修人员</td><td></td></tr>
<tr><td>设备名称</td><td></td><td>设备型号</td><td></td></tr>
<tr><td>故障现象</td><td colspan="3"></td></tr>
<tr><td>在电气线路图中标出最小故障范围，并简要记录分析过程</td><td colspan="3"></td></tr>
<tr><td rowspan="2">查找故障点并排除</td><td>故障点</td><td>检修步骤</td><td>排除方法</td></tr>
<tr><td></td><td></td><td></td></tr>
<tr><td>维修小结</td><td colspan="3"></td></tr>
</table>

四、实训注意事项

1. 检修前，要认真阅读电路图，熟练掌握各个控制环节的工作原理及作用。并认真听取和仔细观察教师的示范检修。

2. 由于该机床的电气控制与机械结构的配合十分密切，因此，在出现故障时，应首先判明是机械故障还是电气故障。

3. 停电要验电。带电检修时，必须有指导教师在现场监护，以确保用电安全。同时要做好训练记录。

检修实训任务测评见表 5—6。

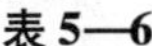

表 5—6　　任务测评

<table>
<tr><th>项目内容</th><th>配分</th><th colspan="3">评分标准</th><th>扣分</th></tr>
<tr><td>故障分析</td><td>30 分</td><td colspan="3">（1）故障分析、排除故障思路不正确　扣 5～10 分
（2）不能标出最小故障范围　每个扣 15 分</td><td></td></tr>
<tr><td>排除故障</td><td>70 分</td><td colspan="3">（1）断电不验电　扣 5 分
（2）工具及仪表使用不当　每次扣 5 分
（3）检查故障的方法不正确　扣 20 分
（4）排除故障的方法不正确　扣 20 分
（5）不能排除故障点　每个扣 30 分
（6）扩大故障范围或产生新的故障点　每个扣 40 分
（7）损坏电气元件　每只扣 20～40 分</td><td></td></tr>
<tr><td>安全文明生产</td><td colspan="4">违反安全文明生产规程　扣 10～70 分</td><td></td></tr>
<tr><td>定额时间：
30 min</td><td colspan="4">训练不允许超时，在修复故障过程中才允许超时，但以每超 1 min 扣 5 分计算</td><td></td></tr>
<tr><td>备注</td><td colspan="3">除定额时间外，各项内容的最高扣分，不得超过配分数</td><td>总得分</td><td></td></tr>
<tr><td>开始时间</td><td></td><td>结束时间</td><td></td><td>实际
时间</td><td></td></tr>
</table>

知识拓展　X52K 型立式铣床电气控线路简介

常用的万能铣床有两种，一种是 X62W 型卧式万能铣床，铣头水平方向放置；另一种是 X52K 型立式升降台铣床，铣头垂直方向放置，如图 5—10 所示。这两种铣床的基本结构、工作台进给方式和主轴控制方式等大致相同，主要差别在于铣头的放置方向不同。

X52K 型立式升降台铣床的电气控制线路如图 5—11 所示，与 X62W 型卧式铣床的电气控制线路相比，主要区别在于主轴停车采用了能耗制动的方法。

图 5—10　X52K 型立式升降台铣床

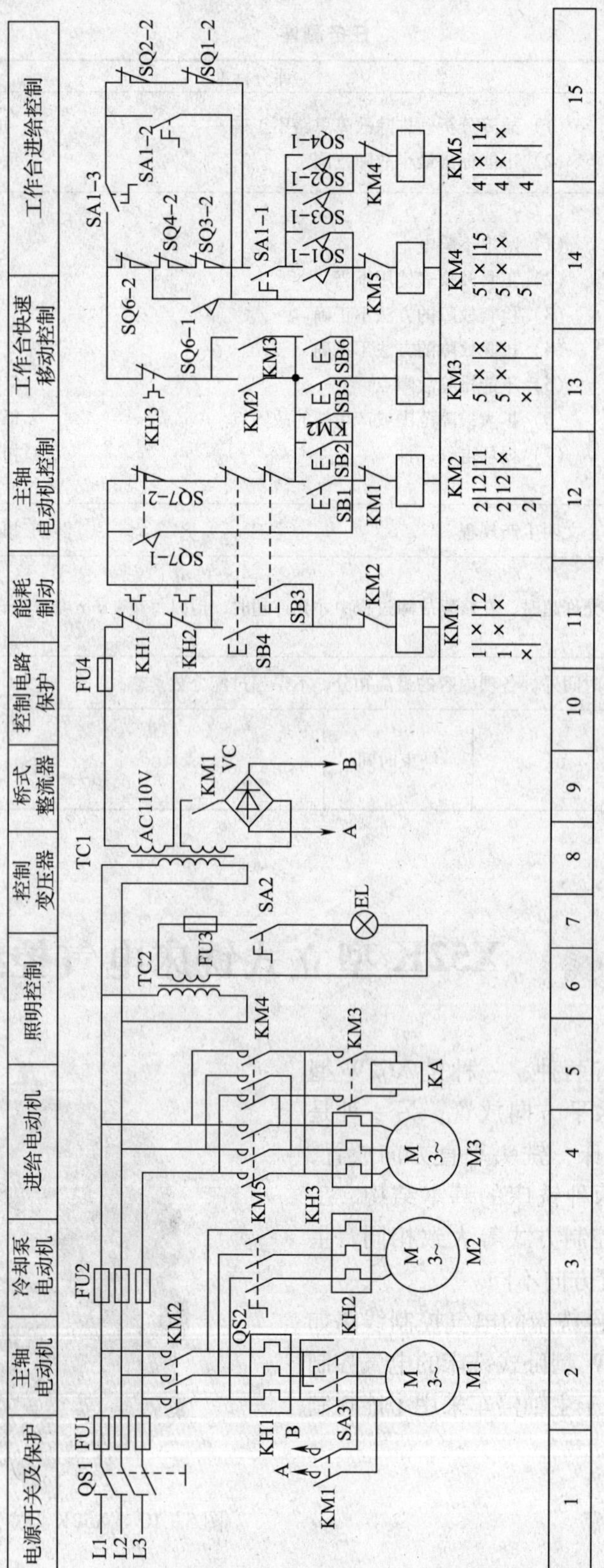

图5—11 X52K型立式升降台铣床电气控制电路图

型号相同的机床，由于生产时间和生产厂家不同，有时电气控制线路会差别很大，如X62W 型卧式万能铣床，其主轴制动就有反接制动、能耗制动和电磁离合器制动等三种不同方式；同样，X52K 型立式升降台铣床的主轴制动也有反接制动、能耗制动和电磁离合器制动等三种不同方式。前面提到的两种线路的区别只是针对本课题所选的两个线路而言，学习时须引起注意。

一、主电路分析

三相交流电源 L1、L2、L3 经电源开关 QS1 引入 X52K 型立式升降台铣床电气控制线路，由熔断器 FU1 作短路保护。主电路中有三台电动机，分别是主轴电动机 M1、冷却泵电动机 M2 和工作台进给电动机 M3，如图 5—11 所示。

主轴电动机 M1 能正反转，由可逆转换开关 SA3 控制，由接触器 KM2 控制启停，由接触器 KM1 控制实现停车时的全波整流能耗制动，由热继电器 KH1 实现过载保护。

冷却泵电动机 M2 由组合开关 QS2 控制，由热继电器 KH2 实现过载保护，并在主电路中实现与主轴电动机 M1 的顺序控制。

工作台进给电动机 M3 的正、反转由接触器 KM4 和 KM5 控制。通过机械传动可使工作台在横向、纵向和垂直六个方向做手动进给、自动进给和快速移动。由接触器 KM3 控制电磁铁 YA 实现工作台的快速移动。

二、控制电路分析

1. 主轴电动机 M1 控制

主轴电动机 M1 的正、反转由转换开关 SA3 控制，这是由于铣床主轴的旋转方向不需要经常变换。采用手动的转换开关控制了简化线路，运行也更可靠，所以没有采用两只接触器的控制线路。

X52K 型立式铣床有两套操作按钮和操作手柄，分别安装在机床的正面和左侧面，以实现两地控制，其中 SB1 和 SB2 是主轴电动机 M1 的启动按钮，SB3 和 SB4 为停止按钮。

（1）主轴电动机 M1 的启动控制

在启动前，由转换开关 SA3 先选定主轴电动机 M1 的旋转方向。按下启动按钮 SB1 或 SB2，接触器 KM2 线圈得电，KM2 常开触头闭合自锁，KM2 主触头闭合，主轴电动机 M1 启动运转。同时，KM2 的另一个常开触头（13 区）闭合，接通工作台控制电路的电源。

（2）主轴电动机 M1 的能耗制动控制

按下停止按钮 SB3 或 SB4，它们的常闭触头断开接触器 KM2 的线圈电路，常开触头接通接触器 KM1 的线圈电路，KM2 常闭触头断电复位后，KM1 得电吸合，由桥式整流器 VC 输出的直流电通入电动机 M1 的定子绕组，进行能耗制动。松开 SB3 或 SB4，接触器 KM1 断电释放，主轴电动机 M1 的能耗制动结束。

（3）主轴电动机 M1 的变速冲动控制

位置开关 SQ7 与主轴的调速机构联动，控制主轴电动机 M1 实现变速冲动。主轴调速应在主轴电动机 M1 停车时进行，先将调速手柄扳开，将调速盘转到需要的转速，然后将手柄扳回到原来位置。在此过程中，先压合位置开关 SQ7，SQ7 的常开触头 SQ7—1 短时闭合，接触器 KM2 短时吸合，随后又释放，主轴电动机 M1 就短时冲动，使齿轮易于啮合。同时 SQ7—2 常闭触点断开，切断接触器 KM1 的自锁回路。当调速手柄回到原位时，位置开关 SQ7 复原时，SQ7—1 断开，KM1 线圈断电释放，SQ7—2 恢复闭合，主轴电动机 M1 停转，完成变速冲动控制。

2. 冷却泵电动机 M2 控制

冷却泵电动机 M2 由组合开关 QS2 控制，合上 QS2，当接触器 KM2 吸合时，冷却泵电动机 M2 与主轴电动机 M1 同时启动。

3. 工作台进给电动机 M3 控制

X52K 型立式铣床的工作台与 X62W 型相似，同样要求有前后、左右和上下六个方向上的进给运动和快速移动，并且可在工作台上安装附件圆形工作台，进行对圆弧或凸轮的铣削加工。这些运动都是由进给电动机 M3 驱动。

（1）工作台前后、左右和上下六个方向上的进给运动

X52K 型立式铣床工作台的进给运动用手柄操作，工作台的前后和上、下进给运动由一个手柄控制，左、右进给运动由另一个手柄控制。手柄位置与工作台运动方向的关系见表 5—7。

表 5—7　控制手柄的位置与工作台运动方向的关系

控制手柄	手柄位置	位置开关动作	接触器动作	电动机 M2 转向	传动链搭合丝杠	工作台运动方向
左右进给手柄	左	SQ2	KM5	反转	左右进给丝杠	向左
	中	—	—	停止	—	停止
	右	SQ1	KM4	正转	左右进给丝杠	向右
上、下和前、后进给手柄	上	SQ4	KM5	反转	上下进给丝杠	向上
	下	SQ3	KM4	正转	上下进给丝杠	向下
	中	—	—	停止	—	—
	前	SQ3	KM5	正转	前后进给丝杠	向前
	后	SQ4	KM4	反转	前后进给丝杠	向后

X52K 型工作台六个方向上进给运动控制过程与 X62W 型相似，具体控制过程可参考 X62W 型进行分析。

不使用圆形工作台时，转换开关 SA1 应扳到断开位置，触头 SA1—1，SA1—3 闭合，SA1—2 断开。

位置开关的常闭触头 SQ1—2 和 SQ2—2 串联，SQ3—2 与 SQ4—2 串联，两条串联支路再并联连接，实现联锁控制，防止两个手柄都不在零位的不正确的操作方法。如果两个手柄都不在零位，则两条并联支路都不通，接触器 KM4 和 KM5 的线圈都不能得电动作，工作台进给电动机 M3 不会启动。

（2）进给变速时的瞬时点动

X52K 型的进给变速与 X62W 一样，进给变速时，为使齿轮进入良好的啮合状态，也要进行变速后的瞬时点动。X52K 型的进给变速冲动控制由工作台调速盘和调速手柄操纵位置开关 SQ6 实现。当工作台变速手柄扳回原位时，位置开关 SQ6 短时动作，常开触点 SQ6—1 闭合，常闭触点 SQ6—2 断开，接触器 KM3 短时间吸合又释放。工作台进给电动机 M3 短时冲动，使齿轮易于啮合。

（3）工作台的快速移动

X52K 型立式升降台铣床的工作台也可快速移动，由快速接触器 KM3 和快速移动电磁铁 YA 控制。工作台的快速移动和进给运动由同一台电动机 M3 驱动。

在主轴电动机未开动时，工作台可以在各个方向做快速移动。扳动工作台操作手柄，选好工作台运动方向，按下按钮 SB5 或 SB6，接触器 KM3 线圈得电吸合，KM3 的主触点闭合，接通电磁铁 YA，接通工作台快速移动的传动机构，KM3 的常开辅助触头（13 区）闭合，接通工作台控制线路的电源，使接触器 KM3 或 KM4 线圈得电吸合，工作台就在选定的方向快速移动。工作台快速移动用点动控制，松开按钮 SB5 或 SB6，工作台快速移动停止。

如果主轴已开动，工作台正在向某个进给方向进给，按下快递移动按钮 SB5 或 SB6，接触器 KM3 线圈得电，电磁铁 YC 吸合，工作台就在原来进给方向做快速移动。松开按钮 SB5 或 SB6，工作台恢复原工作进给状态。

（4）圆形工作台的控制

X52K 型立式升降台铣床的工作台同样可以加装圆形工作台，以扩大机床的加工范围。圆形工作台的工作由转换开关 SA1 控制，SA1 触点的工作状态见表 5—8。

表 5—8　　圆工作台装换开关 SA1 的工作状态

触点	接通圆工作台	断开圆工作台
SA1—1	断开	接通
SA1—2	接通	断开
SA1—3	断开	接通

X52K 型立式升降台铣床圆形工作台的控制及控制要求与 X62W 型相似，此处不再赘述。

课题六

T68 型卧式镗床电气控制线路的检修

任务1 认识 T68 型卧式镗床

◆ 熟悉 T68 型卧式镗床的主要结构和运动形式。
◆ 了解 T68 型卧式镗床的基本操作方法和各操作手柄的位置及作用。
◆ 掌握 T68 型卧式镗床电气控制线路的组成和工作原理。
◆ 熟悉 T68 型卧式镗床电气控制线路中元件的位置、型号及功能。

镗床是一种多用途的精密加工机床，除了镗孔外，还可以进行钻、扩、铰孔、车削内外螺纹，用丝锥攻丝，车外圆柱面和端面，用端铣刀与圆柱铣刀铣削平面等多种工作。按用途不同，镗床可分为卧室镗床、立式镗床、坐标镗床和专用镗床等，T68 型卧式镗床是生产中应用较为广泛的一种镗床。本任务的主要内容是学习 T68 型卧式镗床的主要结构、运动形式、电气元件的位置和布线，以及电气控制线路的组成和工作原理，为检修其常见电气故障做必要准备。

T68 型卧式镗床的镗刀主轴水平放置，主要用于加工精确度要求较高的孔和各孔间的距离要求较为精确的各种复杂和大型工件，如箱体零件、机体等。T68 型卧式镗床的型号含义如下：

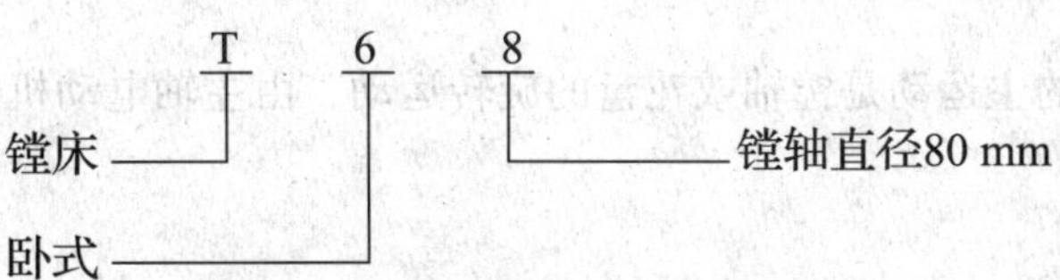

一、T68 型卧式镗床的主要结构与运动形式

T68 型卧式镗床的外形和结构如图 6—1 所示，它主要由床身、前立柱、镗头架、工作台、后立柱和尾座等部分组成。

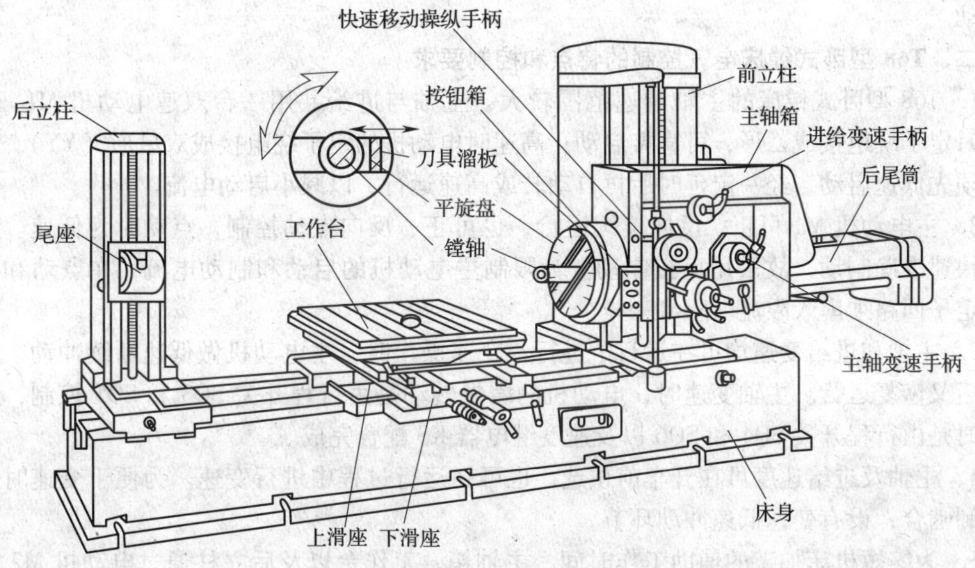

图 6—1　T68 型卧式镗床的结构

T68 型卧式镗床的床身是一个整体铸件，在它的一端固定有前立柱，在前立柱的垂直导轨上装有镗头架，镗头架可沿垂直导轨上下移动。在镗头架里集中装有主轴、变速箱、进给箱和操纵机构等部件。刀具一般安装在镗轴前端的锥形孔里，也可以安装在平旋盘的刀具溜板上。在切削过程中，镗轴一面旋转，一面沿轴向做进给运动，而平旋盘只能旋转；装在其上面的刀具溜板可做垂直主轴轴线方向的径向进给运动；镗轴和平旋盘轴分别通过各自的传动链传动，可以独立转动。在大部分工作情况下，使用主轴加工，只有在用车刀切削端面时才使用平旋盘。

后立柱位于镗床床身的另一端，后立柱上的尾座用来支撑装夹在镗轴上的镗杆末端，它与镗头架同时升降，两者的轴线始终处在同一水平直线上。根据镗杆的长短，可通过后立柱沿床身水平导轨的移动来调整前、后立柱之间的距离。

固定工件的工作台安放在床身中部的导轨上，它有下滑座和上滑座，工作台相对于上滑座可回转。这样，通过主轴箱的垂直移动、工作台的横向、纵向移动和回转，就可以加工工件上各种位置的孔。

T68 型卧式镗床主要运动形式如下。

1. 主运动

T68 型卧式镗床的主运动是镗轴或花盘的旋转运动，由主轴电动机通过不同的传动链传动。

2. 进给运动

T68 型卧式镗床的进给运动有镗轴的轴向（进、出）进给、主轴箱（镗头架）的垂直（上、下）进给、花盘上刀具的径向进给、工作台的纵向（前、后）和横向（左、右）进给。

3. 辅助运动

辅助运动主要有工作台的回转、后立柱的轴向水平移动、尾座的垂直移动及各部分的快速移动。

二、T68 型卧式镗床电气控制的特点和控制要求

1. T68 型卧式镗床的主轴调速范围较大，主轴与进给共用一台双速电动机 M1 驱动，低速时定子绕组接成△形，可直接启动；高速时电动机的定子绕组接成双星形（YY），高速运行须先低速启动，经一定延时后再自动转成高速运行，以减小启动电流。

2. 主电动机 M1 可正、反向连续运行，也可正、反向点动控制，点动时为低速。主轴要求快速准确制动，故采用反接制动。为限制主电动机的启动和制动电流，在点动和制动时，定子回路须串入限流电阻 R。

3. 主轴和进给变速均可在运行中进行，变速操作时，主电动机做低速断续冲动，变速完成后又恢复运行。主轴变速时，电动机的缓慢转动是由行程开关 SQ3 和 SQ5 控制，进给变速时是由行程开关 SQ4 和 SQ6 以及速度继电器 KS 配合完成。

4. 主轴及进给速度可在开车前预选，也可在运行过程中进行变速。为便于变速时齿轮的顺利啮合，设有变速低速冲动环节。

5. 为缩短机床加工的辅助工作时间，主轴箱、工作台以及后立柱通过电动机 M2 驱动做快速移动，它们之间的进给有机械和电气的联锁保护。

三、T68 型卧式镗床的电气线路图

T68 型卧式镗床的电气控电线路如图 6—2 所示。

四、T68 型卧式镗床电气控制线路分析

1. 主电路分析

T68 型卧式镗床的主电路有两台电动机，M1 为主轴与进给电动机，是一台 4/2 极的双速电动机，绕组接法为△/YY，由 5 只接触器控制。其中 KM1、KM2 为电动机正、反转控制接触器，KM3 为制动电阻短接接触器，KM4 为低速运转接触器，KM5 为高速运转接触器，主轴电动机正、反转停车时，均由速度继电器 KS 控制实现反接制动。主轴电动机 M1 由熔断器 FU1 作短路保护，热继电器 KH 作过载保护。

M2 为快速移动电动机，由接触器 KM6、KM7 实现正反转控制，熔断器 FU2 作短路保护，因快速移动为短时运行，无须过载保护。

2. 控制电路分析

T68 型卧式镗床的控制电路由变压器 TC 二次侧提供 110 V 电压作为电源，熔断器 FU3 作为短路保护。主轴电动机 M1 的控制包括点动控制、正反转控制、制动控制、高低速控制和变速冲动控制。

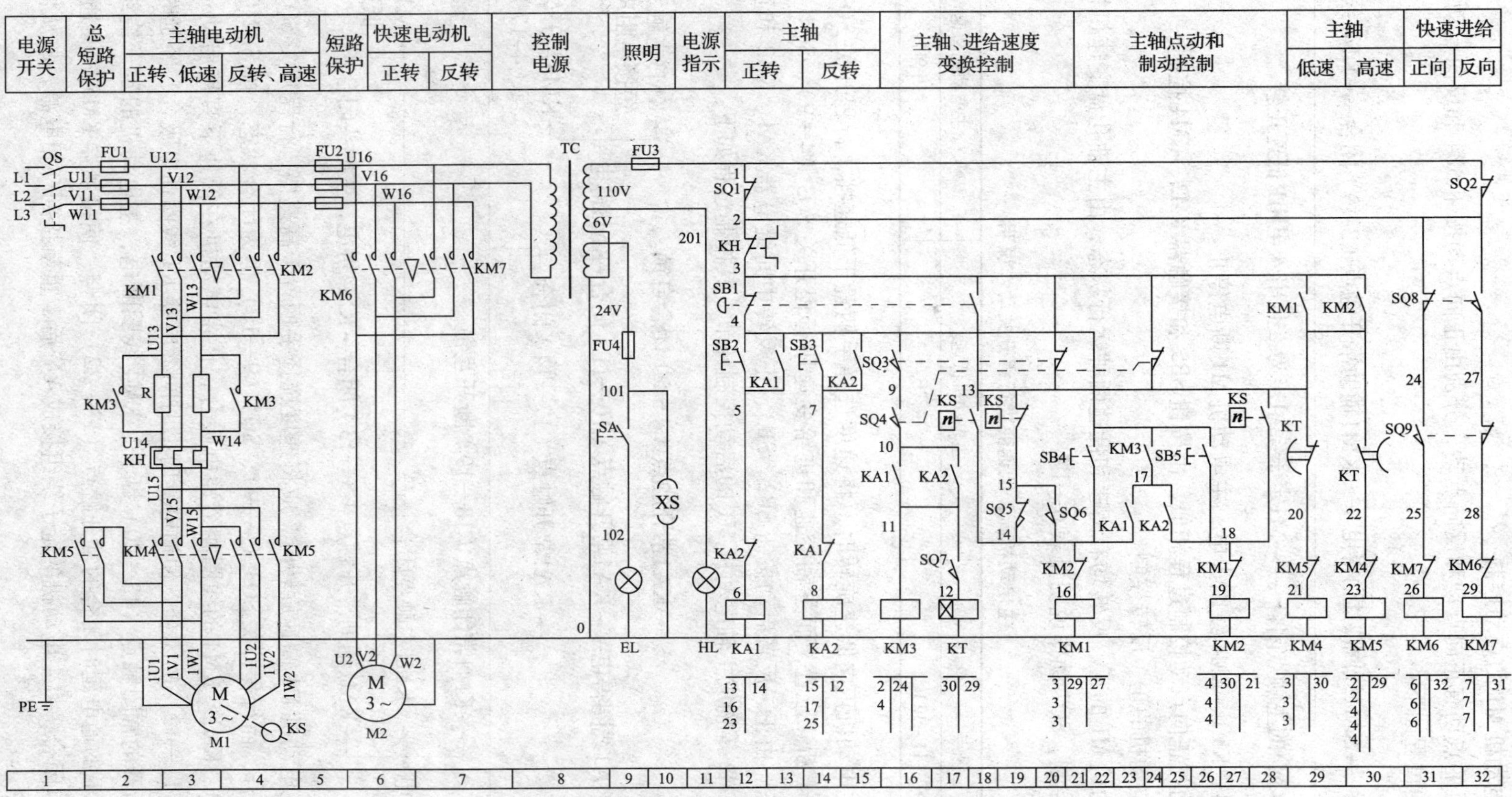

图6—2　T68型卧式镗床电路图

（1）主电动机 M1 的点动控制

主电动机的点动有正向点动和反向点动，分别由正向点动按钮 SB4 和反向点动按钮 SB5 控制。其控制过程如下：

按下SB4 → KM1线圈(21区)得电 → KM1辅助常开触点（3-13）闭合 → KM4线圈得电 → KM1、KM4的主触点闭合 → M1定子绕组接为△且串入电阻R低速正转

松开 SB4，KM1、KM4 线圈失电，主电动机 M1 断电停止。

反向点动与正向点动控制过程相似，由按钮 SB5 和接触器 KM2、KM4 控制。

（2）主电动机的正、反转控制

主轴电动机 M1 的正、反转均有高速和低速两种运行状态，由主轴孔盘变速机构内的行程开关 SQ7 控制，SQ7 动作说明见表 6—1。

表 6—1　　主电动机高、低速变换行程开关动作说明

触点	主电动机低速	主电动机高速
SQ7（11－12）	断开	闭合

当要求主电动机正向低速旋转时，将速度选择手柄置于低速挡，行程开关 SQ7 的触点（11—12）处于断开位置，而主轴变速和进给变速用行程开关 SQ3（4—9）、SQ4（9—10）均为闭合状态。由正、反转启动按钮 SB2、SB3、正反转中间继电器 KA1、KA2 和正反转接触器 KM1、KM2 等构成主轴电动机 M1 的启动控制环节。其控制过程如下：

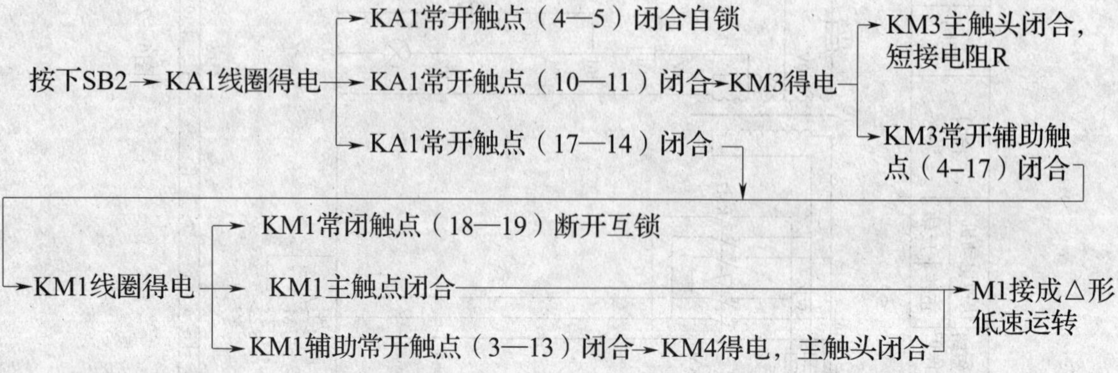

当要求主电动机 M1 高速旋转时，应将速度选择手柄置于高速挡，行程开关 SQ7 的触点（11—12）闭合，而行程开关 SQ3（4—9）、SQ4（9—10）仍为闭合状态，按 SB2 后，一方面 KA1、KM3、KM1、KM4 的线圈相继通电吸合，使主电动机在低速下直接启动；另一方面由于 SQ7（11—12）的闭合，使通电延时型时间继电器 KT 线圈通电吸合，经延时后，KT 的通电延时断开的常闭触点（13—20）断开，KM4 线圈断电，主电动机的定子绕组脱离三相电源，而 KT 的通电延时闭合的常开触点（13—22）闭合，使接触器 KM5 线圈通电吸合，KM5 的主触点闭合，将主电动机的定子绕组接成 YY 后，重新接到三相电源，故从低速启动转为高速运行。

主电动机的反向低速或高速的启动旋转过程与正向启动旋转过程相似，但是反向启动旋转所用的电器为按钮 SB3、中间继电器 KA2，接触器 KM3、KM2、KM4、KM5 和时间继电器 KT。

（3）主电动机 M1 的反接制动控制

主轴电动机 M1 在运行中可通过按下停止按钮 SB1 来实现自然停车或反接制动停止（当将 SB1 按到底时）。由 SB1、KS、KM1、KM2 和 KM3 构成主轴电动机正、反转的反接制动控制环节。

当主电动机正转速度高于 120 r/min 时，速度继电器 KS 的正转常开触点 KS（13—18）闭合，而正转的常闭触点 KS（13—15）断开，为正转停止时的反接制动做准备；而当主电动机反转速度高于 120 r/min 时，KS 的常开触点 KS（13—14）闭合，为反转停止时的反接制动做准备。按下停止按钮 SB1 后，主电动机的电源反接，迅速制动，转速降至速度继电器的复位转速时，其常开触点断开，切断三相电源，主电动机停转。其具体的反接制动过程如下：

1）主电动机低速正转时的反接制动　设主电动机停车前为低速正转，元件 KA1、KM1、KM3、KM4 的线圈得电吸合，KS 的常开触点 KS（13—18）闭合。按下停止按钮 SB1，SB1 的常闭触点（3—4）先断开，使 KA1、KM3 线圈失电，KA1 的常开触点（17—14）断开，又使 KM1 线圈失电，这一方面使 KM1 的主触点断开，主电动机脱离三相电源；另一方面 KM1（3—13）分断，KM4 失电。SB1 的常开触点（3—13）随后闭合，KM4 重新吸合，此时主电动机由于惯性转速还很高，KS（13—18）仍闭合，KM2 线圈通电吸合并自锁，KM2 的主触点闭合，三相电源反接后经电阻 R、KM4 的主触点接到主电动机定子绕组，进行反接制动。当转速低于 100 r/min 左右时，KS 正转常开触点 KS（13—18）断开，KM2 线圈失电，反接制动完毕。

2）主电动机反转时的反接制动　反转时的制动过程与正转制动过程相似，但参与的控制元件是 KM1、KM4、KS 的反转常开触点 KS（13—14）。

3）主电动机工作在高速正转及高速反转时的反接制动过程可按照以上方法自行分析。高速正转时反接制动所用的元件是 KM2、KM4、KS（13—18）触点；高速反转时反接制动所用的元件是 KM1、KM4、KS（13—14）触点。

（4）主轴和进给变速控制

T68 型卧式镗床主轴或进给运动的变速是通过变速操纵盘实现的，主轴或进给的变速既可以在停车时进行，也可以在镗床运行中进行。在运行中进行变速操作时，为使变速后齿轮更好的啮合，主电动机做低速断续冲动运动，变速完成后可自行恢复到变速之前的运行状态。主电动机做低速断续冲动是由行程开关 SQ3、SQ4、SQ5、SQ6 以及速度继电器 KS 配合完成的，它们在变速控制过程中的动作见表 6—2。

表 6—2　　主轴变速和进给变速时行程开关动作说明

触点	变速孔盘拉出（变速时）	变速后变速孔盘推回	触点	变速孔盘拉出（变速时）	变速后变速孔盘推回
SQ3（4－9）	断开	闭合	SQ4（9－10）	断开	闭合
SQ3（3－13）	闭合	断开	SQ4（3－13）	闭合	断开
SQ5（15－14）	闭合	断开	SQ6（15－14）	闭合	断开

1）主轴变速控制　当主轴变速时，将变速孔盘拉出，行程开关 SQ3 常开触点 SQ3（4—9）断开，接触器 KM3 线圈失电，主电路中接入电阻 R，KM3 的辅助常开触点（4—17）断开，使 KM1 线圈失电，主电动机脱离三相电源。可见，该机床在运行中变速时，主电动机能自动停止。旋转变速孔盘，选好所需的转速后，将孔盘推入。在此过程中，若滑移齿轮的齿和固定齿轮的齿发生顶撞时，则孔盘不能推回原位，行程开关 SQ3、SQ5 的常闭触点 SQ3（3—13）、SQ5（15—14）闭合，接触器 KM1、KM4 线圈通电吸合，接通瞬时点动电路，主电动机在定子绕组接成△形且串入限流电阻 R 的情况下低速正向启动。当主电动机的转速升到速度继电器 KS 动作值时，速度继电器 KS 正转常闭触点 KS（13—15）断开，接触器 KM1 线圈失电，而 KS 正转常开触点 KS（13—18）闭合，使 KM2 线圈通电吸合，主电动机反接制动。当主电动机的转速降到速度继电器 KS 的复位转速后，KS 常闭触点 KS（13—15）又闭合，常开触点 KS（13—18）又断开，主电动机再次低速正向启动，重复上述过程。这种间歇的启动、制动，使主电动机缓慢旋转，以利于齿轮的啮合。若孔盘推回原位，则 SQ3、SQ5 的常闭触点 SQ3（3—13）、SQ5（15—14）断开，切断缓慢转动电路；SQ3 的常开触点 SQ3（4—9）闭合，使 KM3 线圈通电吸合，其常开触点（4—17）闭合，又使 KM1 线圈通电吸合，主电动机在新的转速下重新启动运转。

2）进给变速控制　进给变速时的操作和控制过程与主轴变速基本相同，只是进给变速时起控制作用的位置开关是 SQ4、SQ6。

（5）主轴箱、工作台或主轴的快速移动

为缩短辅助时间，提高生产效率，T68 型卧式镗床由快速电动机 M2 经传动机构驱动主轴箱和工作台作快速移动。由装设在工作台前方的操纵手柄选择运动部件及其运动方向，用主轴箱上的快速操作手柄操纵机床各部件的快速移动。当快速手柄扳向正向快速位置时，行程开关 SQ9 被压动，接触器 KM6 线圈得电吸合，快速移动电动机 M2 正转，驱动操纵手柄预选的运动部件按选定的方向快速移动。同理，当快速手柄扳向反向快速位置时，行程开关 SQ8 被压动，KM7 线圈得电吸合，M2 反转，驱动操纵手柄预选的运动部件向相反方向快速移动。

（6）机床的联锁保护

T68 型卧式镗床的运动部件较多，为防止镗床或刀具的损坏，当工作台或主轴箱自动进给时，不允许主轴或平旋盘刀架进行自动进给，为此设置了两个联锁保护行程开关 SQ1 和 SQ2。其中 SQ1 是工作台和主轴箱自动进给手柄联动的行程开关，SQ2 是与主轴和平旋盘刀架自动进给手柄联动的行程开关。将 SQ1、SQ2 常闭触点并联后串接在控制电路中，若同时扳动两个自动进给手柄，将使触点 SQ1（1—3）与 SQ2（1—3）均断开，切断控制电路电源，使主轴电动机停止，快速移动电动机也不能启动，实现联锁保护，避免机床或刀具的损坏。

（7）照明指示电路

控制变压器 TC 的二次侧分别输出 24 V 和 6 V 电压，作为镗床照明灯和指示灯的电源，EL 为镗床的照明灯，由开关 SA 控制，由熔断器 FU4 做短路保护；HL 为电源指示灯，由熔断器 FU5 做短路保护，HL 亮，表示镗床接通电源可以工作。

T68 型卧式镗床的电气元件明细表见表 6—3。

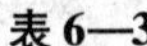

表 6—3　　　　　　T68 型卧式镗床的电气元件明细表

代号	名称	型号	规格	数量	用途
M1	主轴电动机	JD02—51—4/2	5.5/7.5 KW，1 460/2 880 r/min	1	主轴传动
M2	快速进给电动机	JO2—32—4	3 KW，1 430 r/min	1	各部件的快速移动
QS	组合开关	HZ10—60/3	60 A，380 V	1	电源总开关
SA	组合开关	HZ10—10/3J	10 A，380 V	1	机床照明开关
KM1、KM2	交流接触器	CJ20—40	40A，线圈电压 110 V	2	控制 M1 正、反转
KM3	交流接触器	CJ20—20	20 A，线圈电压 110 V	1	短接制动电阻 R
KM4	交流接触器	CJ20—40	40 A，线圈电压 110 V	1	控制 M1 低速运转
KM5	交流接触器	CJ20—40	40 A，线圈电压 110 V	1	控制 M1 高速运转
KM6、KM7	交流接触器	CJ20—20	20 A，线圈电压 110 V	2	控制 M2 正、反转
KA1、KA2	中间继电器	JZ7—44	线圈电压 110 V	2	控制 M1 正、反转
KT	时间继电器	JS7—2 A	线圈电压 110 V	1	控制 M1 高低速
KS	速度继电器	JY—1	500 V，2 A	1	控制主轴反接制动
TC	控制变压器	BK—300	380 V/110 V/24 V/6 V	1	控制电源
KH	热继电器	JR16—20/3D	整定电流 16 A	1	M1 过载保护
R	电阻器	ZB1—0.9	0.9 Ω	1	限制电流
FU1	熔断器	RL1—60	熔体 40 A	3	总短路保护
FU2	熔断器	RL1—15	熔体 15 A	3	M2 短路保护
FU3	熔断器	RL1—15	熔体 4 A	1	控制电路短路保护
FU4	熔断器	RL1—15	熔体 2 A	1	照明电路短路保护
SB1	按钮	LA2	380 V，5 A	1	主轴停止
SB2	按钮	LA2	380 V，5 A	1	主轴正向启动
SB3	按钮	LA2	380 V，5 A	1	主轴反向启动
SB4	按钮	LA2	380 V，5 A	1	主轴正向点动
SB5	按钮	LA2	380 V，5 A	1	主轴反向点动
SQ1	行程开关	LX1—11H	防护式	1	主轴联锁保护
SQ2	行程开关	LX3—11K	开启式	1	主轴联锁保护
SQ3	行程开关	LX1—11K	开启式	1	主轴变速控制
SQ4	行程开关	LX1—114	开启式	1	进给变速控制
SQ5	行程开关	LX1—115	开启式	1	主轴变速控制
SQ6	行程开关	LX1—116	开启式	1	进给变速控制

续表

代号	名称	型号	规格	数量	用途
SQ7	行程开关	LX5—11		1	高低速控制
SQ8	行程开关	LX3—11K	开启式	1	反向快速进给
SQ9	行程开关	LX3—11K	开启式	1	正向快速进给

任务准备

1. 工具、仪表

电工常用工具、万用表、钳形电流表、兆欧表等。

2. 设备

T68 型卧式镗床或其模拟电气控制台。

任务实施

一、认识 T68 型卧式镗床

现场参观 T68 型卧式镗床，对照图 6—1，认真观察镗床的外形和结构，识别镗床的主要部件和各操纵部件的名称、作用。结合 T68 型卧式镗床的电气元件位置图、接线图和元件明细表，熟悉其电气设备的位置、作用和型号。

T68 型卧式镗床的电气元件位置图如图 6—3 所示。

T68 型卧式镗床的接线图如图 6—4 所示。

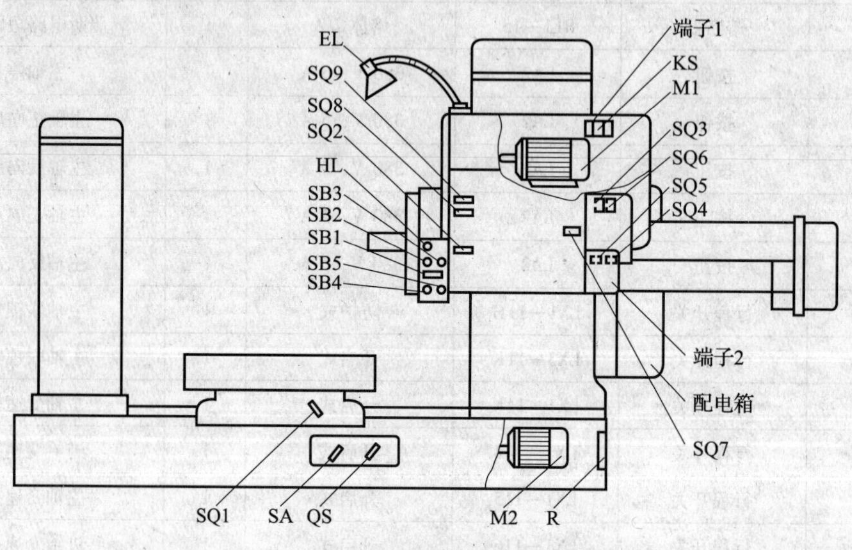

图 6—3　T68 型卧式镗床电气元件位置图

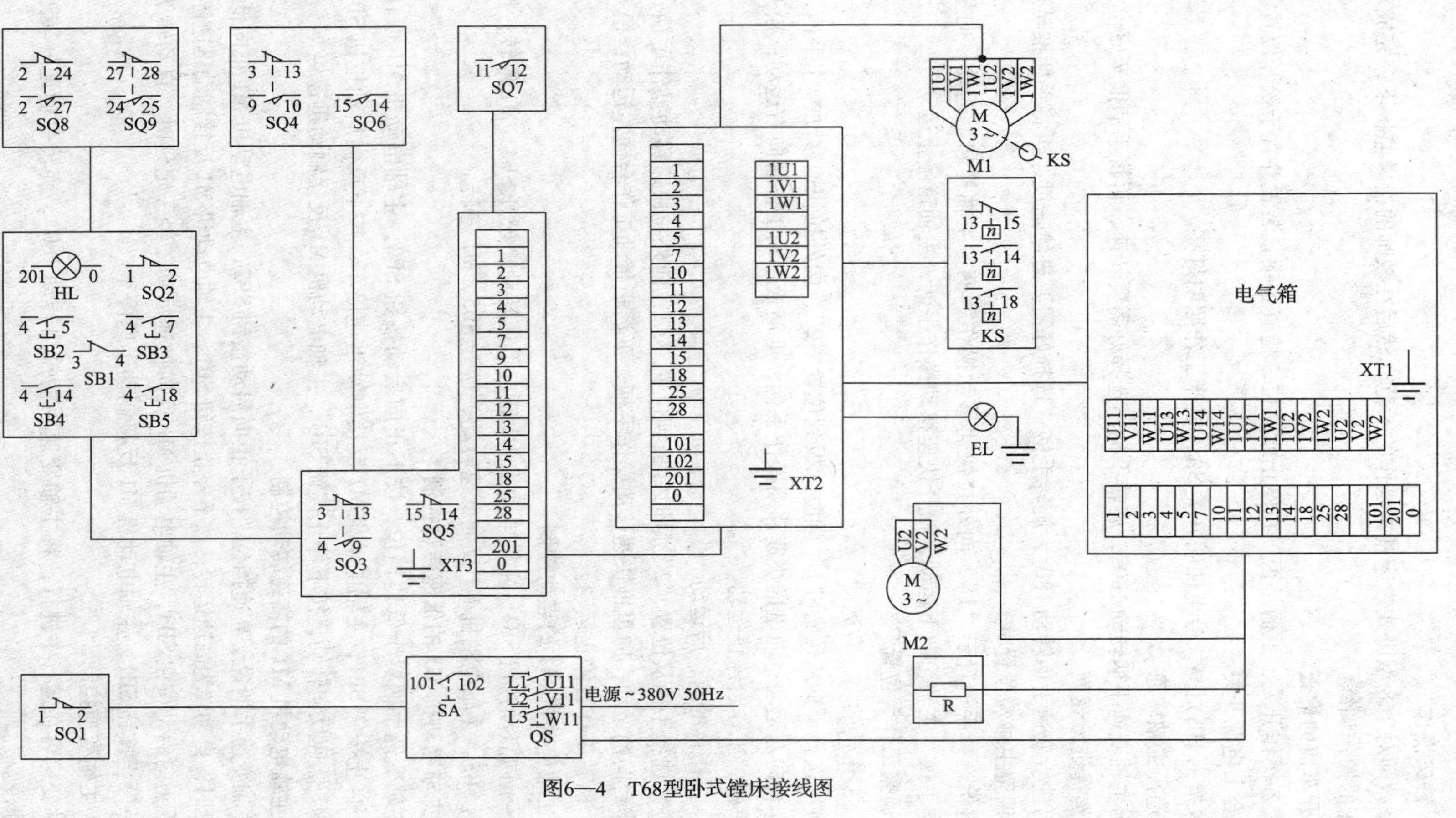

图6—4　T68型卧式镗床接线图

二、铣床操作

观摩教师对 T68 型卧式镗床基本操作的示范，然后在教师的指导监护下，完成对 T68 型卧式镗床的操作训练。

1. 开车前的检查

检查各操作开关、手柄是否停在停止或原位，检查各锁紧装置并置于松开位置。

2. 合上电源开关

电源指示 HL 灯亮，合上照明开关 SA，机床工作照明灯亮。

3. 选择主轴转速

拉出主轴变速手柄转动 180°，旋转手柄，选择好需要转速，再将手柄推至原位。

4. 选择进给速度

拉出进给变速手柄转动 180°，旋转手柄，选择好需要进给速度，再将手柄推至原位。

5. 调整主轴箱位置

将进给选择手柄置于“1”，向外拉快速移动操作手柄，主轴箱向上运动，向里推快速移动操作手柄，主轴箱向下运动，松开快速移动操作手柄，主轴箱停止运动。

6. 调整工作台位置

（1）工作台的左、右运动

将进给选择手柄从位置“1”顺时针扳到位置“2”，向外拉快速移动操作手柄，上溜板带动工作台向左运动；向里推快速移动操作手柄，上溜板带动工作台向右运动；松开快速移动操作手柄，工作台停止运动。

（2）工作台的前、后运动

将进给选择手柄从位置“2”顺时针扳到位置“3”，向外拉快速移动操作手柄，下溜板带动工作台向前运动；向里推快速移动操作手柄，下溜板带动工作台向左运动；松开快速移动操作手柄，工作台停止运动。

7. 主轴电动机 M1 的点动控制

按下正向点动按钮 SB4，主轴电动机 M1 正向低速转动，松开 SB4，M1 停转；按下反向点动按钮 SB5，主轴电动机 M1 反向低速转动，松开 SB5，M1 停转。

8. 主轴电动机 M1 的低速转动控制

将主轴变速手柄置于低速挡位，按下正向启动按钮 SB2，主轴电动机 M1 低速正向转动，按下停止按钮 SB1，主轴电动机 M1 反接制动迅速停车；按下反向启动按钮 SB3，主轴电动机 M1 低速反向转动，按下停止按钮 SB1，主轴电动机 M1 反接制动迅速停车。

9. 主轴电动机 M1 的高速转动控制

将主轴变速手柄置于高速挡位，按下正向启动按钮 SB2，主轴电动机 M1 正向低速启动，经一定延时，自动转为高速运转；按下停止按钮 SB1，主轴电动机 M1 反接制动迅速停车。

按下正向启动按钮 SB3，主轴电动机 M1 反向低速启动，经一定延时，自动转为高速运转；按下停止按钮 SB1，主轴电动机 M1 反接制动迅速停车。

10. 主轴变速控制

主轴变速可在运行中进行，将主轴变速手柄拉出转动 180°，旋转手柄选好转速，将手柄推回原位。

11. 进给变速控制

进给变速可在运行中进行，将进给变速手柄拉出转动 180°，旋转手柄选好转速，将手柄推回原位。

12. 关闭电源。

三、实训注意事项

1）操作前，一定要认真观摩指导教师的操作示范，熟悉 T68 型卧式镗床的结构和各操作部件的位置及功能。

2）操作过程中，一定要做好安全保护措施，如有异常情况必须立即切断电源。

3）操作训练必须在教师的严格监护和指导下进行，严禁违规操作。

任务2　检修 T68 型卧式镗床常见电气线路故障

◆ 掌握 T68 型卧式镗床电气控制线路的组成和工作原理。

◆ 掌握 T68 型卧式镗床常见电气故障的检修方法。

T68 型卧式镗床在使用过程中，由于电气设备老化或操作不当等原因，不可避免地会出现电气故障，影响设备的正常工作。本任务的主要内容是学习 T68 型卧式镗床常见电气故障的检修方法和步骤。

常见电气故障分析与检修举例

1. 故障一

主轴电动机 M1 能低速启动，但不能转入高速运行。

将主轴转速控制手柄置于高速挡位，按下启动按钮 SB2 或 SB3，主轴电动机 M1 能低速启动，但经过一段时间的延时后，不能转入高速运行而自动停止。

电动机低速启动正常，说明接触器 KM1（KM2）、KM3、KM4 动作正常，低速启动延时后，不能转入高速运行而自动停止，说明 KT 动作正常，故障在主回路或接触器 KM5 线圈回路，可按以下流程检修：

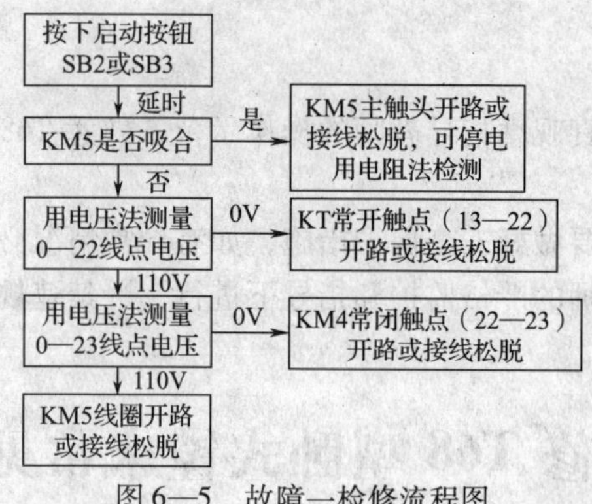

图 6—5　故障一检修流程图

2. 故障二

主轴电动机正向启动正常，但不能反向启动。

主轴电动机正转工作正常，说明电源、主轴电动机 M1 正转的主回路和控制回路正常，故障在主轴电动机 M1 的反转主回路或控制回路上。检修时，先检查接触器 KM2 是否动作，若 KM2 动作，故障是 KM2 的主触头接触不良或接线断路，可停电用电阻法找出并排除故障；若 KM2 不动作，可依次检查 KA2、KM3 及 KM2 是否动作，从而找出故障点并修复，可按以下流程检修：

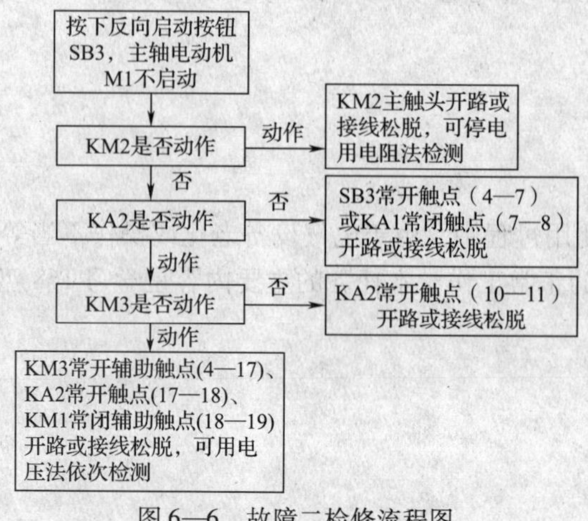

图 6—6　故障二检修流程图

提示

检修过程中，应尽量通过试车操作缩小故障范围，提高检修速度。例如，在检修本故障时，按下反向启动按钮 SB3，如果中间继电器 KA2 和接触器 KM3 动作而接触器 KM2 不动作，此时可按下反向点动按钮 SB5，观察 KM2 是否动作，从而进一步缩小故障范围。

3．故障三

按下停止按钮，没有反接制动过程，主轴不能迅速停车。

主轴的反接制动是由停止按钮 SB1 和速度继电器 KS 控制的，如果运行正常但停车时没有反接制动，原因一般是速度继电器 KS 的两个常开触点（13—14）和（13—18）没有正常闭合或接线松脱、停止按钮 SB1 常开触点（3—13）接触不良或接线松脱造成的。停车后切断电源，检查 KS 能否正常工作。

检修试车时，停止按钮 SB1 可分两步按下：先轻轻按下停止按钮 SB1，使继电器 KA1 或 KA2 失电，电动机断电惯性运转；然后将停止按钮 SB1 按到底，让电动机制动。仔细观察继电器的动作和电动机的制动情况，根据观察到的现象进一步缩小故障范围。

任务准备

1．工具、仪表

电工常用工具、万用表、钳形电流表、兆欧表等。

2．设备

T68 型卧式镗床或其模拟电气控制台。

一、识读线路图

结合 T68 型卧式镗床的电气元件位置图和接线图，熟悉 T68 型卧式镗床电气元件的实际位置和走线情况，并通过测量等方法找出各回路的实际布线路径。

二、观摩检修

结合相关知识中所讲实例，认真观摩教师的示范检修，掌握检修 T68 型卧式镗床电气线路的基本步骤和方法。

三、检修训练

针对教师认为设置的线路故障，按照正确的检修方法进行检修练习，并做好维修记录，见表 6—4。

四、实训注意事项

1）检修前，要认真阅读 T68 型卧式镗床电路图和接线图，熟练掌握各个控制环节的工作原理及作用，并认真观摩教师的示范检修。

2）排除故障时，必须修复故障点，严禁扩大故障范围或产生新故障。

表 6—4　　维修记录表

<table>
<tr><td>维修时间</td><td colspan="2"></td><td>维修人员</td><td></td></tr>
<tr><td>设备名称</td><td colspan="2"></td><td>设备型号</td><td></td></tr>
<tr><td>故障现象</td><td colspan="4"></td></tr>
<tr><td>在电路图中标出最小故障范围，并简要记录分析过程</td><td colspan="4"></td></tr>
<tr><td rowspan="2">查找故障点并排除</td><td>故障点</td><td>检修步骤</td><td colspan="2">排除方法</td></tr>
<tr><td></td><td></td><td colspan="2"></td></tr>
<tr><td>维修小结</td><td colspan="4"></td></tr>
</table>

3）停电要验电。带电检修时，必须有指导教师在现场监护，以确保用电安全。同时要做好训练记录。

任务测评

检修实训任务测评见表 6—5。

表 6—5　　任务测评

<table>
<tr><td>项目内容</td><td>配分</td><td colspan="3">评分标准</td><td>扣分</td></tr>
<tr><td>故障分析</td><td>30 分</td><td colspan="3">（1）故障分析、排除故障思路不正确　扣 5 ~ 10 分
（2）不能标出最小故障范围　每个扣 15 分</td><td></td></tr>
<tr><td>排除故障</td><td>70 分</td><td colspan="3">（1）断电不验电　扣 5 分
（2）工具及仪表使用不当　每次扣 5 分
（3）检查故障的方法不正确　扣 20 分
（4）排除故障的方法不正确　扣 20 分
（5）不能排除故障点　每个扣 30 分
（6）扩大故障范围或产生新的故障点　每个扣 40 分
（7）损坏电气元件　每只扣 20 ~ 40 分</td><td></td></tr>
<tr><td>安全文明生产</td><td colspan="4">违反安全文明生产规程　扣 10 ~ 70 分</td><td></td></tr>
<tr><td>定额时间：30 min</td><td colspan="4">训练不允许超时，在修复故障过程中才允许超时，但以每超 5 min 扣 5 分计算</td><td></td></tr>
<tr><td>备注</td><td colspan="3">除定额时间外，各项内容的最高扣分，不得超过配分数</td><td>总得分</td><td></td></tr>
<tr><td>开始时间</td><td></td><td>结束时间</td><td></td><td>实际时间</td><td></td></tr>
</table>

知识拓展 T610 卧式镗床电气控制线路简介

T610 型卧式镗床是加工精确度要求较高、孔和孔间的距离要求较为精确的复杂和大型工件时常用的一种镗床，如图 6—7 所示。虽然它的电气控制线路较复杂，但多年来一直是维修电工机床检修的一个教学内容，而且在国家技能鉴定考试中时有涉及，因此对其控制线路在此做一简单介绍。

图 6—7 T610 型卧式镗床

T610 型卧式镗床的结构和主要运动形式与 T68 基本相同，但为了满足各种复杂工件的加工工艺要求，T610 型卧式镗床的调速范围大，控制要求高，其电力驱动的特点有：

1）T610 镗床的主轴旋转、平旋盘旋转、工作台转动和尾座升降用电动机驱动；主轴和平旋盘刀架进给、主轴箱进给、工作台的纵向及横向进给、各部件的夹紧均采用液压传动控制。液压系统采用电磁阀控制。

2）主轴电动机 M1 需要正、反转并采用 Y—△降压启动，主轴有三挡转速，由电动机 M6 驱动钢球无级变送器实现无级变速。当速度达到变速器的上、下速度极限时，电动机 M6 自动停车。平旋盘只有两挡转速，如果误操作到第三挡，电动机 M1 将不能启动运行。

3）主轴电动机必须在液压泵电动机和润滑泵电动机启动后才能运行。

4）主轴采用电磁离合器制动，以满足快速、准确制动的要求。

5）工作台的旋转由单独的电动机驱动，该电动机需要能正、反转，停车时采用能耗制动。

6）尾座的升降用单独的电动机拖动，也要能正、反转。

7）各进给部件都具有四种进给方式，即快速进给点动、工作进给、工作进给点动和微调点动。

T610 型卧式镗床的电气控制线路如图 6—8 所示。

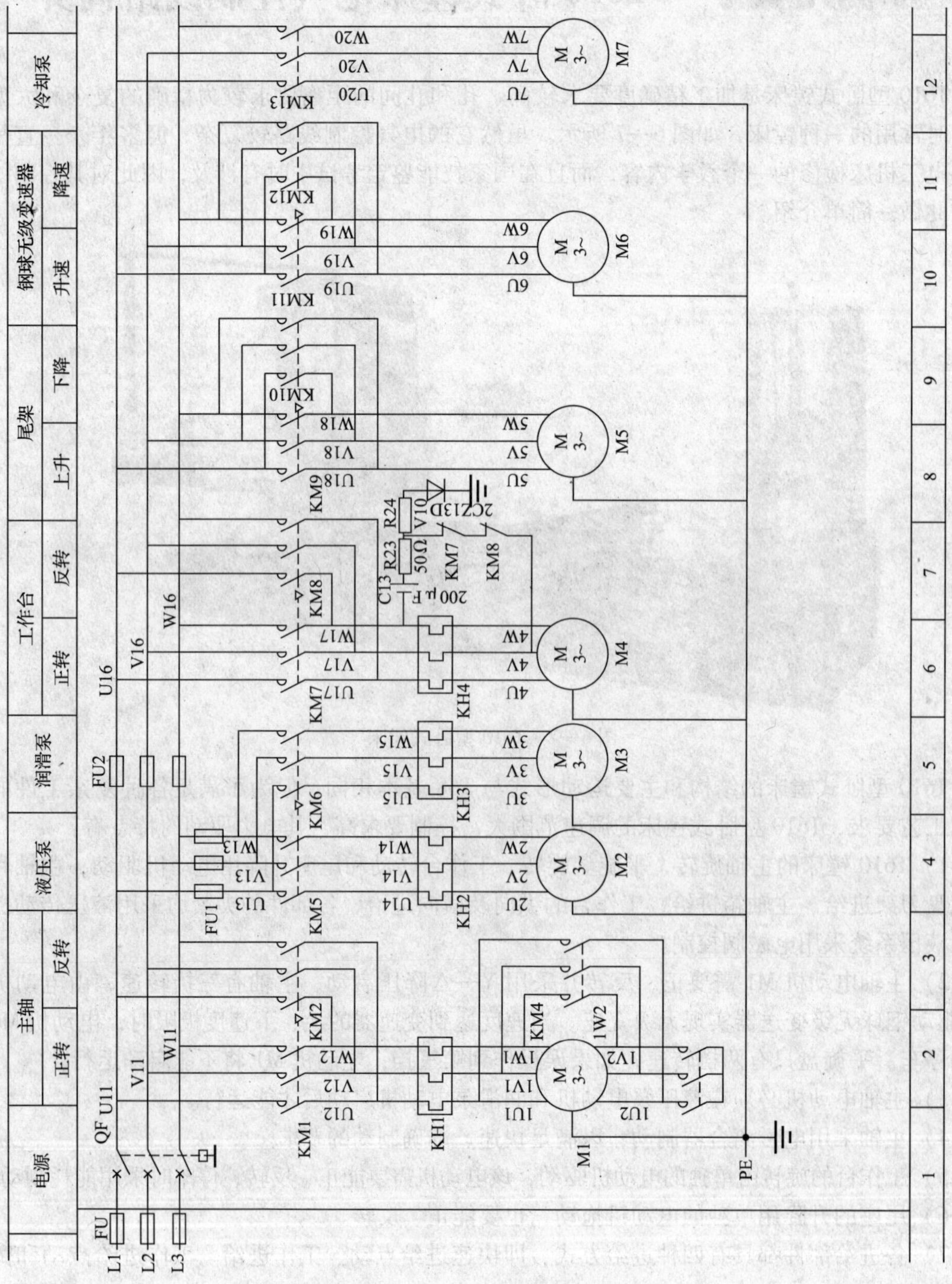
电源
主轴
正转
反转
液压泵
润滑泵
工作台
正转
反转
尾架
上升
下降
钢球无级变速器
升速
降速
冷却泵
L1 L2 L3
FU
QF
FU1
FU2
PE
KM1 KM2 KM3 KM4 KM5 KM6 KM7 KM8 KM9 KM10 KM11 KM12 KM13
KH1 KH2 KH3 KH4
M1 M2 M3 M4 M5 M6 M7
C13 200μF
R23 50Ω
R24
V10
2CZ13D
1 2 3 4 5 6 7 8 9 10 11 12

a)

信号电源变压器
电气柜
液压泵
总停
主轴正
主轴反
工台作正
工台作反
工进作给
主轴停车
工读作数台
行灯(一)
行灯(二)
控制变压器
液压泵
润滑泵
正转
反转
正转点动
反转点动
启动、Y接法
Δ接法
制动
指示
照明
主轴控制
380V/220V
13 14 15 16 17 18 19 20 21 22 23 24 25 26 27 28 29 30 31 32 33 34 35 36 37 38 39 40 41 42

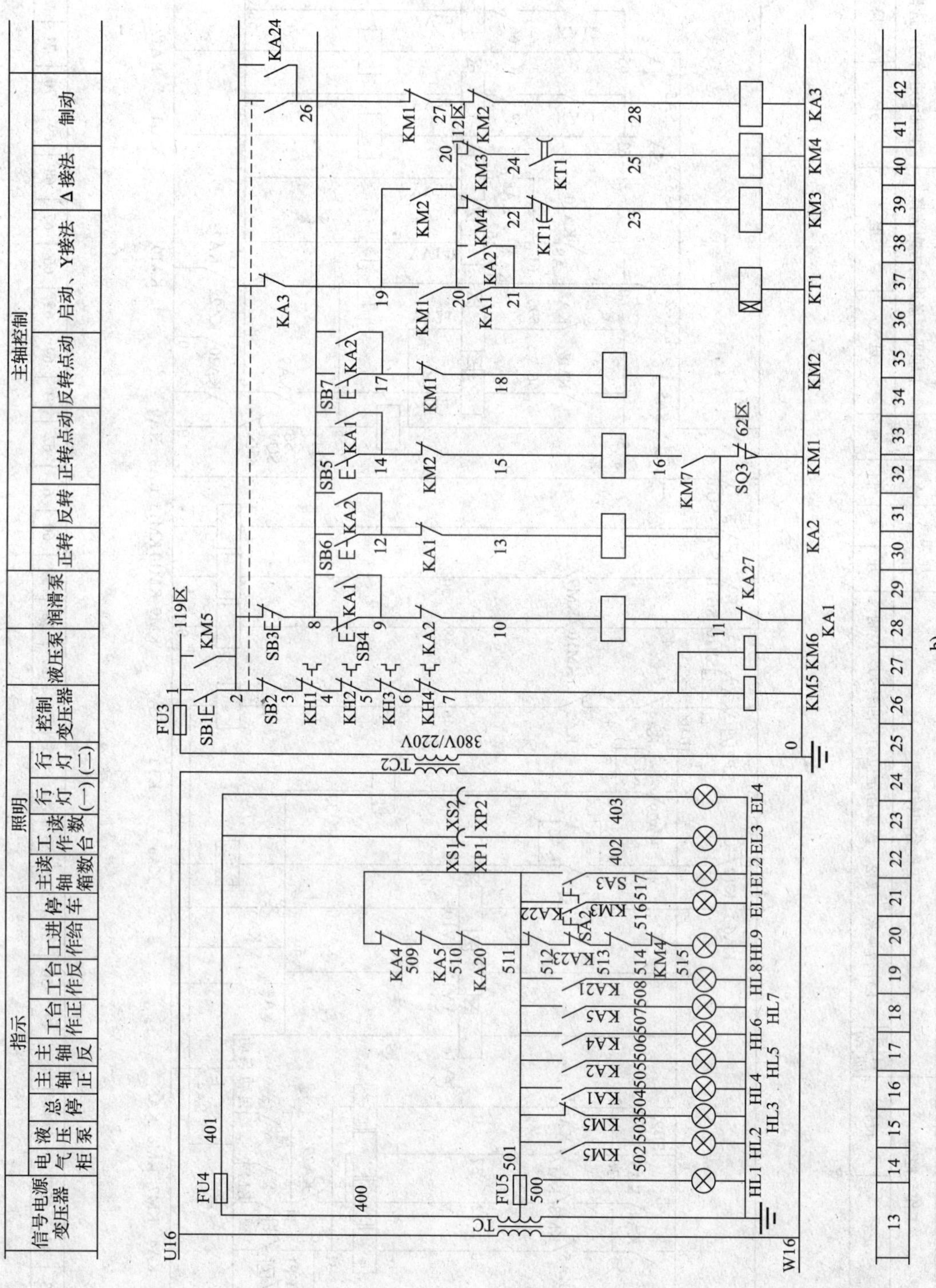

b)

工作台控制
正转
反转
自动
手动
工作台回转控制
工作台夹紧、放松、拔或插定位销、回转90° 控制
尾架点动控制
升
降
冷却泵控制
平旋盘接通
主轴平旋盘进给方向选择
进
退
主轴箱进给方向选择
升
降
KA4 KM7 KM8 KA5 KA6 KT2 KA7 KM9 KM10 KM13 KA8 KA9 KA10 KA11 KA12
43 44 45 46 47 48 49 50 51 52 53 54 55 56 57 58 59 60 61 62 63 64 65 66 67 68 69 70 71 72

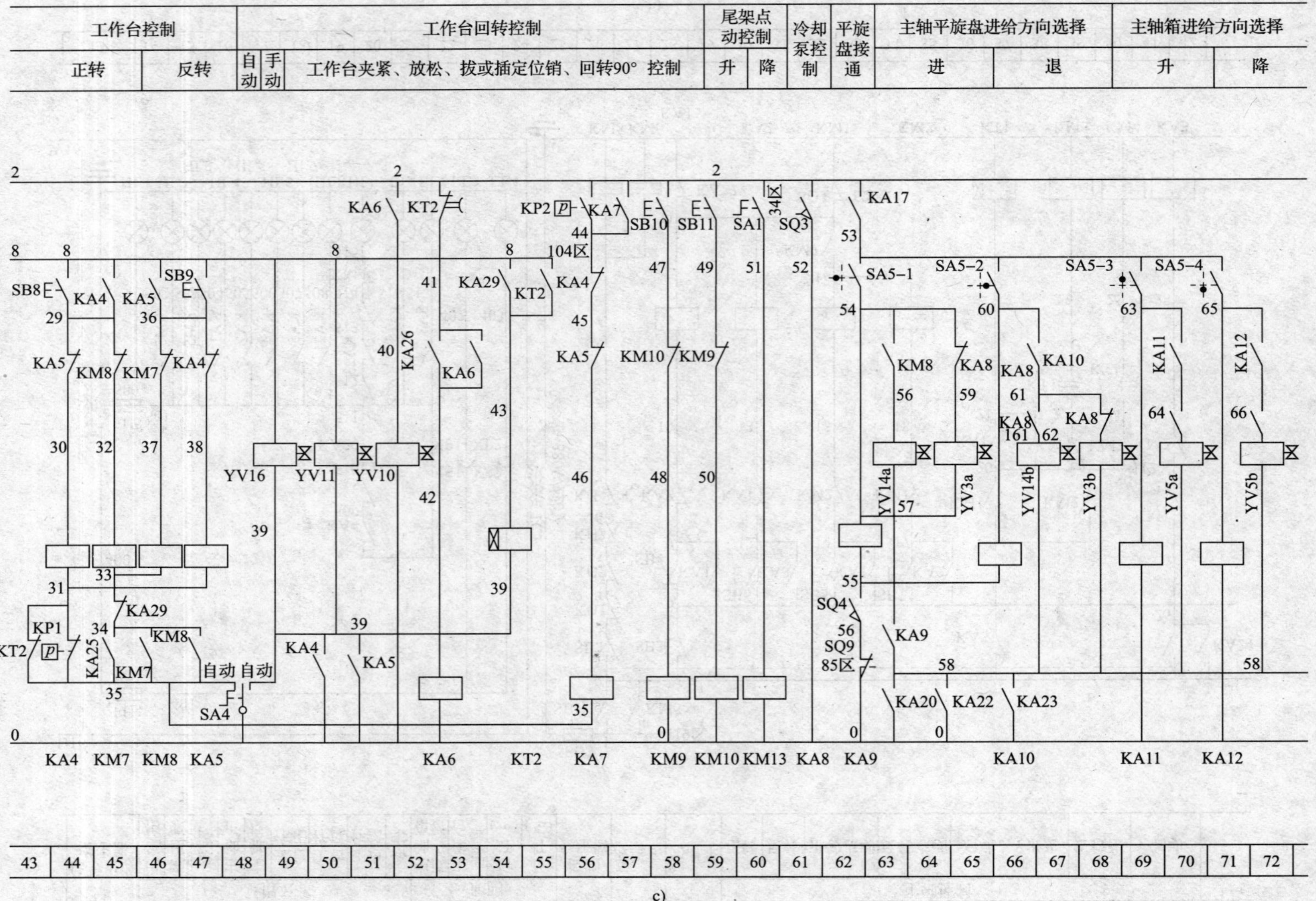

c)

工作台进给方向选择
纵向退
纵向进
横向后
横向前
进给联锁保护
进给与夹紧放松液压操纵机构
主轴松开
平旋盘
工作
快进
主轴松开
充油
下滑座松开、及静压导轨
液压夹紧控制
上滑座松
压力油
KA18
SA6-1
SA6-2
SA6-3
SA6-4
KA13
KA14
KA15
KA16
YV2b
YV2a
YV4a
YV4b
KP3
KA7
KA8
KA9
KA10
SQ9
KA22
KA20
YV8
YV15b
YV15a
YV9
KA11
KA12
KA23
YV0
YV20
YV19
YV13
YV18
KT3
YV12
YV17
KA17
KA19
73 74 75 76 77 78 79 80 81 82 83 84 85 86 87 88 89 90 91 92 93 94 95 97 98 99 100

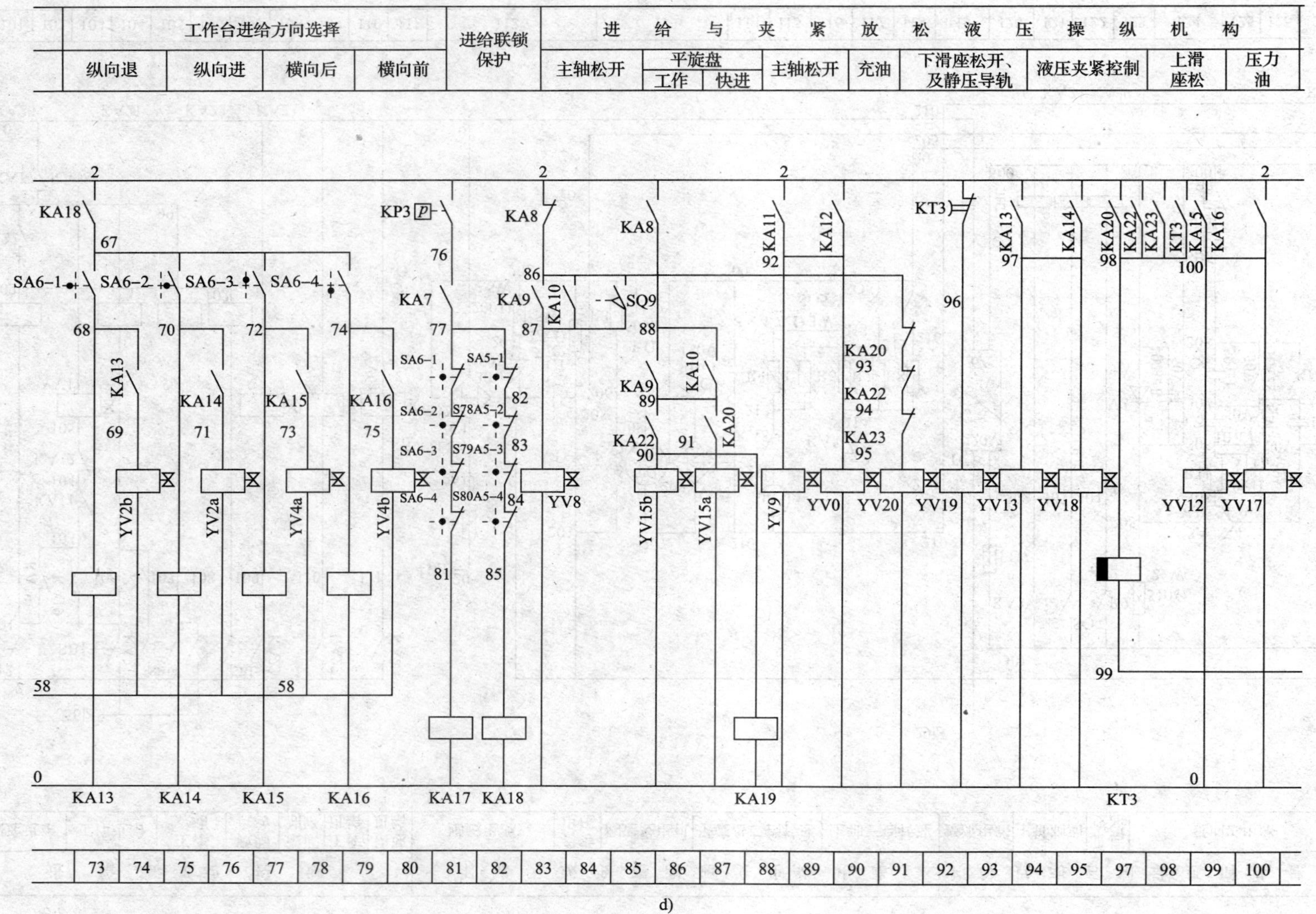

d)

进给运动控制
快速进给
工作进给
工作点动
微调点动
微调油路
工作进给
快速进给
钢球无级变速测速发电机电路
励磁电源
参考电压
测速发电机
平旋盘二挡转速
主轴三挡转速
主轴点动后制动延时电路
整流电路
主轴制动
Ⅲ挡变速
延时2s电路
101 102 103 104 105 106 107 108 109 110 111 112 113 114 115 116 117 118 119 120 121 122 123 124 125 126 127

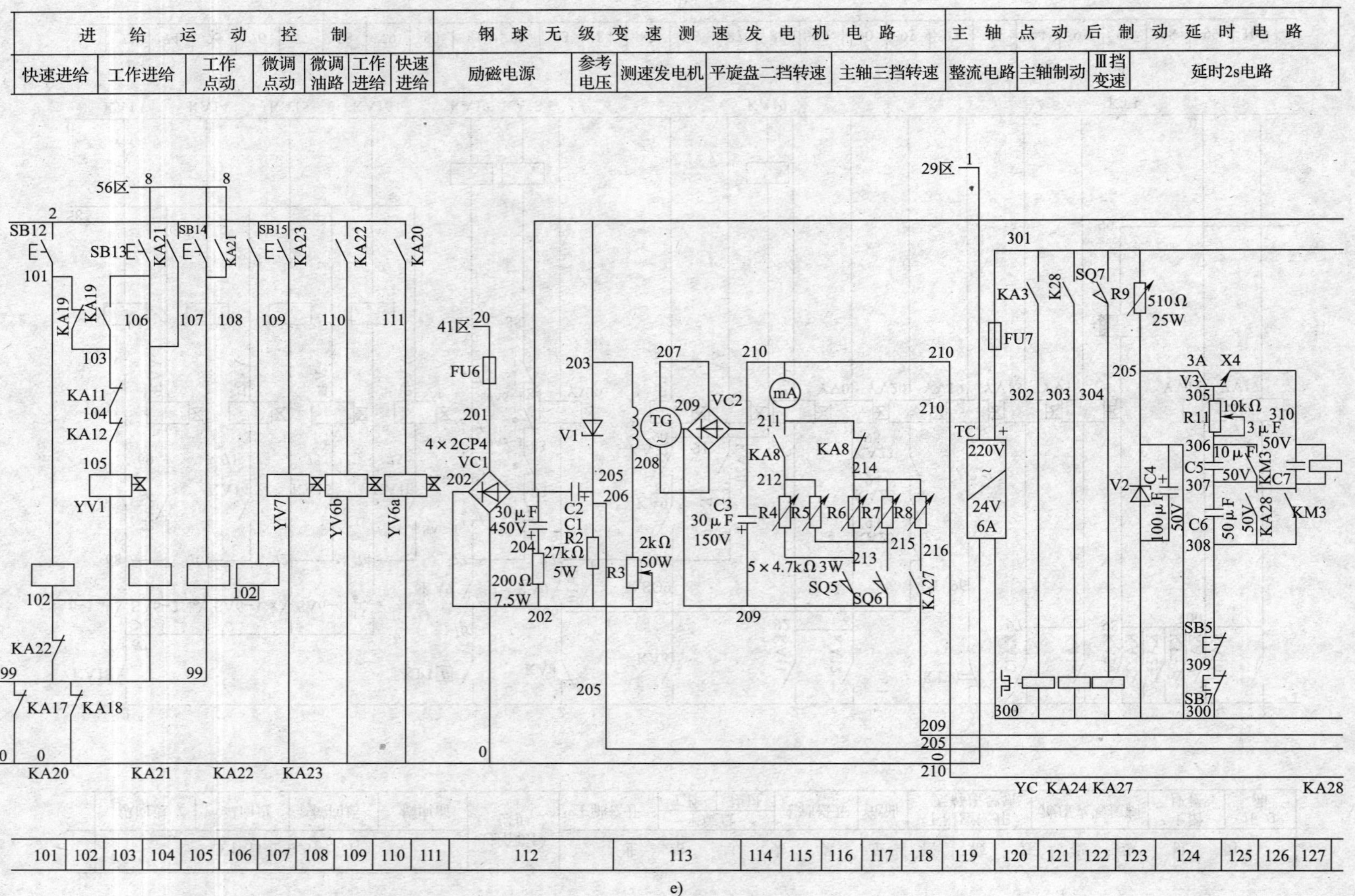

e)

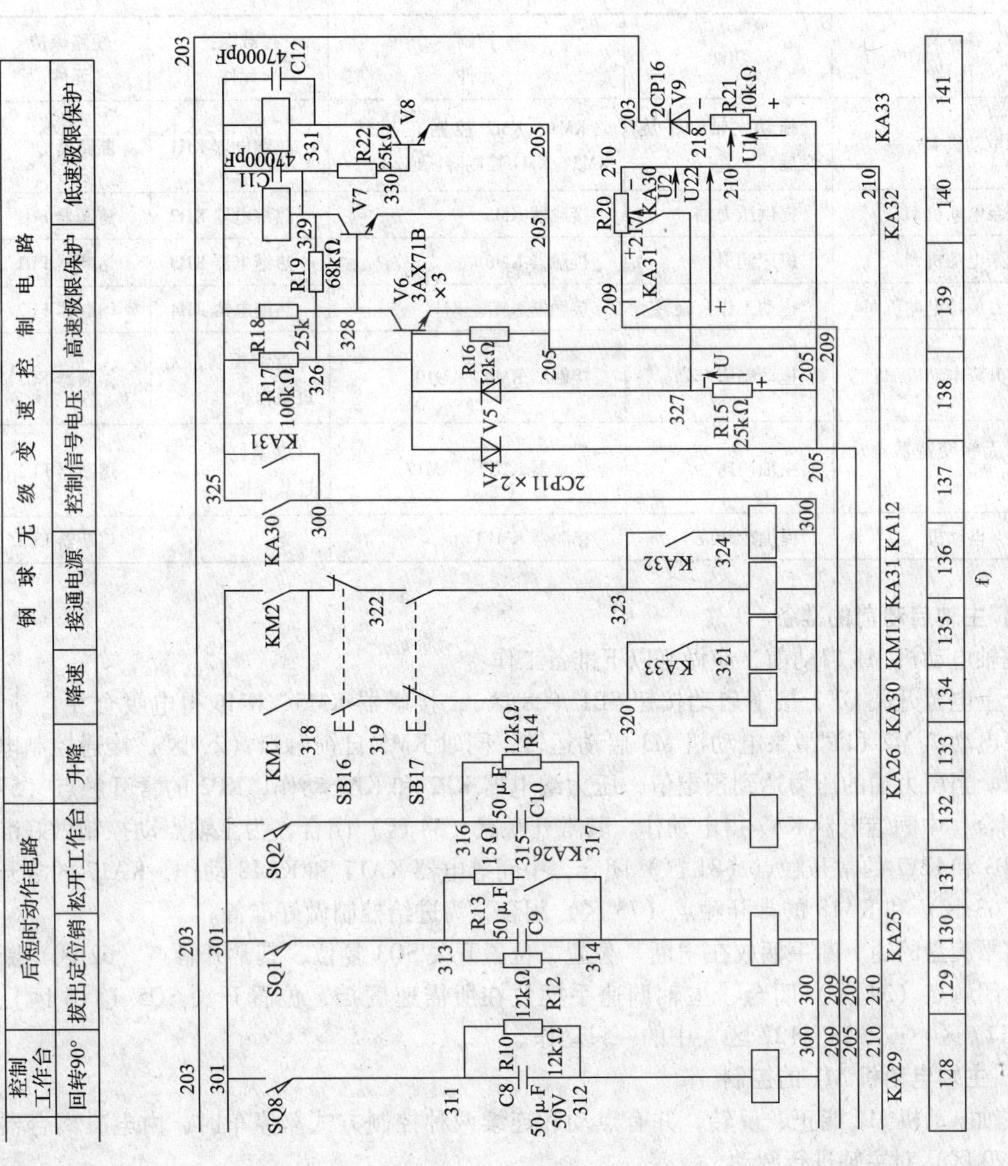

图6—8 T610铣床电气控制电路图

a) 部分图一 b) 部分图二 c) 部分图三 d) 部分图四 e) 部分图五 f) 部分图六

一、T610 型卧式镗床的主电路分析

T610 型卧式镗床线路中共有七台电动机：M1 为主轴电动机，M2 为液压泵电动机，M3 为润滑泵电动机，M4 为工作台旋转电动机，M5 为尾座升降电动机，M6 为钢球驱动变速电动机，M7 为冷却泵电动机。它们的控制和保护元件见表 6—6。

表 6—6　　主电路的控制与保护

名称及代号	功能	控制元件	过载保护元件	短路保护元件
主轴电动机 M1	拖动主轴和平旋盘旋转	KM1、KM2 控制正反转，KM3、KM4 控制降压启动	热继电器 KH1	断路器 QF
液压泵电动机 M2	提供压力油	接触器 KM5	热继电器 KH2	熔断器 FU1
润滑泵电动机 M3	机床润滑	接触器 KM6	热继电器 KH3	熔断器 FU1
工作台旋转电动机 M4	拖动工作台旋转	接触器 KM7、KM8	热继电器 KH4	熔断器 FU2
尾座升降电动机 M5	拖动尾座升降	接触器 KM9、KM10	点动控制，无过载保护	熔断器 FU2
钢球无级变速器电动机 M6	主轴调速	接触器 KM11、KM12	点动控制，无过载保护	熔断器 FU2
冷却泵电动机	提供冷却液	接触器 KM13	无	熔断器 FU2

1. 主轴启动前的准备

主轴电动机 M1 启动前，应做好以下准备工作：

合上电源开关 QF，按下启动按钮 SB1（28 区），接触器 KM5、KM6 得电吸合并自锁，液压泵电动机 M2 和润滑泵电动机 M3 启动运转，同时 KM5 自锁触点（29 区）接通控制电路电源。当压力油的压力达到预定值，压力继电器 KP2 和 KP3 动作，KP2 的常开触点（57 区）闭合，中间继电器 KA7 得电动作，其常开触点（34 区）闭合，为主轴点动控制做好准备，KP3 和 KA7 的常开触点（81 区）闭合，中间继电器 KA17 和 KA18 动作，KA17 的常开触点（63 区）和 KA18 的常开触点（73 区）闭合，为进给控制做好准备。

将平旋盘的通、断手柄放在“断”位置，位置开关 SQ3 复位，其常开触点（62 区）断开，常闭触点（34 区）闭合，主轴调速手柄放在所需速度挡，位置开关 SQ5（116 区）、SQ6（117 区）或 SQ7（122 区）中的一只动作。

2. 主轴电动机 M1 的控制

主轴电动机 M1 能正、反转，并有点动和连续两种控制方式。停车时，由电磁离合器 YC（120 区）对主轴进行制动。

（1）主轴电动机 M1 的启动控制

主轴电动机 M1 采用 Y—△降压启动，启动时间由时间继电器 KT1 控制。正转控制的过程如下：

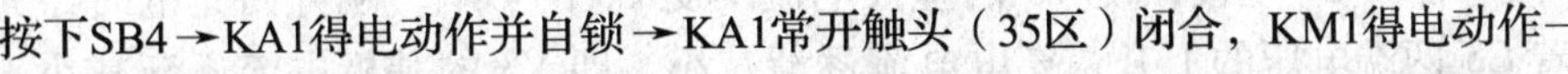

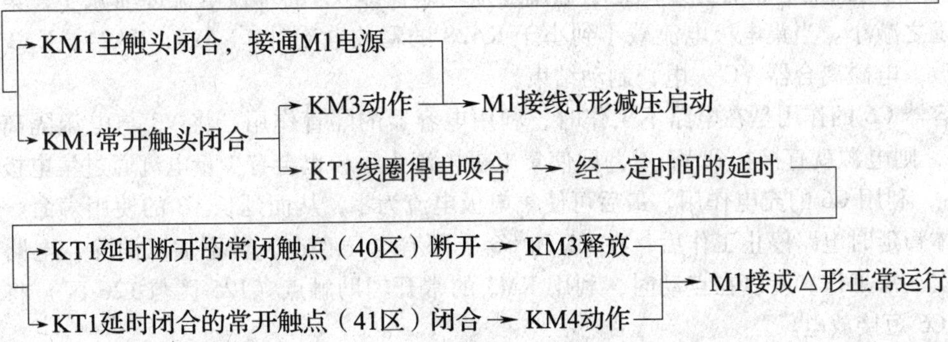

主轴的反转可按钮 SB6（32 区）控制，动作过程与正转相似。

（2）主轴的停车制动控制

主轴的停车制动由停止按钮 SB3 控制，控制过程如下：

按下SB3 → SB3常闭触点先断开 → KA1、KT1、KM1、KM4失电释放，M1做惯性运转

按下SB3 → SB3常开触点后闭合 → KA3吸合，常开触点闭合 → YC得电，对主轴制动

松开 SB3，KA3、YC 失电，制动结束。

（3）主轴的点动控制

主轴在调整或对刀时，需要点动控制，由于点动控制一般在空载下运行，工作时间短且可能连续启动多次。因此，在点动时电动机定子绕组始终接成 Y 形，这样既可减小启动电流，缓和机械冲动，满足转矩要求，又能减小一些元件的动作次数。

需要主轴正转点动时，按下正转点动按钮 SB5（34 区），接触器 KM1、KM3 得电动作，M1 定子绕组接成 Y 形启动。由于 KA1 没有动作，松开 SB5 时，KM1、KM3 断电释放，M1 失电停转。此时 KA3 不动作，电磁离合器 YC 不能对主轴制动。为了在松开 SB5 时也能对主轴实现制动，在控制电路中专门设置了主轴点动制动控制环节。它由直流继电器 KA24（121 区）、KA28（127 区）和晶体管延时电路组成。现以正转点动控制为例分析其工作原理。

按下 SB5，M1 做 Y 形启动，同时 SB5 的常闭触点（124 区）断开晶体管延时电路电源，而 KM3 的常开辅助触点（125 与 126 区）闭合，使电容器 C5、C6（124 区）放电而消除残余电压。松开 SB5，M1 断电做惯性运转，同时 SB5 的常闭触点（124 区）接通晶体管延时电路电源，KM3 的常开触点（125 与 126 区）断开，此时电容器 C5、C6 上有一个较大的充电电流，该电流即是晶体管 V3 的基极电流。所以 V3 立即导通，继电器 KA28 得电动作，其常开触点（121 区）闭合使直流继电器 KA24（121 区）得电动作，KA24 的常开触点（43 区）闭合，接通 KA3 线圈（42 区）电路，KA3 动作，使电磁离合器 YC 得电动作，对主轴制动。

制动时间决定于电容器 C5 的充电时间常数。因为 KA28 动作后，它的一个常开触点

（125 区）将电容器 C6 短接，使 V3 的基极电流不受 C6 的影响。刚开始充电时，充电电流最大，随着 C5 两端电压的上升，充电电流逐渐减小，即 V3 的基极电流逐渐减小，集电极电流也随之减小。当集电极电流减小到小于 KA28 的释放电流时，KA28、KA24、KA3 相继失电释放，电磁离合器 YC 失电，制动结束。

电容器 C6 的作用是在电路不工作时，利用电容器的隔直作用，将 V3 与电源隔离；若不用 C6，则电源就直接接到 V3 上，即使集电极电流为零，也会有少量电流通过集电极。接上 C6 后，利用 C6 的充电作用，最后可使集电极电流为零，从而延长 V3 的使用寿命。

晶体管延时电路停止工作后，在 C5 和 C6 上都有电压存在，若不加以消除，电路就不能第二次正常工作。所以在点动时，利用 KM3 的常开辅助触点（125 区与 126 区）将电容器 C5、C6 短接放电。

主轴反转点动由反转点动按钮 SB6 控制，其控制过程与正转点动相似。

（4）平旋盘的控制

平旋盘也是由主轴电动机 M1 驱动工作的。使用平旋盘时，应将平旋盘的通、断手柄置于“接通”位置，位置开关 SQ3 被压合，其常闭触点（34 区）断开，这时继电器 KA1 与 KA2、接触器 KM1 与 KM2 的线圈电路就只靠直流继电器 KA27（22 区）的常闭触点（30 区）接通。如果在使用平旋盘时，误将选速手柄放到第三挡速，位置开关 SQ7 受压动作，其常开触点（122 区）闭合，继电器 KA27 动作，其常闭触点（30 区）断开，电动机 M1 将不能启动。

（5）主轴及平旋盘的变速控制

主轴和平旋盘的调速是通过电动机 M6 驱动钢球无级变速器实现的。M6 正转，变速器转速上升；M6 反转，变速器转速下降。变速器与一台交流测速发电机机械连接，这样测速发电机的输出电压与变速器的转速成正比。测速发电机输出电压经整流、滤波取样后与参考电压相比较，这两个电压的差值控制着晶体管开关电路，从而控制继电器 KA32（139 区）和 KA33（140 区）的吸合或释放。KA33 控制 M6 的正向启动与停止，KA32 控制 M6 的反向启动与停止。

变速器有一个变速范围，最高转速为 3 000 r/min，最低转速为 500 r/min。当变速器的转速为 3 000 r/min 时，测速发电机的输出电压为 50 V，此时 KA33 应立即释放，M6 断电停转，变速器的转速不再上升。当变速器的转速为 500 r/min 时，测速发电机输出电压为 8.3 V，KA32 应立即释放，M6 停止反转，变速器转速不再下降。

当需要主轴升速时，按下按钮 SB16（132 区），继电器 KA30 得电动作，其常开触点（136 区）闭合，接通开关电路的电源，另一常开触点（139 区）接通测速发电机输出电压中的部分电压 U_2 与参考电压 U_1 的比较回路。参考电压与测速发电机的电压反极性串联。当参考电压 U_1 高于测速发电机输出电压中的部分电压 U_2 时，电流从端点 205 流向 327，电阻 R15（138 区）上的电压降等于 U_1 与 U_2 的差值，其极性是 205 端为正 327 端为负。端点 205 与晶体管 V6 的发射极连接，端点 327 通过二极管 V5 与晶体管 V6 的基极连接，由于二极管具有单向导电性，所以 V5 因承受反向电压而截止，此时控制电压 U 对晶体管开关电路不起控制作用。晶体管开关电路在由稳压管 V2（123 区）两端取出的给定电压的作用下，晶体管 V6 饱和导通，因此 V7 的发射结电压接近零，V7 截止，继电器 KA32 不吸合。晶体管 V8 饱和导通，继电器 KA33 吸合，其常开触点（133 区）闭合，使接触器 KM11 得电吸合，电动机 M6 正向启动运转驱动变速器升速。当转速升到需要转速，松开 SB16，KA30 失电，其常开触点切断晶体管开关电路电源，KA33、KM11 随之失电，M6 断电停转，变速器升速结束。

如果一直按住 SB16 不放，变速器的转速持续上升，测速发电机的电压也随之升高。当变速器的转速超过 3 000 r/min 时，从测速发电机输出电压中取出的取样电压 U_2 略高于参考电压 U_1，于是流过电阻 R15 的电流改变方向，即从 327 端流向 205 端，在 R15 上电压 U 的极性 327 端为正，205 端为负。该控制电压使二极管 V4 和 V5 立即导通。V6 的发射结承受反向偏压，使 V6 由原饱和状态变为截止状态，V7 的偏置电压上升，V7 立即进入饱和导通，继电器 KA32 得电动作。此时，虽然 KA32 的常开触点（135 区）闭合，但由于没有松开按钮 SB16，也没有按下 SB17，接触器 KM12 不会动作。V7 导通后，使 V8 因零偏而截止，继电器 KA33 立即释放，接触器 KM11 也随之释放，电动机 M6 停转，变速器停止升速，从而实现变速器在高速极限时，驱动变速器变速的异步电动机 M6 自动停车。

主轴的降速由按钮 SB17（132 区）控制，具体控制过程与升速相似，可参照升速控制分析。

平旋盘的变速控制原理与主轴的变速控制原理相同，只是平旋盘调速时，需将平旋盘操作手柄扳至“接通”位置。

3. 进给控制

T610 型卧式镗床的进给运动包括主轴的进给、平旋盘刀架进给、工作台进给及主轴箱的进给等，各种进给运动都是由电气和液压配合控制完成的，由控制电路控制电磁阀的动作，从而控制液压系统对各种进给运动进行驱动的。进给运动的操作集中在两个十字形开关 SA5、SA6 和 4 只按钮上。

各进给部件都有 4 种进给方式：快速进给点动、工作进给、工作进给点动和微调点动，这 4 种进给方式分别由按钮 SB12（101 区）、SB13（104 区）、SB14（106 区）和 SB15（108 区）操作。

十字形主令开关 SA5 选择主轴或平旋盘及主轴箱的进给方向，同时又能松开这些部件的液压加紧装置。十字形主令开关 SA6 用来选择工作台的进给方向和松开液压夹紧装置。

十字主令开关 SA5、SA6 的作用见表 6—7，各位置开关的作用见表 6—8。

表 6—7　　十字主令开关位置作用说明

手柄位置	开关			
	SA5		SA6	
	接通触点	作用	接通触点	作用
左	SA5—1	主轴（或平旋盘）进	SA6—1	工作台纵向退
右	SA5—2	主轴（或平旋盘）退	SA6—2	工作台纵向进
上	SA5—3	主轴箱升	SA6—3	工作台横向退
下	SA5—4	主轴箱降	SA6—4	工作台横向进

表 6—8　　各位置开关作用

代号	作用	代号	作用
SQ1	定位销拔出	SQ6	主轴变速
SQ2	工作台松开	SQ7	主轴变速
SQ3	平旋盘接通	SQ8	工作台回旋 90°
SQ4	机动进给	SQ9	机动进给
SQ5	主轴变速		

现以主轴向前进给为例，分析进给控制的工作原理。

（1）主轴向前进给前的准备

当需要主轴进给时，将平旋盘的通、断操作手柄置于“断开”位置，位置开关 SQ3 不受压，其常开触点 SQ3（62 区）断开，KA8 释放。当液压泵和润滑泵电动机已启动且油压达到正常数值时，压力继电器 KP2 和 KP3 的常开触点闭合。KP2 的常开触点（57 区）使中间继电器 KA7 吸合，KA7 的常开触点（81 区）闭合，联锁继电器 KA17、KA18 得电动作。

将十字主令开关 SA5 扳到左边位置，其常开触点 SA5—1（63 区）闭合，常闭触点（82 区）断开，继电器 KA18 释放，而 KA17 仍保持吸合。

（2）松开主轴夹紧机构

当镗床使用自动进给时，位置开关 SQ4 被压而 SQ9 不受压，SQ4 的常开触点（63 区）和 SQ9 的常闭触点（63 区）均闭合，KA9 得电动作，其常开触点（64 区）闭合，为电磁阀 YV3a 的通电做好准备。YV3a 的作用是选择主轴的进给方向。KA9 的另一常开触点（83 区）闭合，电磁阀 YV8 得电动作；使主轴夹紧机构松开。

（3）主轴快速进给的控制

当需要主轴快速进给时，可按下按钮 SB12（101 区），中间继电器 KA20 和电磁阀 YV1 得电动作。YV1 将低压油泄放阀关闭，使液压系统能推动进给机构快速移动。KA20 的常开触点（64 区）闭合，电磁阀 YV3a 和 YV6a 动作；KA20 的另一对常开触点（111 区）则使电磁阀 YV6a 得电动作。电磁阀 YV3a 和 YV6a 使高压油按选择好的方向进入主轴油缸，主轴即快速前进。放开按钮 SB12，继电器 KA20 释放，电磁阀 YV1、YV3a、YV6a 相继断电，快速进给停止。

（4）主轴工作进给的控制

需要工作进给时，按下按钮 SB13（104 区），中间继电器 KA21 吸合并自锁，KA21 的常开触点（107 区）闭合，使中间继电器 KA22 吸合，它的两个常开触点（110 区）和（65 区）分别使电磁阀 YV3a 和 YV6a 动作，使高压油进入油缸，通过调速阀回到油池，主轴以工作进给的速度前进。松开按钮 SB13，主轴继续前进，直到按下停止按钮 SB3（30 区）或将主令开关 SA5 扳到中间位置。

(5) 主轴工作进给点动控制

当需要工作进给点动控制时，按下按钮 SB14（106 区），继电器 KA22、电磁阀 YV3a、YV6a 相继动作，主轴以工作进给速度前进。由于此时 KA21 未动作，松开 SB14 时，KA22、YV3a、YV6a 均失电，主轴立即停止进给。

(6) 主轴进给量微调控制

当需要对主轴进给量进行微调点动控制时，可按微调按钮 SB15（108 区），继电器 KA23 吸合，电磁阀 YV3a 和 YV7 得电动作，压力油进入油缸并经微调油路回到油池，主轴就以极微小的移动量进给。松开按钮 SB15，主轴即停止进给。

当需要进行平旋盘进给控制时，只要将平旋盘接通和断开手柄置于“接通”位置，然后再按上述方法操作，即可实现平旋盘的 4 种进给方式。

主轴的后退和主轴箱的升降进给控制，与主轴的进给控制相似，只是十字主令开关 SA5 所处的位置不同。

为了使进给机构在启动和停止时不产生冲动动作，在油泵启动后，电磁阀 YV19 和 YV20 都得电动作，使各液压缸的前后端都充满压力油。按下任何一只进给按钮，继电器 KA20、KA22、KA23 中的一个会吸合，时间继电器 KT3 吸合并自锁，KT3 延时闭合的常闭触点（92 区）瞬时断开，电磁阀 YV19 失电。同时，电磁阀 YV20 也立即失电。进给停止时，由于十字主令开关恢复到零位或放开点动按钮，继电器 KA20、KA22 或 KA23 立即释放，使 YV20 得电，但 YV19 仍处于失电状态。当主令开关 SA5 恢复零位时，继电器 KA17 和 KA18 都吸合，KA17 的常闭触点（101 区）和 KA18 的常闭触点（102 区）均断开，时间继电器 KT3 线圈失电，经过延时，KT3 的延时闭合的常闭触点（92 区）闭合，YV19 又得电动作，给进给油缸两端充压力油。从进给停止到电磁阀 YV19 得电动作的一段时间内，各进给机构的夹紧松开电磁阀失电，进给机构被夹紧。例如，在主轴进给停止时，主令开关 SA5 恢复零位，SA5—1 断开，KA19 断电释放，电磁阀 YV8 失电，主轴被夹紧。主轴夹紧后，KT3 的延时闭合的常闭触点（92 区）闭合，电磁阀 YV19 得电动作，进给油缸两端又充满压力油。

继电器 KA17 和 KA18 起联锁保护作用。如果两只十字形主令开关 SA5 和 SA6 都不在零位，则 KA17 和 KA18 都处于断电释放状态，各进给机构都不能开动。

4. 工作台回转控制

T610 型卧式镗床的工作台可以手动回转，也可以机动回转。机动回转时，工作台可以回转 90°自动定位；回转角度小于 90°时，可手动停止。工作台机动回转用电动机 M4 驱动，工作台的夹紧放松则用电磁液压控制，工作台回转 90°的定位也用电磁液压控制。

工作台回转 90°自动定位的过程是，由电气和液压装置配合，组成顺序自动控制，这个工作顺序是

先松开工作台→拔出定位销，并使传动机构的蜗轮与蜗轮啮合→启动电动机 M4，工作台开始回转→工作台回转到 90°时，电动机应立即停车→蜗杆与蜗轮脱开，定位销插入销座→将工作台夹紧。

(1) 工作台自动（机动）回转的控制

将工作台回转自动与手动转换开关 SA4（48 区）扳到“自动”位置，SA4 的触点（35—0）闭合。按下工作台回转控制按钮 SB8（44 区），中间继电器 KA4 吸合并自锁，KA4 的常开触点（50 区）闭合，电磁阀 YV11 和 YV16 同时得电动作。YV11 使工作台的夹紧机构松开，YV16 则使工作台压力导轨充压力油；同时 KA4 的常闭触点（57 区）断开，继电器 KA7 释放，常闭触点（81 区）断开，继电器 KA17、KA18 同时释放，使其进给机构不能开动。

当工作台夹紧机构松开后，压力位置开关 SQ2 的常开触点（131 区）闭合，直流继电器 KA26 吸合，并在短时间内立即释放。这是电容器 C10 和电阻器 R14 作用的结果，刚接通直流电源时，电容器 C10 的充电电流较大，KA26 立即吸合；在充电过程中，充电电流逐渐减小，当充电电流小于继电器的释放电流时，KA26 释放。当 SQ2 的常开触点（131 区）断开后，C10 通过 R14 放电，最后使电容两端电压为零，为下一次通电做好准备。

继电器 KA26 短时吸合，其常开触点（53 区）闭合，使继电器 KA6 吸合并自锁。KA6 的常开触点（52 区）闭合，电磁阀 YV10 得电动作，将定位销拔出并使蜗杆与涡轮啮合。

拔出定位销时，压合位置开关 SQ1，SQ1 的常开触点（129 区）闭合，直流继电器 KA25 和 KA26 一样短时吸合一下，KA25 的常开触点（45 区）闭合，使接触器 KM7 吸合并自锁，工作台回转电动机 M4 正向启动运转驱动工作台正向（顺时针）回转。

工作台回转到 90°时，压合位置开关 SQ8，SQ8 的常开触点（128 区）闭合，使直流继电器 KA29 短时吸动一下，KA29 的常闭触头（45 区）断开，接触器 KM7 断电释放，电动机 M4 断电停转，完成正向回转。同时 KA29 的常开触点（55 区）闭合，时间继电器 KT2 吸合并自锁，其瞬时常闭触点（43 区）断开，为 KA4 断电做准备；而延时断开的常闭触点（53 区）在延时 2 s 后断开，继电器 KA6 断电释放，其常开触点（52 区）断开，电磁阀 YV10 失电，蜗杆与蜗轮脱开，定位销插入销座。定位销插入销座后，压力继电器 KP1 动作，其常闭触点（44 区）断开，继电器 KA4 断电释放，时间继电器 KT2、电磁阀 YV11 和 YV16 失电，工作台夹紧，完成工作台自动回转的控制，准备进行加工；同时 KA7 得电动作，KA17 和 KA18 吸合，进给机构可以正常工作。

（2）工作台回转电动机 M4 的制动控制

电动机 M4 停车时，采用了最简便的电容式能耗制动。电动机 M4 的定子有一个端点通过电容器 C13、电阻器 R23、R24 和硅二极管 V10（7 区）接到 0 号线段。当 KM6 或 KM7 吸合，电动机正常工作时，220 V 的交流电源经 V10 整流后向电容器 C13 充电，在 C13 两端建立直流电压，为能耗制动做好准备。

当电动机 M4 停车时，接触器 KM7 和 KM8 的常闭辅助触点（7 区）闭合，电容器 C13 串接电阻 R23 后对 M4 的定子绕组放电，在定子绕组中产生直流电流，从而产生制动力矩，对电动机进行控制。经制动 2 s 后，电动机转速已很低，工作台回转速度也很低，这时蜗杆与蜗轮脱开，定位销插入销座时不会产生很大冲击力。

（3）工作台手动回转控制

需工作台手动回转时，应将主令开关 SA4（48 区）扳到“手动”位置，电磁阀 YV11

和 YV16 立即得电工作，工作台松开，压力导轨充油。工作台松开后，压合位置开关 SQ2，继电器 KA26、KA6、电磁阀 YV10 先后得电动作，拔出定位销后，就可以用手轮操纵工作台微量回转。

从手动松开工作台到夹紧工作台的过程中，继电器 KA7 处于失电释放状态，其他进给机构不能工作。该控制电路的工作情况与自动时相同。

课题七

20/5 t 型桥式起重机电气控制线路的检修

任务1　认识 20/5 t 型桥式起重机

◆ 熟悉 20/5 t 型桥式起重机的主要结构和运动形式。
◆ 了解 20/5 t 型桥式起重机的基本操作方法和各控制元件的位置及作用。
◆ 理解 20/5 t 型桥式起重机电气控制线路的组成和工作原理。
◆ 熟悉 20/5 t 型桥式起重机的电气控制线路电气元件的位置、型号及功能。

起重机是一种用来吊起或放下重物并使重物在短距离内水平移动的起重设备，起重机按结构不同可分为桥式、塔式、门式、旋转式和缆索式等多种，不同结构的起重机分别应用于不同的场合。生产车间常用的是桥式起重机，俗称吊车、行车或天车。常见的有 5 t、10 t 单钩及 15/3 t、25/5 t 型双钩等几种，25/5 t 型双钩桥式起重机如图 7—1 所示。本任务的主要内容是学习 25/5 t 型双钩桥式起重机的主要结构和运动形式，以及电气控制线路的组成和基本工作原理，为检修其常见电气故障做必要准备。

一、20/5 t 型桥式起重机主要结构和运动形式

20/5 t 型桥式起重机的结构如图 7—2 所示。它主要由主钩（20 t）、副钩（5 t）、大车和小车等四部分组成。

图 7—1　20/5 t 型桥式起重机

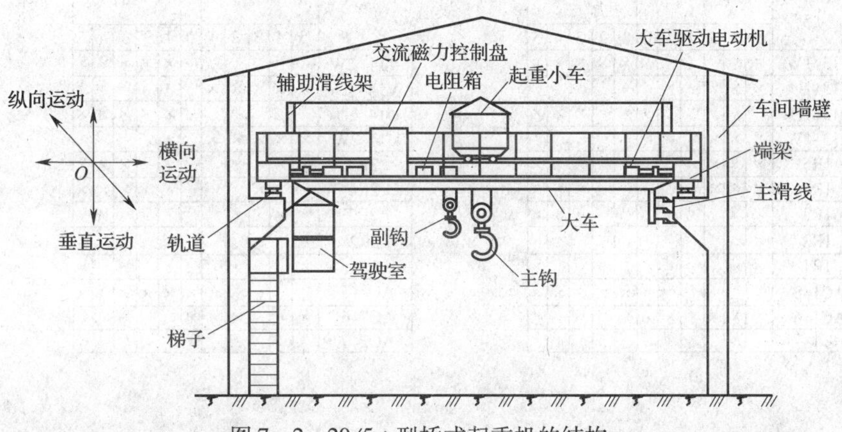

图 7—2　20/5 t 型桥式起重机的结构

大车的轨道敷设在车间两侧的立柱上，大车可在轨道上沿车间纵向移动；大车上装有小车轨道，供小车横向移动；主钩和副钩都装在小车上，主钩用来提升重物，副钩除可提升轻物外，还可以用来协同主钩倾转和翻倒工件，但不允许主、副钩同时提升两个物件。当主、副钩同时工作时，物件的重量不允许超过主钩的额定起重量。这样，桥式起重机可以在大车能够行走的整个车间范围内进行起重运输。

20/5 t 型桥式起重机采用三相交流电源供电，由于起重机工作时是经常移动的，因此需采用可移动的电源供电。小型起重机常采用软电缆供电，软电缆可随大、小车的移动而伸展和叠卷。20/5 t 型桥式起重机一般通过滑触线和集电刷供电。三根主滑触线沿着平行于大车轨道的方向敷设在车间厂房的一侧。三相交流电源经由主滑触线和集电刷引入起重机驾驶室内的保护控制柜上，再从保护控制柜上引出两相电源至凸轮控制器，另一相称为电源公用相，直接从保护控制柜接到电动机的定子接线端。

滑触线通常采用角钢、圆钢、V 形钢或工字钢等刚性导体制成。

二、20/5 t 型桥式起重机对电力驱动的要求

1）桥式起重机的工作环境较恶劣，经常需带载启动，要求电动机的启动转矩大，启动电流小，且有一定的调速要求。因此，多选用绕线转子异步电动机驱动，用转子绕组串电阻实现启动和调速控制。

2）要有合理的升降速度，空载、轻载时速度要快，以减少辅助工时；重载时速度要慢。

3）提升开始和重物下降到预定位置附近时，需要低速，因此在 30% 额定速度内应分为几挡，以便灵活操作。

4）提升的第一挡作为预备级，是为了消除传动的间隙和张紧钢丝绳，以避免过大的机械冲击，所以启动转矩不能太大。

5）为保证人身和设备安全，停车必须采用安全可靠的制动方式，因此采用电磁抱闸制动。

6）具有完备的保护环节：短路、过载、终端及零位保护。

三、20/5 t 型桥式起重机的电气线路图

20/5 t 型桥式起重机的电路图如图 7—3 所示。

AC1	向下						向上				
	5	4	3	2	1	0	1	2	3	4	5
V13–1W							×	×	×	×	×
V13–1U	×	×	×	×	×						
U13–1U							×	×	×	×	×
U13–1W	×	×	×	×	×						
1R5	×	×	×	×				×	×	×	×
1R4	×	×	×						×	×	×
1R3	×	×								×	×
1R2	×										×
1R1	×										×
AC1–5						×	×	×	×	×	×
AC1–6	×	×	×	×	×	×					
AC1–7						×					

a)

AC2	向左						向右				
	5	4	3	2	1	0	1	2	3	4	5
V14–2W							×	×	×	×	×
V14–2U	×	×	×	×	×						
U14–2U							×	×	×	×	×
U14–2W	×	×	×	×	×						
2R5	×	×	×	×				×	×	×	×
2R4	×	×	×						×	×	×
2R3	×	×								×	×
2R2	×										×
2R1	×										×
AC2–5						×	×	×	×	×	×
AC2–6	×	×	×	×	×	×					
AC2–7						×					

b)

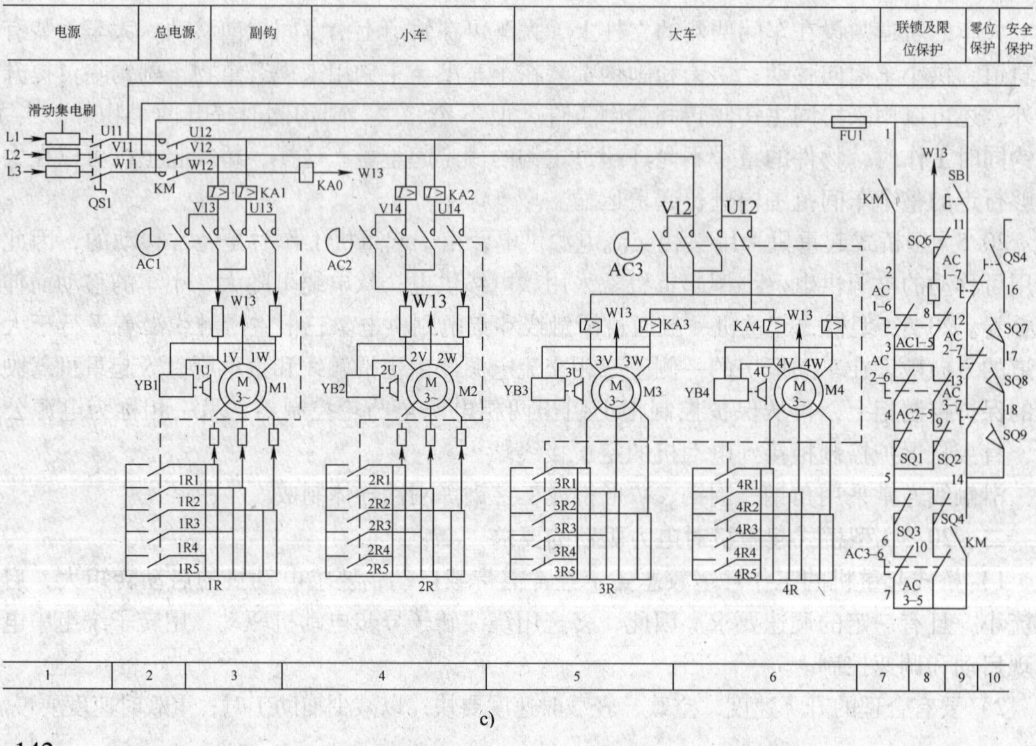

c)

AC3

	向后						向前				
	5	4	3	2	1	0	1	2	3	4	5
V12–3W,4U							×	×	×	×	×
V12–3U,4W	×	×	×	×	×						
U12–3U,4W							×	×	×	×	×
U12–3W,4U	×	×	×	×	×						
3R5	×	×	×	×				×	×	×	×
3R4	×	×	×						×	×	×
3R3	×	×								×	×
3R2	×										×
3R1	×										×
4R5	×	×	×	×				×	×	×	×
4R4	×	×	×						×	×	×
4R3	×	×								×	×
4R2	×										×
4R1	×										×
AC3–5						×	×	×	×	×	×
AC3–6	×	×	×	×	×	×					
AC3–7						×					

d)

AC4

		下降							上升					
		强力			制动									
		5	4	3	2	1	J	0	1	2	3	4	5	6
	S1							×						
	S2	×	×	×										
	S3				×	×	×		×	×	×	×	×	×
KM3	S4	×	×	×	×	×			×	×	×	×	×	×
KM1	S5	×	×	×										
KM2	S6				×	×	×		×	×	×	×	×	×
KM4	S7	×	×	×		×	×		×	×	×	×	×	×
KM5	S8	×	×	×			×			×	×	×	×	×
KM6	S9	×	×								×	×	×	×
KM7	S10	×										×	×	×
KM8	S11	×											×	×
KM9	S12	×	0	0										×

e)

注：×—表示触头闭合，0—表示触头转向 0 位时闭合。

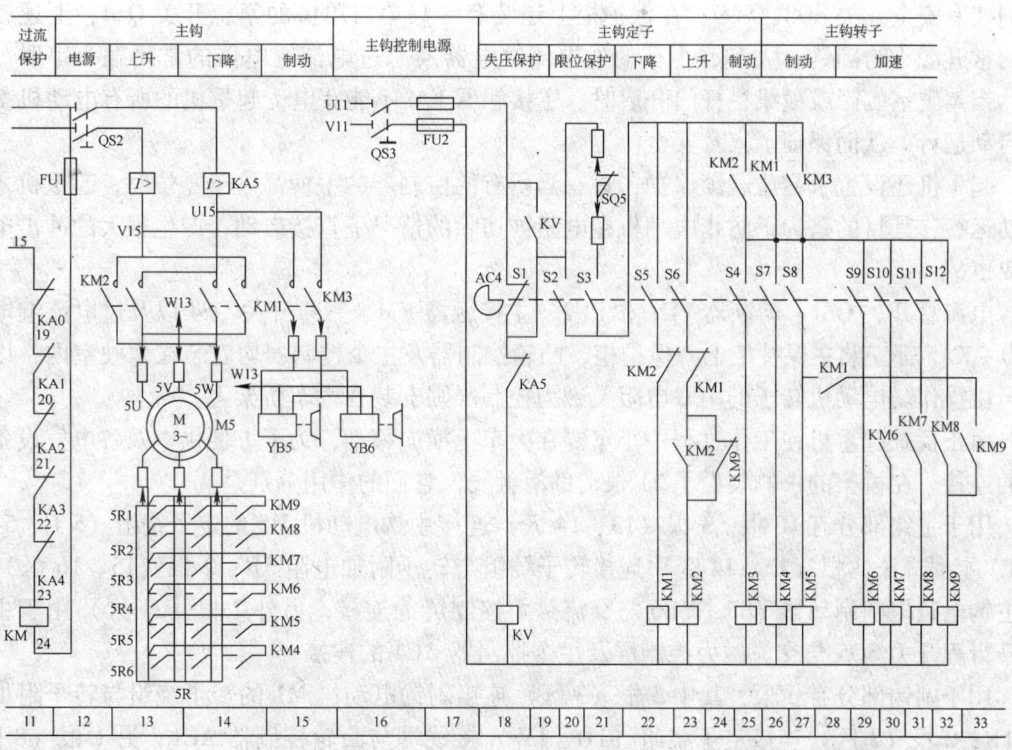

f)

图 7—3　20/5t 型桥式起重机电路图和分合表

a）副钩凸轮控制器触头分合表　b）小车凸轮控制器触头分合表　c）控制电路部分图 1

d）大车凸轮控制器触头分合表　e）主令控制器触头分合表　f）控制电路部分图 2

四、20/5 t 型桥式起重机电气控制线路分析

1. 20/5 t 型桥式起重机的电气设备及控制、保护装置

20/5 t 型桥式起重机中共有五台绕线转子电动机，其控制和保护元件见表 7—1。

表 7—1　　20/5 t 型桥式起重机中电动机的控制和保护元件

名称及代号	控制电器	过流和过载保护元件	终端限位保护元件	电磁抱闸制动器
大车电动机 M3、M4	凸轮控制器 AC3	KA3、KA4	SQ3、SQ4	YB3、YB4
小车电动机 M2	凸轮控制器 AC2	KA2	SQ1、SQ2	YB2
副钩升降电动机 M1	凸轮控制器 AC1	KA1	SQ6（提升限位）	YB1
主钩升降电动机 M5	主令控制器 AC4	KA5	SQ5（提升限位）	YB5、YB6

整个起重机的控制和保护由交流保护柜和交流磁力控制屏来实现。总电源由隔离开关 QS1 控制，由过电流继电器 KA0 实现过流保护。KA0 的线圈串联在公用相中，其整定值不应超过全部电动机额定电流总和的 1.5 倍，而过流继电器 KA1 ~ KA5 的整定值一般整定在被保护电动机额定电流的 1.25 ~ 1.5 倍。各控制电路用熔断器 FU1、FU2 作为短路保护。

为了保障维修人员的安全，在驾驶室舱门盖上装有安全开关 SQ7；在横梁两侧栏杆门上分别装有安全开关 SQ8、SQ9；在保护柜上还装有一只单刀单掷的紧急开关 QS4，上述各开关的常开触头与副钩、大车、小车的过电流继电器及总过电流继电器的常闭触头串联。这样，当驾驶室舱门或横梁栏杆门开启时，主接触器 KM 不能获电，起重机的所有电动机都不能启动运行，从而保证了人身安全。

起重机还设置了零位联锁保护，只有当所有的控制器的手柄都处于零位时，起重机才能启动运行，其目的是为了防止电动机在电阻被切除的情况下直接启动，产生很大的冲击电流造成事故。

电源总开关 QS1、熔断器 FU1 和 FU2、主接触器 KM、紧急开关 QS4 以及过电流继电器 KA0 ~ KA5 都安装在保护柜上。保护柜、凸轮控制器及主令控制器均安装在驾驶室内，以便于司机操作。电动机转子的串联电阻及磁力控制屏则安装在大车桥架上。

由于桥式起重机在工作过程中小车要在大车上横向移动，为了方便供电及各电气设备之间的连接，在桥架的一侧装设了 21 根辅助滑触线，它们的作用分别是

用于主钩部分有 10 根，3 根（13、14 区）连接主钩电动机 M5 的定子绕组（5 U、5 V、5 W）接线端；3 根（13、14 区）连接转子绕组与转子附加电阻 5R；2 根（15、16 区）用于主钩电磁抱闸制动器 YB5、YB6 与交流磁力控制屏的连接；另外 2 根（21 区）用于主钩上升行程开关 SQ5 与交流磁力控制屏及主令控制器 AC4 的连接。

用于副钩部分有 6 根，其中 3 根（3 区）连接副钩电动机 M1 的转子绕组与转子附加电阻 1R；2 根（3 区）连接定子绕组（1U、1W）接线端与凸轮控制器 AC1；另 1 根（8 区）将副钩上升行程开关 SQ6 接到交流保护柜上。

用于小车部分有 5 根，其中 3 根（4 区）连接小车电动机 M2 的转子绕组与附加电阻 2R；2 根（4 区）连接 M2 定子绕组（2U、2W）接线端与凸轮控制器 AC2。

起重机的导轨及金属桥架必须可靠接地。

2. 主接触器 KM 的控制

接触器 KM 的控制电路如图 7—4 所示。

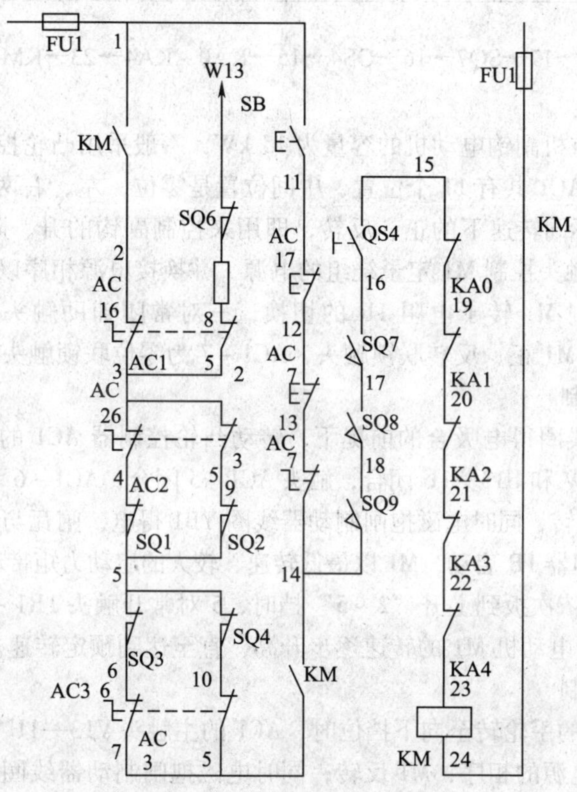

图 7—4　接触器 KM 控制电路图

（1）准备阶段

在起重机投入运行前，应将所有凸轮控制器手柄置于零位，使零位联锁触头 AC1 -7、AC2 -7、AC3 -7（均在 9 区）闭合；合上紧急开关 QS4（10 区），关好舱门和横梁栏杆门，使行程开关 SQ7、SQ8、SQ9 的常开触头也处于闭合状态。

（2）启动运行阶段

合上电源开关 QS1，按下启动按钮 SB，主接触器 KM 得电吸合，KM 主触头闭合，使两相电源（U12、V12）引入各凸轮控制器。同时，KM 的两副辅助常开触头（7 区和 9 区）闭合自锁，主接触器 KM 的线圈的得电路径如下：

FU1→1→SB→11→AC1-7→12→AC2-7→13→AC3-7→14

→SQ9→18→SQ8→17→SQ7→16→QS4→15→KA0→19

→KA1→20→KA2→21→KA3→22→KA4→23→KA→24→FU1

KM 线圈闭合自锁路径如下：

W13→SQ6→8→AC1-5

FU1→1→KM→AC1-6→3→(AC2-6→SQ1 / AC2-5→SQ2)→3→(SQ3→AC3-6 / SQ4→AC3-5)→7→KM

→SQ9→18→SQ8→17→SQ7→16→QS4→15→KA0～KA4→23→KM→24→FU1

3. 副钩的控制

20/5 t 型桥式起重机副钩电动机的容量为 15 kW，一般采用凸轮控制器控制。

副钩凸轮控制器 AC1 共有 11 个位置，中间位置是零位，左、右两边各有 5 个位置，用来控制电动机 M1 在不同转速下的正、反转，即用来控制副钩的升、降。AC1 共有 12 副触头，其中 4 对常开主触头控制 M1 定子绕组的电源，并换接电源相序以实现 M1 的正、反转；5 对常开辅助触头控制 M1 转子电阻 1R 的切换；三对常闭辅助触头作为联锁触头，其中 AC1－5 和 AC1－6 为 M1 正、反转联锁触头，AC1－7 为零位联锁触头。

（1）副钩上升控制

在主接触器 KM 线圈得电吸合的前提下，转动凸轮控制器 AC1 的手轮至向上“1”挡，AC1 的主触头 V13—1W 和 U13—1U 闭合，触头 AC1－5 闭合，AC1－6 和 AC1－7 断开，电动机 M1 接通三相电源正转，同时电磁抱闸制动器线圈 YB1 得电，闸瓦与闸轮分开，M1 转子回路中串接全部外接电阻器 1R 启动，M1 以最低转速、较大的启动力矩带动副钩上升。

转动 AC1 手轮，依次扳到上升“2～5”挡时，5 对常开触头 1R1～1R5 逐个闭合，依次短接电阻 1R1～1R5，电动机 M1 的转速逐步升高，直至达到预定转速。

（2）副钩下降控制

凸轮控制器 AC1 的手轮转至向下挡位时，AC1 的主触头 V13—1U 和 U13—1W 闭合，改变接入电动机 M1 的电源的相序，M1 反转；同时电磁抱闸制动器线圈 YB1 得电，闸瓦与闸轮分开，带动副钩下降。依次转动手轮，AC1 的 5 对常开触头（2 区）依次闭合，短接电阻 1R5～1R1，电动机 M1 的下降转速逐渐升高，直到预定转速。

当断电或将手轮转至“0”位时，电动机 M1 断电，同时电磁抱闸制动器 YB1 也断电，M1 被迅速制动停转。当副钩带有重负载时，考虑到负载的重力作用，在下降负载时，应先把手轮逐级扳到“下降”的最后一挡，然后根据速度要求逐级退回升速，以免下降速度过快造成事故。

4. 小车的控制

小车电动机由凸轮控制器 AC2 控制，其控制过程与副钩相似。

提示

小车的左右两端分别由行程开关 SQ1、SQ2 实现终端限位保护，限位位置和方向应现场调整、校验，确保动作可靠。小车轨道较短，应注意控制小车行进速度，确保安全。

5. 大车的控制

大车电动机的容量为7.5 kW，也采用凸轮控制器控制，其控制过程也与副钩相似。由于大车由两台电动机 M3 和 M4 同时驱动，所以大车凸轮控制器 AC3 比 AC1、AC2 多了 5 对常开触头，以供切除电动机 M4 的转子电阻 4R1 ~ 4R5 用。两台大车电动机 M3、M4 的定子绕组是并联的，由 AC3 的 4 副触头进行控制。

由于大车由两台电动机 M3 和 M4 同时驱动，因此必须确保两台大车电动机的运行速度和方向一致；两台大车电磁抱闸制动器的制动力度须调成一致，短接的电阻须保持一致，避免发生危险。

6. 主钩的控制

主钩电动机 M5 的容量较大，一般采用主令控制器配合磁力控制屏进行控制，即用主令控制器控制接触器，再由接触器控制电动机。为提高主钩运行的稳定性，在切除转子附加电阻时，采用三相平衡切除，使三相转子电流平衡。

主钩部分的电路如图 7—5 所示。主钩上升与副钩上升的工作过程基本相似，区别仅在于它是由主令控制器 AC4 控制接触器，再由接触器控制电动机 M5 的运行。

主钩下降时与副钩的工作过程有明显的差异，主钩下降有 6 挡位置，“J”“1”“2”为制动下降位置，用于重负载低速下降，电动机处于倒拉反接制动运行状态；“3”“4”“5”挡为强力下降位置，主要用于轻负载快速下降，电动机处于电动或发电制动运行状态。

先合上电源开关 QS1（1 区）、QS2（12 区）、QS3（16 区），接通主电路和控制电路电源，将主令控制器 AC4 的手柄置于零位，其触头 S1（18 区）闭合，电压继电器 KV 得电吸合，其常开触头（19 区）闭合，为主钩电动机 M5 启动做好准备。手柄处于各挡时的工作情况见表 7—2。

AC4

		下降							上升					
		强力			制动									
		5	4	3	2	1	J	0	1	2	3	4	5	6
	S1							×						
	S2	×	×	×										
	S3				×	×	×		×	×	×	×	×	×
KM3	S4	×	×	×	×	×			×	×	×	×	×	×
KM1	S5	×	×	×										
KM2	S6				×	×	×		×	×	×	×	×	×
KM4	S7	×	×	×		×	×		×	×	×	×	×	×
KM5	S8	×	×	×			×			×	×	×	×	×
KM6	S9	×	×								×	×	×	×
KM7	S10	×										×	×	×
KM8	S11	×											×	×
KM9	S12	×	0	0										×

注：×—表示触头闭合，0—表示触头转向0位时闭合。

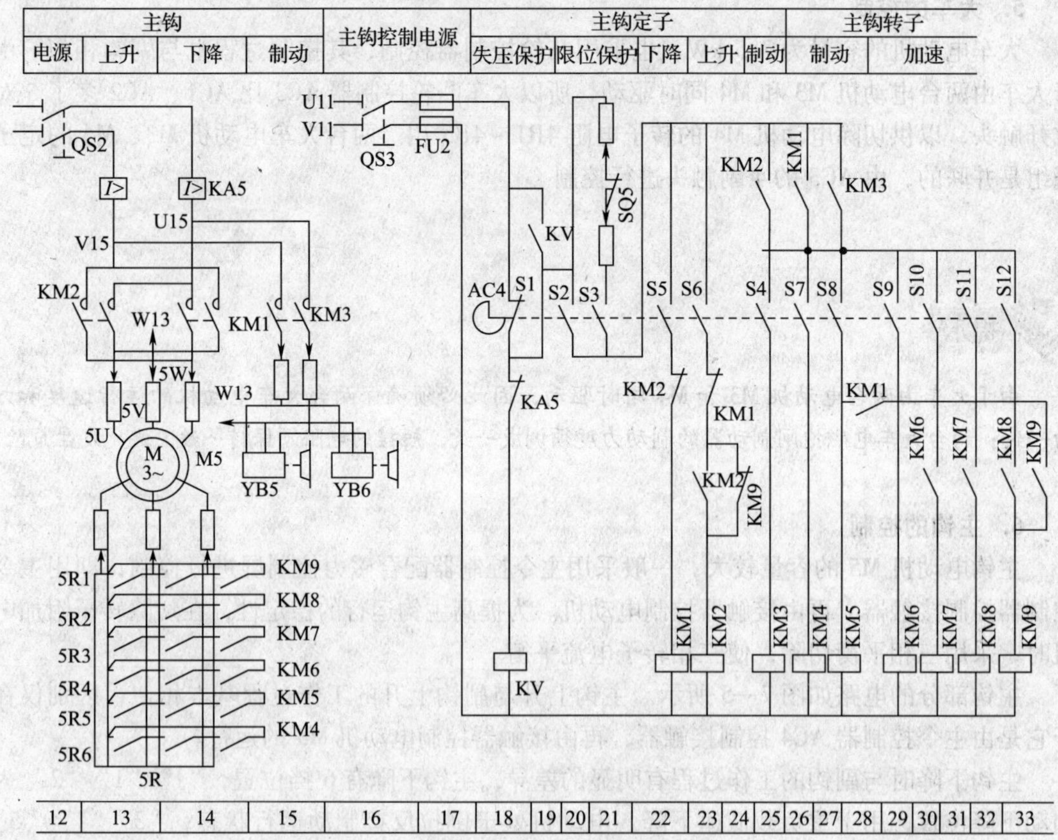

图 7—5　主钩控制电路图

表 7—2　　主钩电动机的工作情况

AC4 手柄位置	AC4 闭合触头	得电动作的接触器	主钩的工作状态
制动下降位置“J”挡	S3、S6、S7、S8	KM2、KM4 KM5	电动机 M5 接正序电压产生提升方向的电磁转矩，但由于 YB5、YB6 线圈未获电仍处于制动状态，在制动器和载重的重力作用下，M5 不能启动旋转。此时，M5 转子电路接入四段电阻，为启动做好准备
制动下降位置“1”挡	S3、S4、S6、S7	KM2、KM3 KM4	电动机 M5 仍接正序电压，但由于 KM3 得电动作，YB5、YB6 得电松开，M5 能自由旋转；由于 KM5 失电释放，转子回路接入五段电阻，M5 产生的提升转矩减小，此时若重物产生的负载倒拉力矩大于 M5 的电磁转矩，M5 运转在倒拉反接制动状态，低速下放重物；反之，重物反而被提升，此时必须将 AC4 的手柄迅速扳到下一挡
制动下降位置“2”挡	S3、S4、S6	KM2、KM3	电动机 M5 仍接正序电压，但 S7 断开，KM4 失电释放，附加电阻全部串入转子回路，M5 产生的电磁转矩减小，重负载的下降速度比“1”挡时加快

续表

AC4 手柄位置	AC4 闭合触头	得电动作的接触器	主钩的工作状态
强力下降位置“3”挡	S2、S4、S5、S7 S8	KM1、KM3 KM4、KM5	KM1 得电吸合，电动机 M5 接负序电压，产生下降方向的电磁转矩；KM4、KM5 吸合，转子回路切除两级电阻 5R6 和 5R5；KM3 吸合，YB5、YB6 的抱闸松开，此时若负载较轻，M5 处于反转电动状态，强力下降重物；若负载较重，使电动机的转速超过其同步转速，M5 将进入再生发电制动状态，限制下降速度
强力下降位置“4”挡	S2、S4、S5、S7 S8、S9	KM1、KM3 KM4 KM5、KM6	KM6 得电吸合，转子附加电阻 5R4 被切除，M5 进一步加速，轻负载下降速度加快。另外，KM6 的辅助常开触头（30 区）闭合，为 KM7 得电做准备
强力下降位置“5”挡	S2、S4、S5、 S7 ~ S12	KM1、KM3 KM4 ~ KM9	AC4 闭合的触头较“4”挡又增加了 S10、S11、S12，KM7 ~ KM9 依次得电吸合，转子附加电阻 5R3、5R2、5R1 依次逐级切除，以避免过大的冲击电流；M5 旋转速度逐渐增加，最后以最高速度运转，负载以最快速度下降。此时若负载较重，使实际下降速度超过电动机的同步转速，电动机将进入再生发电制动状态，电磁转矩变成制动力矩，限制负载下降速度的继续增加

桥式起重机在实际运行过程中，操作人员要根据具体情况选择不同的挡位。例如，主令控制器 AC4 的手柄在强力下降“5”挡时，仅适用于起重负载较小的场合。如果需要较低的下降速度或起重较大负载的情况下，就需要将 AC4 的手柄扳回到制动下降位置“1”或“2”挡进行反接制动下降，为了避免转换过程中可能发生过高的下降速度，在接触器 KM9 电路中常用辅助常开触头 KM9（33 区）自锁；同时为了不影响提升调速，在该支路中再串联一个辅助常开触头 KM1（28 区），以保证 AC4 的手柄由强力下降位置向制动下降位置转换时，接触器 KM9 线圈始终通电，只有将手柄扳至制动下降位置后，KM9 的线圈才断电。

在 AC4 的触头分合表中，强力下降位置“3”和“4”挡上有“0”符号，便表示手柄由“5”挡回转时，触头 S12 接通。如果没有以上联锁措施，在手柄由强力下降位置向制动下降位置转换时，若操作人员不小心，误将手柄停在了“3”或“4”挡，那么正在高速下降的负载速度不但得不到控制，反而会增加，很可能造成事故。

另外，串接在接触器 KM2 线圈电路中的 KM2 常开触头（23 区）与 KM9 常闭触头（24 区）并联，主要作用是当接触器 KM1 线圈断电释放后，只有在 KM9 断电释放的情况下，接触器 KM2 才能得电自锁，从而保证了只有在转子电路中串接一定附加电阻的前提下，才能进行反接制动，以防止反接制动时产生过大的冲击电流。

20/5 t 型桥式起重机的电气元件明细表见表 7—3。

表 7—3　　　　20/5 t 型桥式起重机电气元件明细表

代号	名称	型号	数量	备注
M5	主钩电动机	YZR315M－10、75 kW	1	
M1	副钩电动机	YZR200L－8、15 kW	1	
M2	小车电动机	YZR132MB－6、3.7 kW	1	
M3、M4	大车电动机	YZR160MB－6、7.5 kW	2	
AC1	副钩凸轮控制器	KTJ1－50/1	1	控制副钩电动机
AC2	小车凸轮控制器	KTJ1－50/1	1	控制小车电动机
AC3	大车凸轮控制器	KTJ1－50/5	1	控制大车电动机
AC4	主钩主令控制器	LK1－12/90	1	控制主钩电动机
YB1	副钩电磁制动器	MZD1－300	1	制动副钩
YB2	小车电磁制动器	MZD1－100	1	制动小车
YB3、YB4	大车电磁制动器	MZD1－200	2	制动大车
YB5、YB6	主钩电磁制动器	MZS1－45H	2	制动主钩
1R	副钩电阻器	2K1－41－8/2	1	副钩电动机启动调速
2R	小车电阻器	2K1－12－6/1	1	小车电动机启动调速
3R、4R	大车电阻器	4K1－22－6/1	2	大车电动机启动调速
5R	主钩电阻器	4P5－63－10/9	1	主钩电动机启动调速
QS1	总电源开关	HD－9－400/3	1	接通总电源
QS2	主钩电源开关	HD11－200/2	1	接通主钩电源
QS3	主钩控制电源开关	DZ5－50	1	接通主钩电动机控制电源
QS4	紧急开关	A－3161	1	发生紧急情况断开
SB	启动按钮	LA19－11	1	启动主接触器
KM	主接触器	CJ2－300/3	1	接通大车、小车及副钩电源
KA0	总过电流继电器	JL4－150/1	1	总过流保护
KA1～KA3	过电流继电器	JL4－15	3	过流保护
KA4	过电流继电器	JL4－40	1	过流保护
KA5	主钩过电流继电器	JL4－150	1	过流保护
FU1	控制保护电源熔断器	RL1－15	1	短路保护
KM1、KM2	主钩升降接触器	CJ2－250	2	控制主钩电动机旋转
KM3	主钩制动接触器	CJ2－75/2	1	控制主钩制动电磁铁
KM6～KM9	主钩加速级接触器	CJ2－75/3	4	控制主钩附加电阻
KV	欠电压继电器	JT4－10P	1	欠压保护
SQ5	主钩上升行程开关	LK4－31	1	限位保护
SQ6	副钩上升行程开关	LK4－31	1	限位保护
SQ1～SQ4	大、小车行程开关	LK4－11	4	限位保护
SQ7	舱门安全开关	LX2－11H	1	舱门安全保护
SQ8、SQ9	横梁安全开关	LX2－111	2	横梁栏杆门安全保护
KM4、KM5	主钩预备级接触器	CJ2－75/3	2	控制主钩附加电阻

任务准备

1. 工具、仪表

电工常用工具，万用表，钳形电流表，兆欧表等。

2. 设备

25/5 t 型双钩桥式起重机模拟控制设备。

一、认识 20/5 t 型桥式起重机

1）现场参观 20/5 t 型桥式起重机，对照图 7—2，认真观察桥式起重机的外形和结构，熟悉桥式起重机的主要部件和各操纵部件的名称、作用。

2）参照图 7—3 所示的电路图和表 7—2 所示的元件明细表，熟悉 20/5 t 型桥式起重机电气控制线路中主要电气设备的名称、作用、型号规格、安装位置及布线情况。

二、观摩桥式起重机的操作

在教师带领下，观摩司机对 20/5 t 型桥式起重机基本操作的示范，进一步熟悉桥式起重机的结构和各种运动形式。

三、实训注意事项

1. 桥式起重机属特殊设备，一般要求专人操作。本任务可不进行操作练习，参观时要认真、仔细观察司机的示范操作，有问题及时向司机请教。

2. 观摩过程中，一定要做好安全保护措施，以防发生意外。

3. 必须在教师的监护下进行参观，严格遵守参观纪律。

任务2　检修 20/5 t 型桥式起重机常见电气线路故障

◆ 掌握 20/5 t 型桥式起重机电气控制线路的组成和工作原理。

◆ 掌握 20/5 t 型桥式起重机常见电气故障的检修方法。

桥式起重机的结构复杂，工作环境恶劣，且电动机的启动、制动频繁，部分电气设备通过滑触线连接，故障率较高，必须坚持经常性的维护保养和检修，以确保设备正常工作。本任务的主要内容是学习 20/5 t 型桥式起重机常见电气故障的检修方法和步骤。

常见故障分析与检修举例

1. 故障一——合上电源总开关 QS1 并按下启动按钮 SB 后，接触器 KM 不动作

按下启动按钮 SB 后，接触器 KM 的通电路径如下：

FU1→1→SB→11→AC1-7→12→AC2-7→13→AC3-7→14

→SQ9→18→SQ8→17→SQ7→16→QS4→15→KA0→19

→KA1→20→KA2→21→KA3→22→KA4→23→KA→24→FU1

可见，产生这种故障的原因可能有：线路无电压；熔断器 FU1 熔断；过电流继电器 KA0 ~ KA4 动作后未复位；紧急开关 QS4 或安全开关 SQ7、SQ8、SQ9 未合上；各凸轮控制器手柄未在零位，触头 AC1 - 7、AC2 - 7、AC3 - 7 分断；主接触器 KM 线圈断路等。对此可用电压或电阻法测量找出故障并排除。

2. 故障二——按下启动按钮 SB 后，接触器 KM 动作，但松开 SB 后，KM 不能自锁

松开 SB 后，KM 的自锁回路如下：

W13→SQ6→8→AC1-5→(3)

FU1→1→KM→AC1-6→3→{AC2-6→SQ1 / AC2-5→SQ2}→3→{SQ3→AC3-6 / SQ4→AC3-5}→7→KM

→SQ9→18→SQ8→17→SQ7→16→QS4→15→KA0 ~ KA4→23→KM→24→FU1

对照其启动回路可知，故障是 1—14 线点之间出现断路。可断开电源，用电阻测量法查出并排除故障。

检修时应注意：凸轮控制器 AC1、AC2、AC3 手轮处于不同位置时接触器 KM 的自锁回路不同，测量时应注意分清。

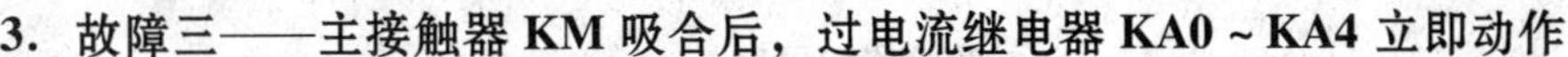

3. 故障三——主接触器 KM 吸合后，过电流继电器 KA0～KA4 立即动作

该故障现象表明线路中有接地或短路故障，故障可能的原因有：凸轮控制器电路接地或短路；电动机绕组接地或短路；电磁抱闸线圈接地或短路等。

4. 故障四——制动电磁铁线圈过热

该故障可能的原因有：电磁铁线圈的电压与线路电压不符；电磁铁工作时，动、静铁心间的间隙过大；电磁铁的牵引力过载；制动器的工作条件与线圈数据不符，电磁铁铁心歪斜或机械卡阻等。

任务准备

1. 工具、仪表

电工常用工具、万用表、钳形电流表、兆欧表等。

2. 设备

20/5 t 型桥式起重机或其模拟电气控制设备。

任务实施

20/5 t 型桥式起重机属于大型特种设备，维护检修是空中作业，对安全性要求较高，一般要求专人管理、使用和维护检修。电气故障的检修练习一般在模拟设备上进行，着重培养检修故障的基本思路和方法。

一、识读电路图

根据如图 7—3 所示的电路图，对照实际训练设备，熟悉 20/5 t 型桥式起重机模拟电气控制设备电气元件的实际位置和布线情况，并通过测量等方法找出各回路的实际布线路径。

二、观摩检修

在 20/5 t 型桥式起重机模拟电气控制设备上人为设置自然故障点，认真观摩指导教师的示范检修。

三、检修训练

在 20/5 t 型桥式起重机线路模拟电气控制设备中设置人为的自然故障点，按照检查步骤和检修方法进行检修训练，并填写故障检修记录表，见表 7—4。

四、实训注意事项

1. 检修前要认真阅读电路图，熟练模拟控制设备，掌握各个控制环节的工作原理及作用，并认真观摩教师的示范检修过程。

2. 电气故障的检修实训是在模拟盘上进行，但要注意与实际设备相结合。

3. 停电要验电。带电检修时，必须有指导教师在现场监护，以确保用电安全。同时要做好训练记录。

表 7—4　　故障检修记录表

<table>
<tr><td>维修时间</td><td colspan="2"></td><td>维修人员</td><td></td></tr>
<tr><td>设备名称</td><td colspan="2"></td><td>设备型号</td><td></td></tr>
<tr><td>故障现象</td><td colspan="4"></td></tr>
<tr><td>在电路图中标出最小故障范围，并简要记录分析过程</td><td colspan="4"></td></tr>
<tr><td rowspan="2">查找故障点并排除</td><td>故障点</td><td colspan="2">检修步骤</td><td>排除方法</td></tr>
<tr><td></td><td colspan="2"></td><td></td></tr>
<tr><td>维修小结</td><td colspan="4"></td></tr>
</table>

任务测评

检修实训任务测评见表 7—3。

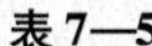

表 7—5　　任务测评

<table>
<tr><th>项目内容</th><th>配分</th><th colspan="4">评分标准</th><th>扣分</th></tr>
<tr><td>故障分析</td><td>30 分</td><td colspan="4">（1）故障分析、排除故障思路不正确　扣 5 ~ 10 分
（2）不能标出最小故障范围　每个扣 15 分</td><td></td></tr>
<tr><td>排除故障</td><td>70 分</td><td colspan="4">（1）断电不验电　扣 5 分
（2）工具及仪表使用不当　每次扣 5 分
（3）检查故障的方法不正确　扣 20 分
（4）排除故障的方法不正确　扣 20 分
（5）不能排除故障点　每个扣 30 分
（6）扩大故障范围或产生新的故障点　每个扣 40 分
（7）损坏电气元件　每只扣 20 ~ 40 分</td><td></td></tr>
<tr><td>安全文明生产</td><td colspan="5">违反安全文明生产规程　扣 10 ~ 70 分</td><td></td></tr>
<tr><td>定额时间：
30 min</td><td colspan="5">训练不允许超时，在修复故障过程中才允许超时，但以每超 1 min 扣 5 分计算</td><td></td></tr>
<tr><td>备注</td><td colspan="4">除定额时间外，各项内容的最高扣分，不得超过配分数</td><td>总得分</td><td></td></tr>
<tr><td>开始时间</td><td colspan="2"></td><td>结束时间</td><td></td><td>实际时间</td><td></td></tr>
</table>

课题八

B2012A 型龙门刨床电气控制线路的检修

任务1　认识 B2012A 型龙门刨床

任务目标

◆ 了解 B2012A 型龙门刨床的主要结构和运动形式。

◆ 熟悉 B2012A 型龙门刨床的基本操作方法和各操作手柄的位置及功能。

◆ 熟悉 B2012A 型龙门刨床的加工工艺对电气控制系统的要求。

工作任务

刨床是使用刨刀对工件的平面、沟槽和成型表面等进行刨削加工的机床，刨床分为龙门刨床、牛头刨床和单臂刨床等。龙门刨床是自动化程度很高的大型机床，电气控制线路非常复杂，其主驱动系统有直流发动机—电动机（G—M）调速系统、晶闸管直流调速系统、变频调速系统、开关磁阻电动机调速系统等。采用传统的 G—M 调速系统的 B2012A 型龙门刨床电气控制系统中既包括交直流电动机、继电—接触器控制，又包括连续反馈控制及扰动补偿前馈控制，属于复合控制系统。它具有典型性、综合性和复杂性，长期以来一直作为考核维修电工高级工和技师的主要知识点之一。本任务的主要内容是学习 B2012A 型龙门刨床的主要结构和运动形式，以及基本操作方法和各操作手柄的位置、功能，并了解 B2012A 型龙门刨床的加工工艺对电气控制系统的要求。

相关知识

B2012A 型龙门刨床主要用来加工各种较大的平面、斜面、槽等，特别适用于加工大型而狭长的零件，如机床的横梁、导轨等，一般可刨削的工件宽度达 1 m，长度在 3 m 以上。

龙门刨床的主参数是指最大刨削宽度。B2012A 型龙门刨床的型号及含义如下：

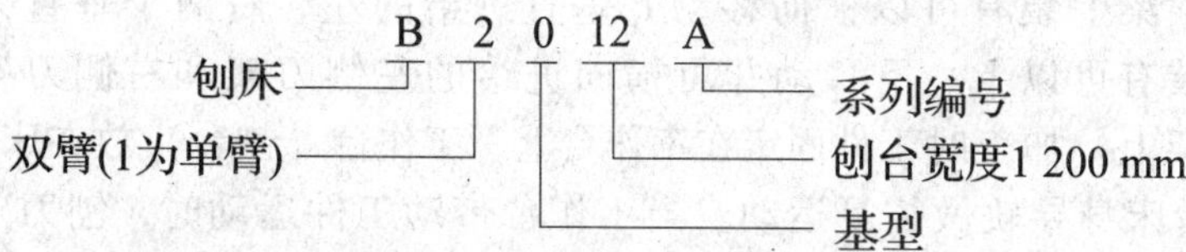

一、B2012 型龙门刨床的主要结构及运动形式

B2012A 型龙门刨床的外形和主要结构如图 8—1 所示。

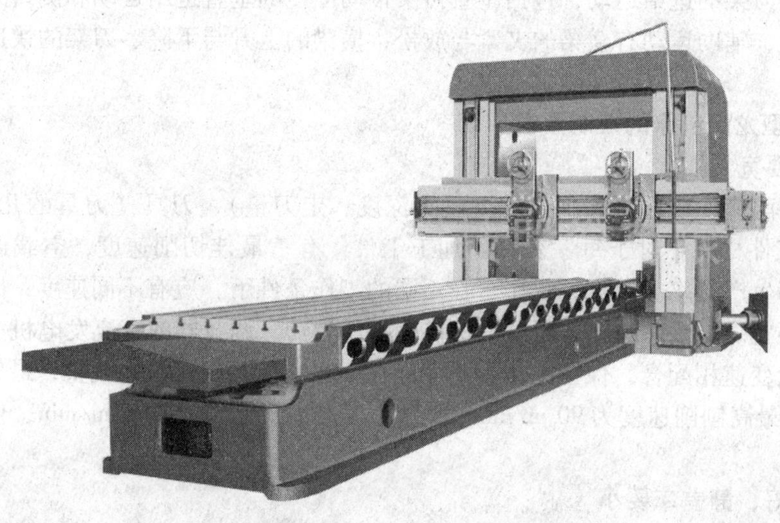

a)

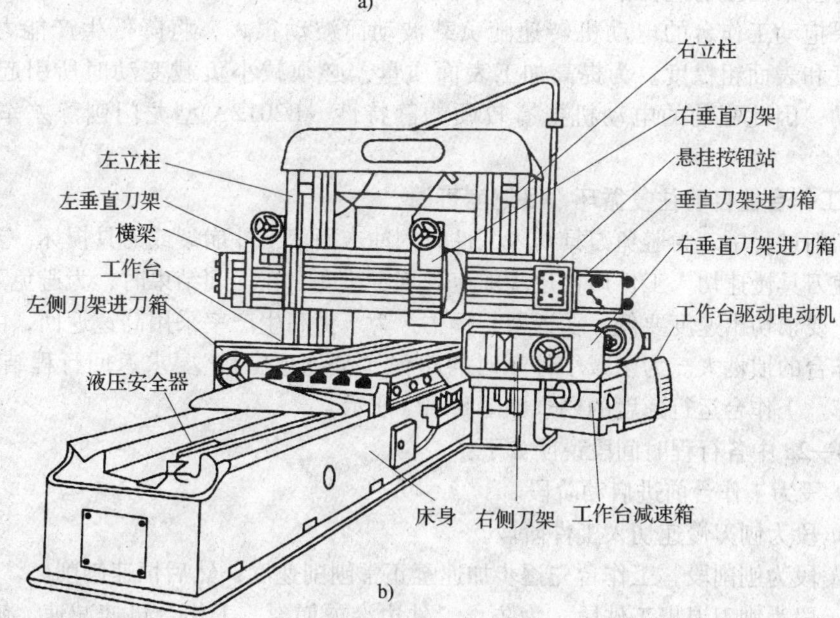

b)

图 8—1　B2012A 型龙门刨床的外形和主要结构

a）外形　b）结构

龙门刨床有一个由左、右立柱和顶梁组成的龙门式框架，立柱上装有可以上、下移动的横梁，在横梁上装有可以横向移动并垂直进给的左、右两个垂直刀架，左、右两个立柱上分别装有可以上、下移动并可横向进给的左侧刀架和右侧刀架，刨刀装在垂直刀架或侧刀架上。加工时工件固定在工作台上，工作台（刨台）放在床身导轨上，由直流电动机拖动沿床身导轨做往复运动。当工作台带动工件运动时，刨刀对工件进行刨削加工。

龙门刨床的主要运动形式可分为主运动、进给运动与辅助运动。主运动是工作台的往复运动，进给运动是刀架的进给运动，包括垂直刀架带动刨刀的垂直进给运动和侧刀架带动刨刀的水平进给运动，辅助运动有横梁的夹紧与放松、横梁的上升与下降、刀架的快速移动及抬刀运动等。

二、B2012A 型龙门刨床的控制要求

1. 调速范围要宽

龙门刨床的切削速度取决于切削条件（吃刀深度、走刀量）、刀具（刀具的几何形状、刀具的材料）和工件材料。对于每一个具体加工工件，有一最佳切削速度，空载返回时要采用高速，以提高生产效率。可见，工作台在不同的工作条件下，应有不同速度，因此龙门刨床的调速范围要宽。A 系列刨床采用以电机扩大机作为励磁调节器的直流发电机—电动机组系统与机械齿轮变速相配合，保证工作台速度能在很宽的范围内无级地调整，最低刨削速度为 4.5 m/min，最高刨削速度为 90 m/min。此外，工作台还能降低至 1 m/min，供磨削加工之用。

2. 静特性要好，静差率要小

龙门刨床在刨削过程中，由于工件表面不平和材料的不均匀等因素会使切削力发生波动。如果拖动工作台的电动机转速随负载波动而波动很大，将降低生产能力，并会影响加工精度和表面粗糙度。为提高加工表面质量，必须减小负载变动时所引起的工作台速度的波动，因此驱动的电动机要有较硬的静特性，B2012A 型龙门刨静差率的要求为小于 0.1。

3. 工作台能自动往复循环，且速度可调

在切削过程中，为避免刀具切入工件时的冲击而使工件崩裂或刀具损坏，要求切入速度要低，使刀具慢速切入工件后再逐步加速到规定速度；在切削结束时，为避免刀具将工件边缘崩裂，要求切出速度要低；在返回行程中，为了提高生产率采用高速返回，由于返回速度高，工作台的惯性大。为了减小停车时的超程（又称越位），要求返回行程结束前先减速，然后停车。工作台运行速度的要求如图 8—2a 所示。

图 8—2a 中各行程时间段说明如下：

$0 \sim t_1$段为工作台前进启动阶段。

$t_1 \sim t_2$段为刨刀慢速切入工件阶段。

$t_2 \sim t_4$段为刨削段，工作台先逐步加速至正常刨削速度，然后恒速刨削。

$t_4 \sim t_5$段为刨刀退出工件段，为防止工件边沿被崩裂，工作台迅速减速，刨刀以较低的速度切出工件。

$t_5 \sim t_6$段为反接制动段，工作台迅速减速。

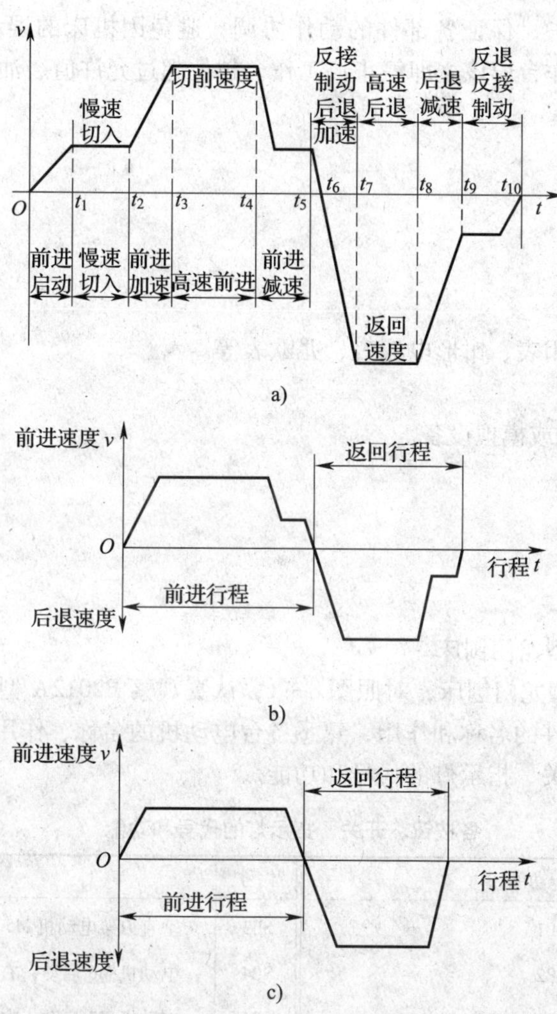

图 8—2　工作台运行速度的要求

a）有慢速切入和慢速退出　b）取消慢速切入环节　c）磨削加工时

$t_6 \sim t_8$段工作台后退段，工作台反向快速加速并高速退回，为提高加工效率，退回速度尽可能高些。

$t_8 \sim t_{10}$段缓冲段，后退行程即将结束，为减小机械冲击，需将工作台迅速制动，为下一次刨削做好准备。

如果刀具能承受切削速度和冲击力，可取消慢速切入环节，如图 8—2b 所示；而当机床进行磨削加工时，利用转换开关，把慢速切入和后退减速环节取消，如图 8—2c 所示。

4．过渡过程要快速、平稳

由于工作台经常处于启动、加速、减速、制动及换向的过渡过程中，为了提高生产率，要求工作台正、反向的启动与制动过程要快，而且停车要迅速，越位不能超过允许值。

5. 联锁保护，避免事故

要有必要的联锁保护，保证各部件的动作协调，避免因机床的误动作而引起事故，例如，在下列情况下，工作台应该立即停止：工作台越位超过允许值、油泵停止工作、横梁在移动、电动机过载等。

任务准备

1. 工具、仪表

电工常用工具、万用表、钳形电流表、兆欧表等。

2. 设备

B2012A 型龙门刨床或模拟设备。

任务实施

一、认识 B2012A 型龙门刨床

现场参观 B2012A 型龙门刨床，对照图 8—1，认真观察 B2012A 型龙门刨床的外形和结构，识别刨床的主要部件的名称和作用，熟悉各台电动机的名称、作用和安装位置。参照表 8—1，认识各按钮、开关、指示灯的代号和功能。

表 8—1　各按钮、开关、指示灯的代号和功能

代号	功能	代号	功能
SA1	控制抬刀电磁铁 YB1	SB3	垂直刀架电动机 M5 启动控制
SA2	控制抬刀电磁铁 YB2	SB4	电动机 M6 启动，右刀架快速移动
SA3	控制抬刀电磁铁 YB3	SB5	电动机 M7 启动，左刀架快速移动
SA4	控制抬刀电磁铁 YB4	SB6	电动机 M8 正转，横梁上升
SA5	慢速控制	SB7	电动机 M8 反转，横梁下降
SA6	连续/自动选择	SB8	工作台点动前进
SA7	磨削通/断控制	SB9	工作台前进
RP1	加速度调节电位器	SB10	工作台停止
RP2	加速度调节电位器	SB11	工作台前进变后退
RP3	前进行程调速电位器	SB12	工作台点动后退
RP4	后退行程调速电位器	HL1	电动机组工作指示灯
SB1	主电动机 M1 停止控制	HL2	电源接通指示灯
SB2	主电动机 M1 启动控制	HL3	横梁在运行中指示灯

二、B2012A 型龙门刨床操作

1. 识别龙门刨床的主要部件，熟悉元器件的安装位置和线路布线情况。

2. 观察工作台往复运动过程中的速度变化，注意观察工作台运行减速与换向动作的过程。

3. 观察工作台前进换后退时刨刀的动作过程。

4. 观察横梁的上升、下降工作过程，体会横梁的松开和夹紧过程。

5. 观察刀架的运动形式和操作控制方式。

三、实训注意事项

1. B2012A 型龙门刨床的结构和操作较为复杂，现场以观摩刨床操作人员的操作为主，如需动手操作，必须在刨床操作人员的指导和严格监护下进行，切忌随意动手操作，以免发生意外事故。

2. 在实训过程中要严格遵守安全文明生产规程，爱护工具和设备。实训完毕，自觉将所用工具、仪表、器材及设备进行保养和归位，做好实训工位和场地的卫生工作。

任务2　识读 B2012A 型龙门刨床电气控制线路

任务目标

◆ 熟悉 B2012A 型龙门刨床电气控制线路的构成。

◆ 理解 B2012A 型龙门刨床电气线路的工作原理。

◆ 初步掌握分析复杂机床电气控制线路的能力。

工作任务

B2012A 型龙门刨床自动化程度较高，电气控制线路复杂，维护、维修难度较大，要想快速、准确地排除 B2012A 型龙门刨床的电气故障，首先要熟悉电气线路的构成，掌握其工作原理。本任务的主要内容是通过对 B2012A 型龙门刨床电气线路图的识读，掌握其线路构成和工作原理，为正确的检修 B2012A 型龙门刨床电气故障做好准备。

相关知识

B2012A 型龙门刨床的主驱动采用交磁电机扩大机作为励磁调节器的直流发电机—电动机系统（G—M 系统），通过调节直流电动机的电枢电压来调节输出速度。

B2012A 型龙门刨床的电气控制电路如图 8—3 所示。

交磁电机扩大机
他励直流发电机
他励直流电动机
并励直流发电机
电流表
过电流继电器
分流器
加速度调节器
前进行程调速
后退行程调速
机组工作指示
后退行程抬刀
右侧刀架
右垂直刀架
左垂直刀架
左侧刀架
抬刀电磁铁控制
直流220 V
1 2 3 4 5 6 7 8 9 10 11 12 13 14 15 16 17 18 19 20 21 22
a)

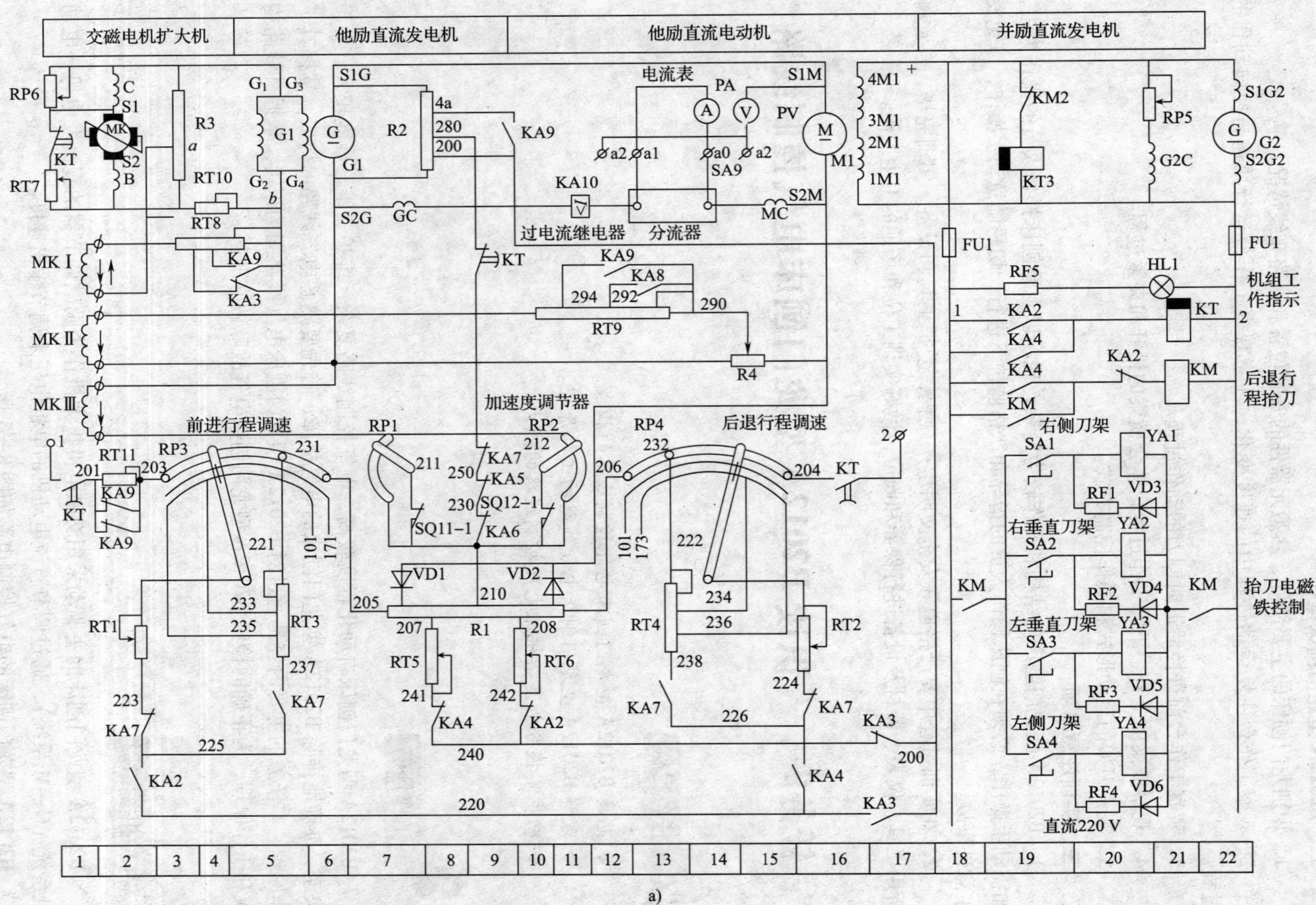

电源开关
交流电动机(驱动G1与G2)
扩大机用电动机
通风机用电动机
润滑架电动机
垂直刀架电动机
右侧刀架电动机
左侧刀架电动机
横梁升降电动机
横梁夹紧电动机
L1
L2
L3
QF
QF1
QF2
KM1
KM$_{\Delta}$
KH1
KM2
KM3
KM4
KM6
KM5
KM7
KM8
KM10
KM9
KM11
KM12
KA11
KM13
KH2
KH3
KH4
PE
KM$_Y$
PE
M1
M2
M3
M4
M5
M6
M7
M8
M9
23
24
25
26
27
28
29
30
31
32
33
34
35
36
37
38
b)

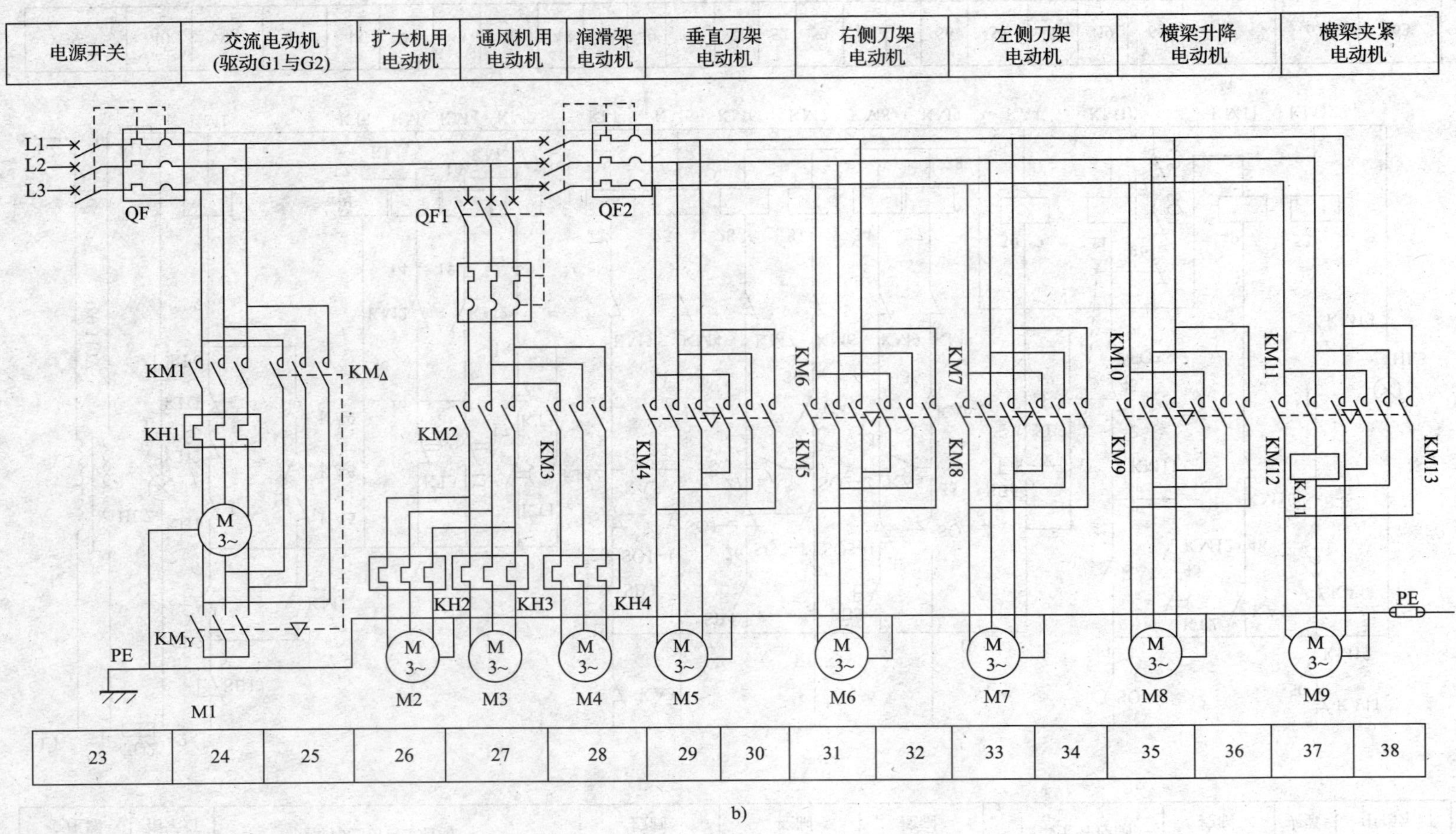

控制变压器
电源接通指示灯
电动机组Y-Δ启动
垂直刀架控制
左侧刀架控制
右侧刀架控制
横梁上升控制
横梁下降控制
横梁夹紧
横梁在运行中指示灯
380/110V

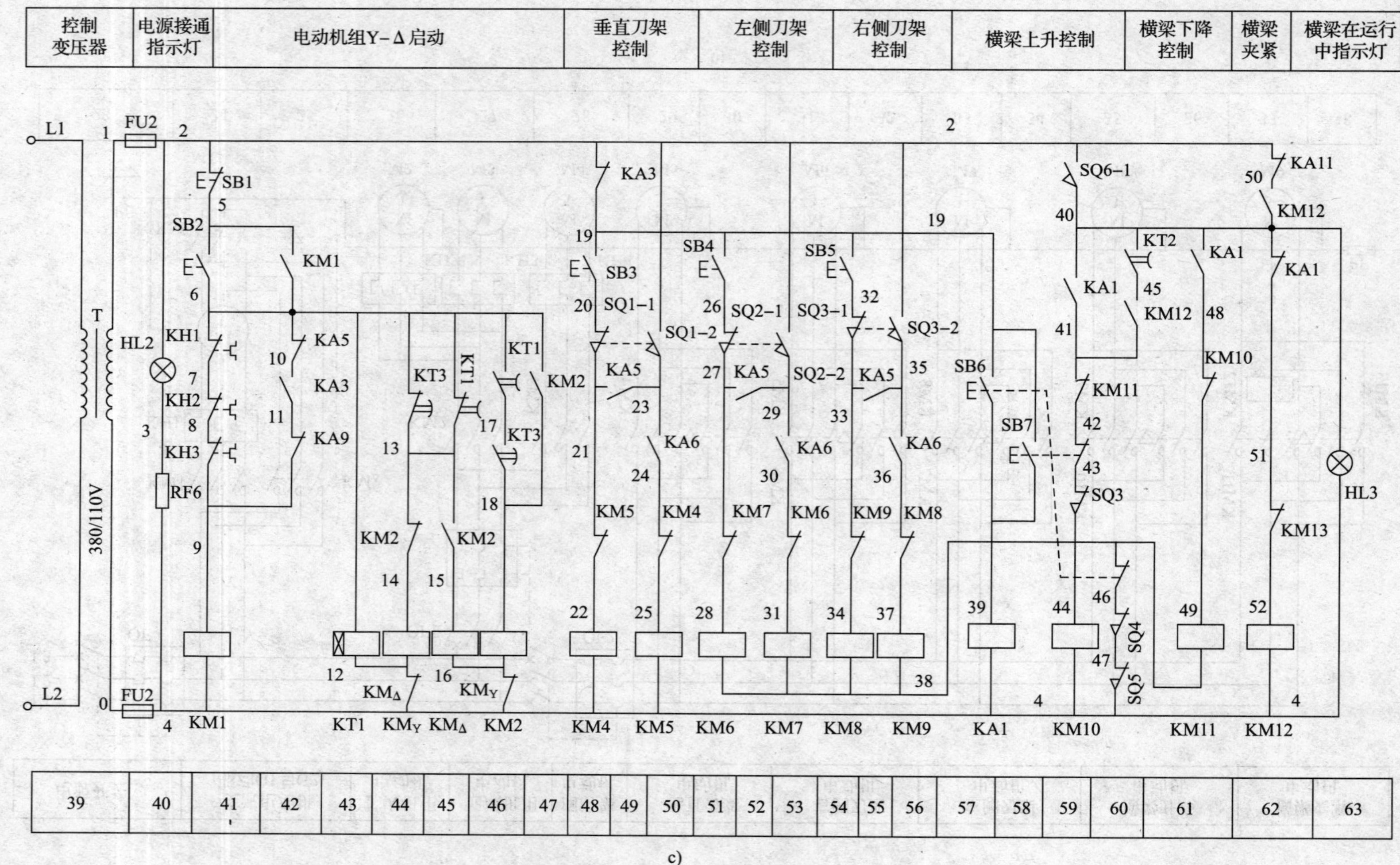

c)

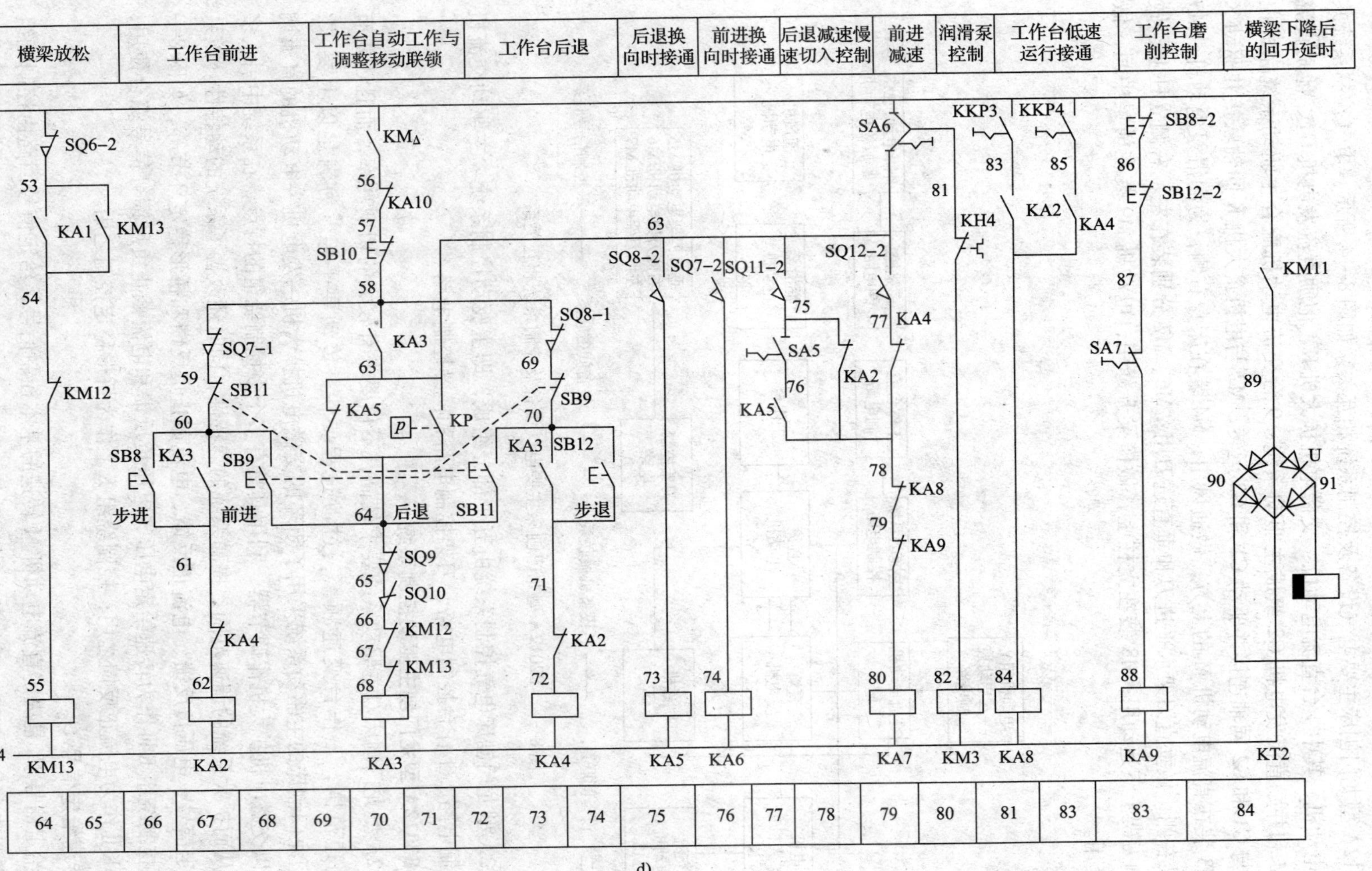

d)

图 8—3 B2012A 型龙门刨床电气控制电路图

a) 部分图一 b) 部分图二 c) 部分图三 d) 部分图四

B2012A 型龙门刨床主要电气设备及控制系统相互关系如图 8—4 所示。电气控制系统共有 13 台电动机，其中 4 台直流电动机：交磁电机扩大机 K、他励直流发电机 G1、他励直流电动机 M 和并励直流发电机 G2 组成主驱动系统；9 台交流电动机配合主驱动系统完成控制：M1 与 G1 和 G2 同轴连接并驱动 G1 和 G2 运转；M2 与电机扩大机 K 同轴联接并驱动 K 运转；M3 装在直流电动机 M 的上方，做通风用；M4 装在床身右侧，为润滑泵电动机；M5 装在横梁右侧，做垂直刀架水平进刀和垂直进刀用；M6、M7 分别装在左、右侧立柱上，做左、右侧刀架上下运动用；M8 装在立柱上，做横梁升降用；电动机 M9 装在横梁中间，做横梁夹紧用。

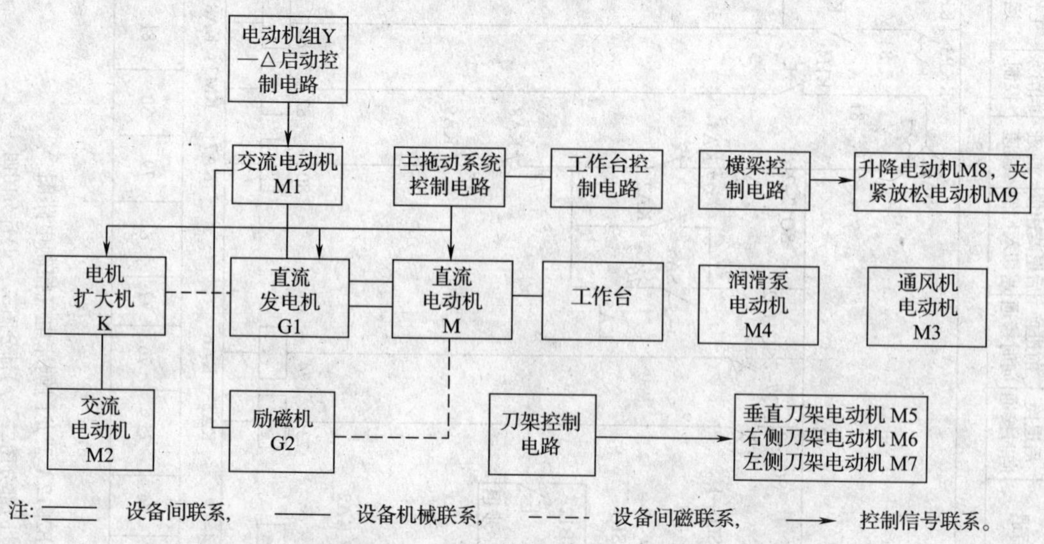

图 8—4　B2012A 型龙门刨床主要电气设备及控制系统相互关系

B2012A 型龙门刨床电气控制系统由五个部分组成，即主驱动控制系统、主驱动交流机组启动控制电路、工作台控制电路、刀架控制电路和横梁控制电路。

一、B2012A 型龙门刨主驱动控制系统

B2012A 型龙门刨床对主驱动系统要求较高，不仅要求有较大的切削功率，而且还要有较宽的调速范围，工作台变速频繁，过渡过程要快，传动要平稳。为满足以上要求，B2012A 型龙门刨床的主驱动系统采用了闭环的交磁电机扩大机—发电机—电动机的直流调速系统。以交磁电机扩大机作调节器，利用其具有多个多控制绕组的特点，在系统中引入多种反馈，从而扩大系统的调速范围，提高系统的静特性，同时还改善了系统的动特性。该系统具有给定信号、电压负反馈、电流正反馈、电流截止负反馈和桥形稳定环节等，如图 8—3a 所示。控制绕组 KⅢ作为转速给定电压、电压负反馈和电流截止负反馈等信号综合使用；控制绕组 KⅡ作为电流正反馈之用；控制绕组 KⅠ作为桥形稳定控制之用。

1．转速给定信号 U_g

转速给定信号 U_g 是决定直流电动机 M 转速的基本控制信号，给定信号回路由控制绕组 KⅢ、正向调速电位器 RP3、反向调速电位器 RP4、电阻器 R1 及 R2 组成，如图 8—5 所示。

当需要工作台前进时，时间继电器 KT 得电动作，延时触点 KT（1—201）和 KT（204—2）闭合，励磁发电机 G2 发出的励磁电压经过 KT 的这两个触点加在电位器 RP3、电阻器 R1 和电位器 RP4 上，同时工作台前进继电器 KA2 动作，其常开触点 KA2（225—220）闭合，通过 RP3 的滑臂取出相对于电阻器 R1 中点（210）的极性为正的给定电压，经电阻器 R2 加在控制绕组 KⅢ上。当需要工作台后退时，继电器 KA4 动作，其常开触点 KA4（240—220）闭合，通过 RP4 的滑臂取出相对于电阻器 R1 中点（210）的极性为负的给定电压，经电阻 R2 加在控制绕组 KⅢ上。

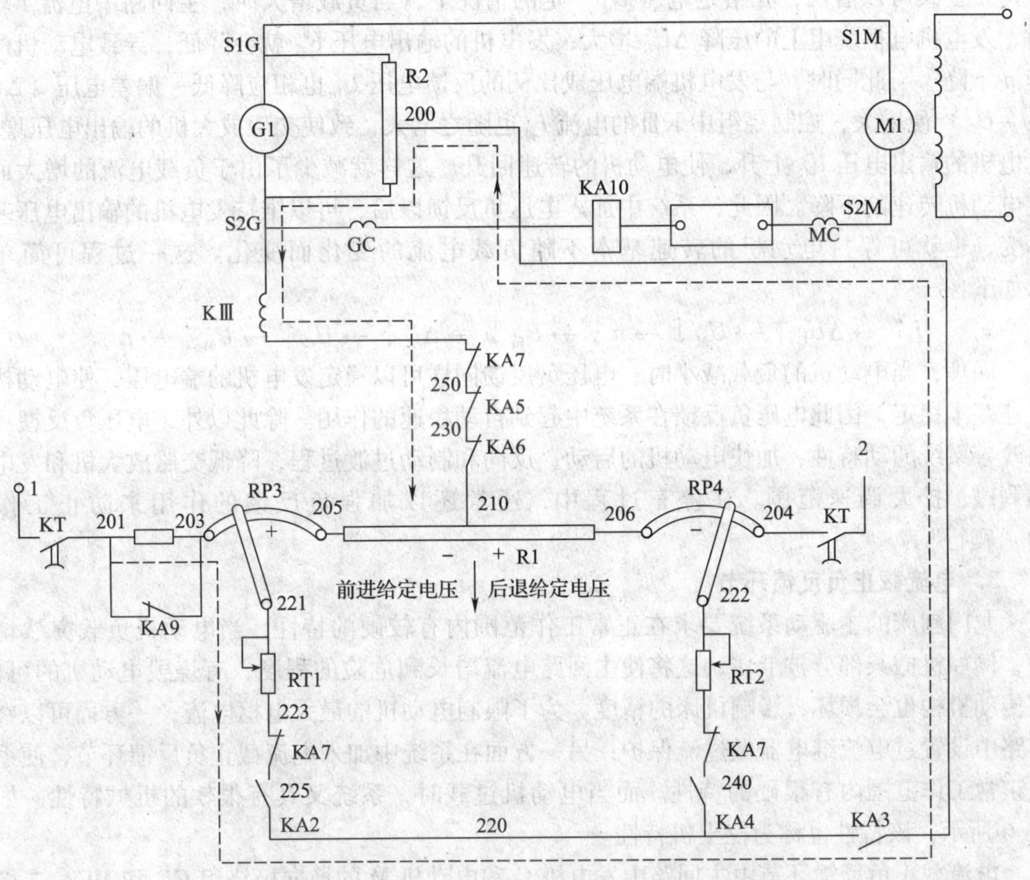

图 8—5　给定电压与电压负反馈电压作用时的电流路径

调速电位器 RP3 和 RP4 由工作台调速手柄控制，用以调节给定电压的大小，从而调节工作台前进或后退的速度。显然，调节手柄离电阻 R1 中点（210）越近，给定电压越小，工作台速度就越低。

2. 电压负反馈环节

龙门刨床在刨削加工时，主回路中电流会随着负载变化而产生变化，发电机 G1 电枢绕组上的压降随之变化，造成发电机的输出电压变化，导致电动机 M 的转速 n 产生波动。为此系统中加入电压负反馈环节，抑制发电机输出电压 U_c 的波动，以保持电动机 M 的转速基本不变，降低静差率，提高控制精度。电压负反馈信号 U_{fu} 是从并联在发电机 G1 电枢两端的电阻 R2 的抽头 200 和端点 S2G 之间取出的电压，其大小与发电机 G1 的输出电压成正比，它与给定信号电压 U_g 又是以相反的极性串联相接后加入控制绕组 KⅢ，从而形成一个电压负反馈的自动调速系统，如图 8—5 所示，反馈电压的大小与 200 点的位置有关。这样控制绕组 KⅢ中的电流 $I_{Ⅲ}$ 为：

$$I_{Ⅲ}=\frac{U_g-U_{fu}}{R}$$

式中　R——控制绕组 KⅢ回路的总电阻，Ω。

由上式可以看出，在给定电压 U_g 一定的情况下，当负载增大时，主回路中电流 I 增大时，发电机电枢绕组上的压降 ΔU_G 增大，发电机的输出电压 U_G 就会降低，导致电动机的转速 n 下降。与此同时，与发电机端电压成比例的反馈电压 U_{fu} 也相应降低，偏差电压（$\Delta U=U_g-U_{fu}$）便增大，控制绕组中 KⅢ的电流 $I_{Ⅲ}$ 也随之增大，致使交磁放大机的输出电压增加，发电机的输出电压 U_G 上升，使电动机的转速回升，这样就减少了由于负载电流的增大而引起电动机转速的下降。因此，系统中加入电压负反馈以后，可以维持发电机的输出电压基本不变，也就可保持电动机的转速基本不随负载电流的变化而变化。这一过程可简单表示如下：

$$I\uparrow\rightarrow\Delta U_G\uparrow\rightarrow U_M\downarrow\rightarrow n\downarrow\rightarrow U_{fu}\downarrow\rightarrow\Delta U\uparrow\rightarrow U_G\uparrow\rightarrow U_M\uparrow\rightarrow n\uparrow$$

同理，当电动机的负载减小时，电压负反馈同样可以稳定发电机的端电压，使电动机的转速基本稳定，因此电压负反馈在系统中起到自动稳速的作用。除此以外，电压负反馈还可以改善系统的动特性，加快电动机的启动、反向和制动过渡过程，降低交磁放大机和发电机的剩磁，扩大调速范围。在停车过程中，通常还以加强负反馈的作用来防止工作台的“爬行”。

3. 电流截止负反馈环节

龙门刨床的主驱动系统要求在正常工作范围内有较硬的特性，当电动机负载突然增大时，例如机械某部分被卡住，这将使主回路电流增长到危险的程度，有烧毁电动机的可能，而传动机构也会损坏，影响机床的精度。为了限制电动机的最大电枢电流，一方面可以在主回路中设置过电流继电器做过流保护；另一方面在系统中加入电流截止负反馈环节，使系统在正常工作范围内有很硬的特性。而当电动机过载时，系统又具有很软的机械特性，如图 8—6 所示，该特性也称为挖土机特性。

电流截止负反馈环节由主回路中发电机 G 和电动机 M 的换向极绕组 GC 和 MC、二极管 VD1（或 VD2）、R1 及控制绕组 KⅢ组成，如图 8—7 所示。电流截止负反馈信号 U_H 取自换向极绕组 GC 和 MC 上的压降，即 $U_H=I(R_{GC}+R_{GM})$，可见 U_H 与电枢电流 I 成正比。

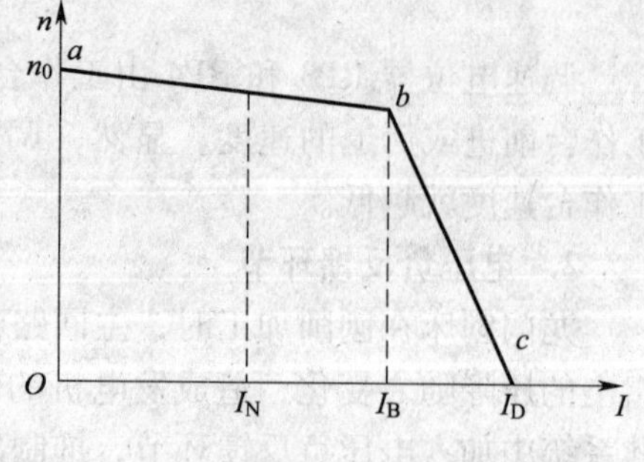

图 8—6　挖土机特性

以电动机 M 正转为例说明，在正常情况下，主回路电流小于临界电流，电压 $U_H<U_{b1}$，二极管 VD1 截止，电流截止负反馈环节不起作用。当主回路电流增大到超过某一数值时，$U_H>U_{b1}$，VD1 导通（忽略 VD1 管压降），电流截止负反馈环节起作用，在控制绕组 KⅢ中流过电流 I_Z，其方向与原电流 $I_{Ⅲ}$ 相反，起去磁作用，使扩大机的输出电压降低，发电机的输出电压随之降低，从而限制了主回路电流的上升。主回路电流越大，电流截止负反馈作用越强，电动机转速就下降得越大，直到 $I=I_D$ 时，电动机处于堵转状态，$n=0$，得到了所需的下垂的机械特性（挖土机特性）。电动机反转时，电流截止负反馈信号通过二极管 VD2 加到控制绕组 KⅢ，工作原理与正转相似。

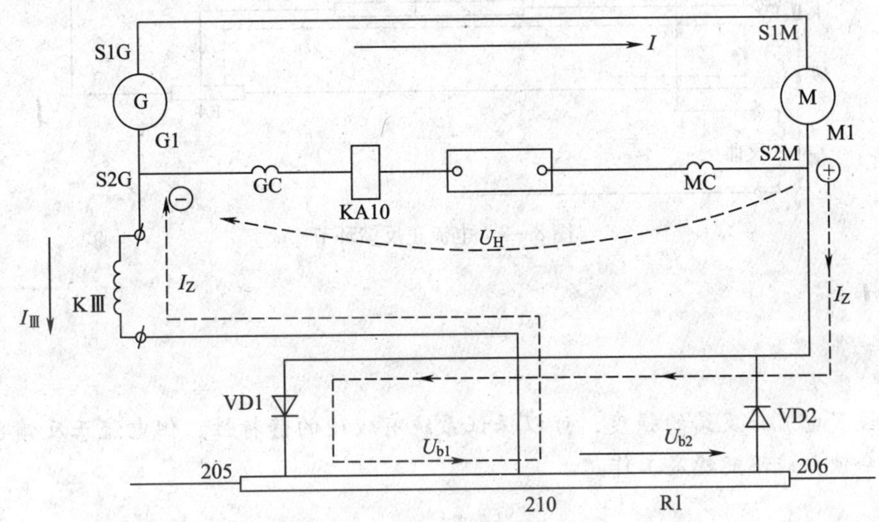

图 8—7　电流截止负反馈环节

电流截止负反馈限制了电动机的最大电枢电流和最大转矩，不仅对系统具有过载保护作用，同时还能起到加快启动、制动和反转的过渡过程的作用。在启动、制动、反向的过程中，采用强迫励磁加快过渡过程，而电流截止负反馈保证主电路的电流不会超过电动机允许的电流值，使得在整个过渡过程中，主电路电流始终维持较大的数值，有效地缩短了系统的过渡时间。

4. 电流正反馈环节

电压负反馈环节仅能补偿发电机电枢绕组电阻上的压降引起的转速降，不能补偿电动机电枢绕组及发电机、电动机换向绕组的压降引起的转速降。为了进一步减小负载造成的转速降，提高系统静特性的硬度，在电压负反馈的基础上再加入电流正反馈，组成电压负反馈与电流正反馈的调速系统。电流正反馈环节由换向极绕组 GC 和 MC、电阻 R4、RT9 及控制绕组 KⅡ组成，如图 8—8 所示。

电流正反馈信号 U_{fi} 从与发电机、电动机换向绕组并联的电阻 R4 上取得，经电阻 R4 分压后加到扩大机控制绕组 KⅡ上，由于 KⅡ产生的磁通与给定电压在控制绕组 KⅢ上产生的磁通方向相同，且反馈电压与主回路电流成正比，起到了加强给定信号的作用，所以这是电流正反馈，调节电阻 R4、RT9 的大小可以改变电流正反馈的强度，以负载增大为例，其工作原理可简单表示如下：

$$T_L\uparrow \rightarrow n\downarrow \rightarrow I\uparrow \rightarrow U_{fi}\uparrow \rightarrow I_{Ⅱ}\uparrow \rightarrow \Phi_{Ⅱ}\uparrow \rightarrow U_G\uparrow \rightarrow U_M\uparrow \rightarrow n\uparrow$$

可见，电流正反馈可以有效地补偿电动机转速在负载变化时引起的转速波动。

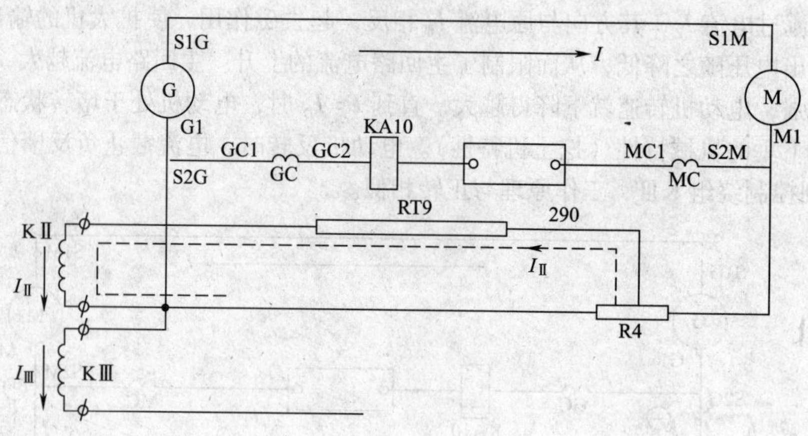

图 8—8　电流正反馈环节

合理设置电流正反馈的强度，可以保证系统有较硬的静特性，但电流正反馈也不可太强，否则会使系统不能稳定工作。

5. 桥形稳定环节

B2012A 型龙门刨床的主驱动系统采用了各种反馈环节，达到了稳定转速、扩大调速范围、加速过渡过程的目的。但在启动、制动、反向及负载变化等过渡过程中，有时还会出现振荡现象，使系统不能正常工作。系统产生振荡的原因是扩大机和电动机都具有电磁惯性，以及系统的放大倍数过大或反馈强度过大等。系统的静特性越硬，系统越容易产生振荡，使龙门刨床工作台的速度时高时低，严重影响工件的加工质量。为此，B2012A 型龙门刨床控制系统中加入了桥形稳定环节来消除振荡。

B2012A 型龙门刨床控制系统中桥形稳定环节的等效电路如图 8—9 所示。电阻 R3—1、R3—2、发电机励磁绕组电阻 RG1 及电阻 RT10 组成桥形电路的四条桥臂，扩大机的控制绕组 KⅠ与电阻 RT8 串联后跨接在桥形电路对角 a、b 两点。在稳定状态下调节R3—1、

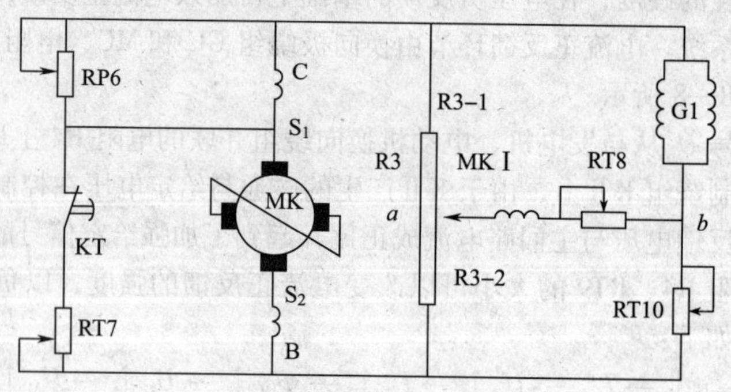

图 8—9　桥形稳定环节的等效电路

R3—2、RT10 的值，使电桥达到平衡，即 R3—1∶R3—2 = RG1∶RT10。这样，在稳定情况下，即扩大机输出电压不变时，接在电桥对角线上的扩大机控制绕组 KⅠ中无电流通过，桥形稳定环节不起作用。

当扩大机的输出电压发生突然变化时，例如在启动时，其输出电压瞬间增大，流过电阻 R3—1、R3—2 上电流突然增加，所以 R3—2 两端的电压也增加，a 点电位升高；由于发电机励磁绕组具有电感，通过励磁绕组和电阻 RT10 的电流不能突变，所以 RT10 两端电压不能突变。这样 a 点电位高于 b 点电位，KⅠ绕组上有电流流过，由于 KⅠ绕组的连接极性，该电流产生的磁通起去磁作用，因而减缓了扩大机输出电压的上升速度。扩大机的电压上升越快，桥形稳定环节产生的电流越大，在控制绕组 KⅠ上产生的去磁作用越强，对电压上升速度的抑制作用越强，从而达到了稳定系统、减小系统振荡的目的。同样理由，在扩大机的输出电压降低瞬间，稳定环节有减缓降低速度的作用。桥形稳定环节是利用发电机励磁绕组的电感作用而设置的扩大机输出电压的动态负反馈，所以桥形稳定环节增加了系统的阻尼作用，使不稳定的系统变为稳定的系统，使启动、反向、制动过程平滑，有效地抑制系统的超调，减轻或消除系统的振荡现象，使系统稳定运行。

二、主驱动交流机组启动控制电路

直流发电机 G1 和励磁机 G2 由三相交流异步电动机 M1 驱动。由于 M1 容量较大（为 60 kW），启动电流很大，所以采用 Y—△降压启动来减小启动电流。

1. 主驱动交流机组对电气控制的要求

（1）采用 Y—△降压启动，在 Y 形换△形过程中有一短暂的延时，以保证 Y 形与△形接触器换接时的电弧不会引起短路故障。

（2）励磁机 G2 输出电压达到额定值、KT3 线圈得电后，主机组才能完成启动过程。

（3）主机组启动后，工作台直流电动机 M 才能投入运行。

（4）交流电动机 M1、M4、M10 中任一台过载时，均能使工作台停在后退结束的位置。

2. 主驱动交流机组的工作原理

主驱动交流机组的控制电路如图 8—10 所示。合上电源开关 QF，电源指示灯 HL2 亮，表示电源已经接通，为启动做好准备。

按下启动按钮 SB2（41 区），接触器 KM1 得电吸合并自锁，KM1 主触头（24 区）闭合，接通 M1 定子绕组电源，同时时间继电器 KT1 线圈（43 区）和接触器 KMy 线圈（44 区）得电吸合，交流电动机 M1 定子绕组接成 Y 形降压启动，驱动直流电机 G1 和 G2 运转。随着 M1 转速的升高，励磁发电机 G2 的输出电压也逐步升高，当电压升高到接近 G2 额定电压的 75% 时，跨接在 G2 电枢两端的时间继电器 KT3（19 区）动作，其延时闭合的常闭触点（44 区）瞬时断开。但由于 KT1 延时时间未到，KMy 的线圈仍由 KT1 的延时断开常闭触点（45 区）的接通，KMy 仍维持吸合状态，电动机继续以 Y 接法启动。同时 KT3 延时断开的常开触点（46 区）瞬时闭合，为接触器 KM2 吸合做准备。

当时间继电器 KT1 达到整定的延时时间后，其延时断开的常闭触点（45 区）断开，接触器 KMy 释放，电动机 M1 断电以惯性旋转；时 KT1 的延时闭合常开触点（46 区）闭合，接触器 KM2 得电吸合，扩大机用电动机 M2 和通风机用电动机 M3 投入运转。KM2 的常开触点（45 区）闭合，为 $KM_{\triangle}$ 吸合做好准备；而 KM2 的常闭触点（44 区）断开，

使 KM_Y 保持断电；KM2 的另一对常闭触点（19 区）断开，使断电延时型时间继电器 KT3 的线圈断电，其延时闭合的常闭触点（19 区）延时闭合（整定为 1 s 以下），接触器 $KM_\triangle$ 线圈得电吸合，电动机 M1 接成△形运行；同时由于 $KM_\triangle$ 的常闭触点（44 区）断开，KT1 线圈失电，KT1 常闭触点（45 区）瞬时闭合，$KM_\triangle$ 线圈两路供电。至此，M1 启动完毕。

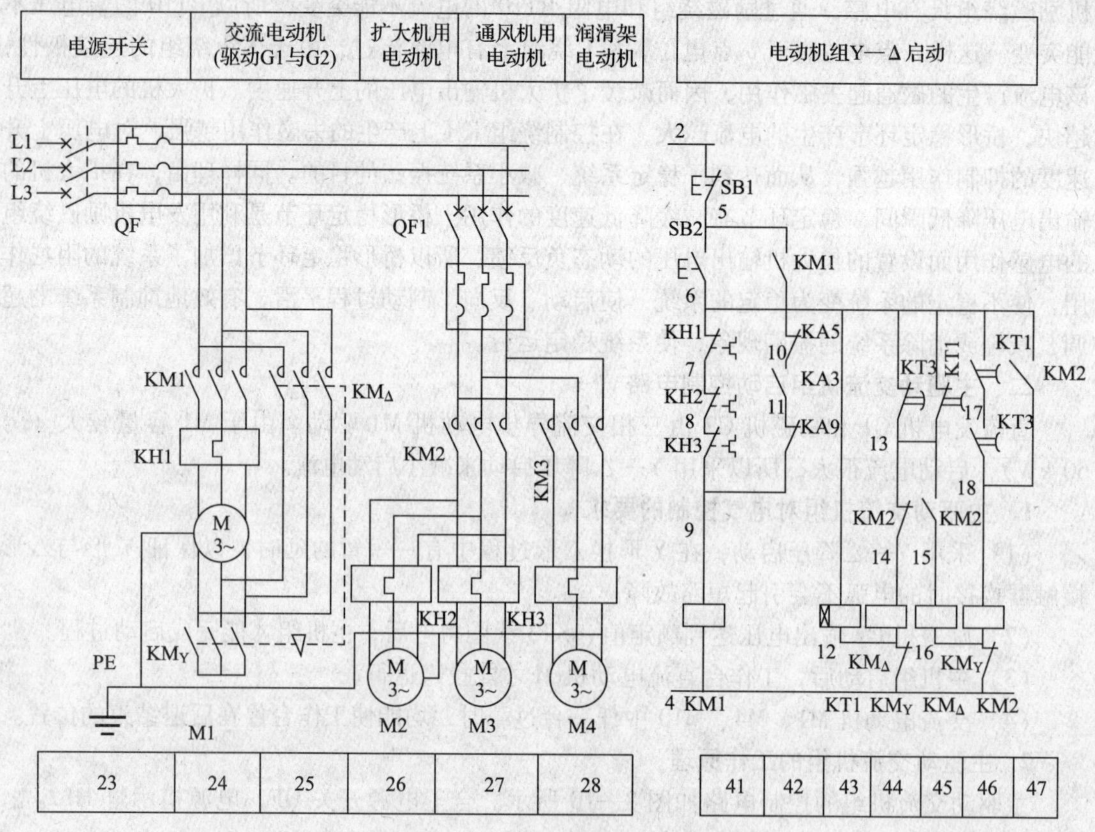

图 8—10　主驱动交流机组控制电路

可见，由于 KT3 的存在，保证了只有励磁机 G2 的输出电压正常的情况下，KT3 和 KM2 才能吸合，M1 才能完成 Y—△转换，保证了直流电动机 M 只有在励磁正常的情况下才能运行。

按下停止按钮 SB1，电动机组启动控制电路全部断开，电动机组、扩大机及通风机用电动机都停止。与 KH1、KH2、KH3 常闭触头并联的 KA9、KA3、KA5 常开触点的作用是，保证电动机过载时工作台必须停在后退终点位置，以防止工作台中间停车造成刀具和工件的损坏。

三、工作台控制电路

B2012A 型龙门刨床工作台控制电路如图 8—3d 所示，该电路具有工作台的自动循环、步进和步退、制动和调速等控制。

1．工作台的自动循环控制

工作台自动循环由装在床身侧面的 6 个位置开关 SQ7（前进换向）、SQ8（后退换向）、

SQ9（前进超程限位保护）、SQ10（后退超程限位保护）、SQ11（后退减速）、SQ12（前进减速）配合工作台交流控制电路及直流主驱动部分完成的。利用位置开关的动作控制交流继电器的通断，再用交流继电器触头控制直流电路，使电机扩大机的控制绕组得到不同的控制信号，输出强弱不同的电压供给直流发电机的励磁绕组，从而控制直流电动机拖动工作台实现各种工作状态。

位置开关与工作台撞块的位置如图 8—11 所示。图中，撞块 A、B、B′和 C、D、D′位于不同平面内，当工作台前进到一定位置时，撞块 A、B、B′中的 A 将压杆 AB 压下一段距离，位置开关 SQ12 动作，发出“前进减速”控制信号，使刀具在工作台低速前进的情况下离开工件；然后撞块 A、B、B′中的 B 将压杆 AB 再压下一段距离，位置开关 SQ7 动作，发出“前进停止”和“反向后退”的控制信号，工作台经过一段越位（工件离开刀具一段距离）后开始后退。如果 SQ7 失灵，工作台继续前进，则撞块 A、B、B′中的 B′将压杆 AB 继续压下，使前进超程限位保护位置开关 SQ9 动作，发出“超程”信号，工作台立即停止。

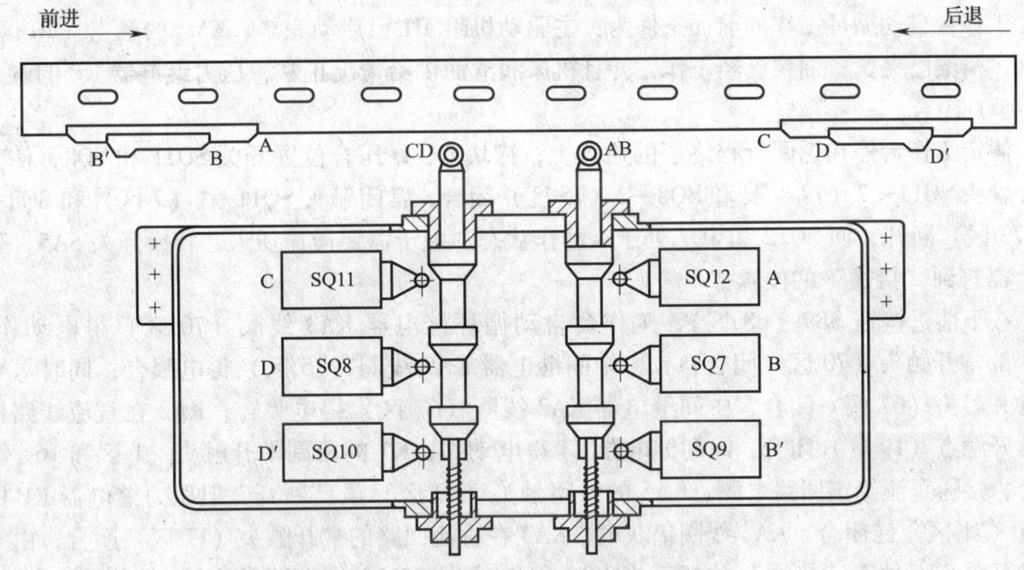

图 8—11　位置开关与工作台撞块的位置

工作台在后退行程中，撞块 C、D、D′各点压下压杆 CD，位置开关 SQ11、SQ8、SQ10 的工作情况与前进行程类似。前进和后退过程中各位置开关的触头状态见表 8—2。

表 8—2　　**前进和后退过程中各位置开关的触头状态**

触头	开始 —前进行程→ 末尾					开始 —后退行程→ 末尾				
前进减速　SQ12－1（常闭）	+	+	+	−	−	−	−	+	+	+
位置开关　SQ12－2（常开）	−	−	−	+	+	+	+	−	−	−
前进换向　SQ7－1（常闭）	+	+	+	+	−	−	+	+	+	+
位置开关　SQ7－2（常开）	−	−	−	−	+	+	−	−	−	−

续表

触头	开始 $\xrightarrow{\text{前进行程}}$ 末尾					开始 $\xrightarrow{\text{后退行程}}$ 末尾				
后退减速 SQ11－1（常闭）	－	－	＋	＋	＋	＋	＋	＋	－	－
行程开关 SQ11－2（常开）	＋	＋	－	－	－	－	－	－	＋	＋
后退换向 SQ8－1（常闭）	－	＋	＋	＋	＋	＋	＋	＋	＋	－
位置开关 SQ8－2（常开）	＋	－	－	－	－	－	－	－	－	＋

注：“＋”表示闭合，“－”表示断开。

工作台的自动循环顺序如下：按慢速前进（刀具切入工件）→工作速度前进（刀具切削工件）→减速前进（刀具离开工件）→反向快速退回（迅速制动停止并反向启动、快速退回）→减速退回（退回结束）→慢速前进（刀具切入工件）的程序自动控制。

（1）工作台慢速前进

工作台自动循环工作的前提条件为：主驱动机组 M1 已启动完毕，$KM_{\triangle}$ 的触点（70 区）闭合，横梁已夹紧；油泵已经工作，并且机床润滑油供给情况正常，压力继电器 KP 的触点（71 区）闭合。

假定工作台停在返回行程终了的位置上，撞块 C、D 压合位置开关 SQ11 和 SQ8，使其常开触头 SQ11—2（77 区）和 SQ8—2（75 区）闭合，常闭触头 SQ11—1（7 区）和 SQ8—1（73 区）断开，而 SQ12 和 SQ7 处于未动作状态。由于需要慢速切入，转换开关 SA5（78 区）需打到“接通”的位置。

按下前进按钮 SB9（68 区），工作台自动循环继电器 KA3 线圈（70 区）得电动作，KA3 的常开触头（70 区）闭合自锁，中间继电器 KA5 线圈（75 区）得电吸合；同时 KA3 的常开触头（67 区）闭合，中间继电器 KA2 线圈（67 区）得电吸合，KA2 在直流线路中的常开触点（19 区）闭合，时间继电器 KT 得电动作，KT 的两副常开触头（1 区和 16 区）闭合，接通直流给定回路电源。KA5 的常闭触头（69 区）虽已断开，但压力继电器 KP 的触点（71 区）已闭合，KA3 线圈仍获电，KA3 在直流回路的常开触头（17 区）闭合；由于转换开关 SA5 处于“接通”位置，当 KA5 得电动作，KA5 的常开触头（77 区）闭合后，前进减速继电器 KA7 得电动作。这时，直流电路中，电机扩大机 KⅢ绕组回路接通，加入给定电压，如图 8—12 所示。

从图 8—12 中看出，给定电压是端子 231 与 210 之间的电压，该电压较小，且由于继电器 KA5 和 KA7 动作，常闭触点（9 区）断开，使 RP1 的全部电阻和 RP2 的部分电阻并联后接入 KⅢ绕组回路，这样，加在电机扩大机 KⅢ绕组上的电压较低，扩大机 K 和直流发电机 G1 的输出电压也较低，直流电动机 M 即以较低的速度运行，工作台慢速前行，刀具慢速切入工件。

（2）工作台以工作速度前进

刀具慢速切入工件，工作台继续前进，撞块 C、D、D′中的 D 离开压杆 CD，位置开关 SQ8 复位，常闭触头 SQ8－1（73 区）闭合，为工作台后退做好准备；常开触头 SQ8－2（75 区）断开，中间继电器 KA5 失电释放，KA5 的常开触头（77 区）断开，前进减速继电器 KA7 失电释放，KA7 的常开触点（5 区）断开，切断工作台慢速前进回路。KA7 的常闭开触点（2 区）闭合，接通工作速度前进回路，KA5、KA7 的常闭触头（10 区）恢复闭合，RP1 和 RP2 被短接，如图 8—13 所示。此时电机扩大机 KⅢ绕组上的给定电压是端子 221 和 210 间的电压，较工作台慢速前进时有明显增大，工作台加速到工作速度前进。调节 RP3 的手柄位置即可调节电机扩大机 KⅢ绕组上的给定电压，也就调节了工作台的前进速度；同理，调节 RP4 手柄的位置，可调节工作台后退的速度。

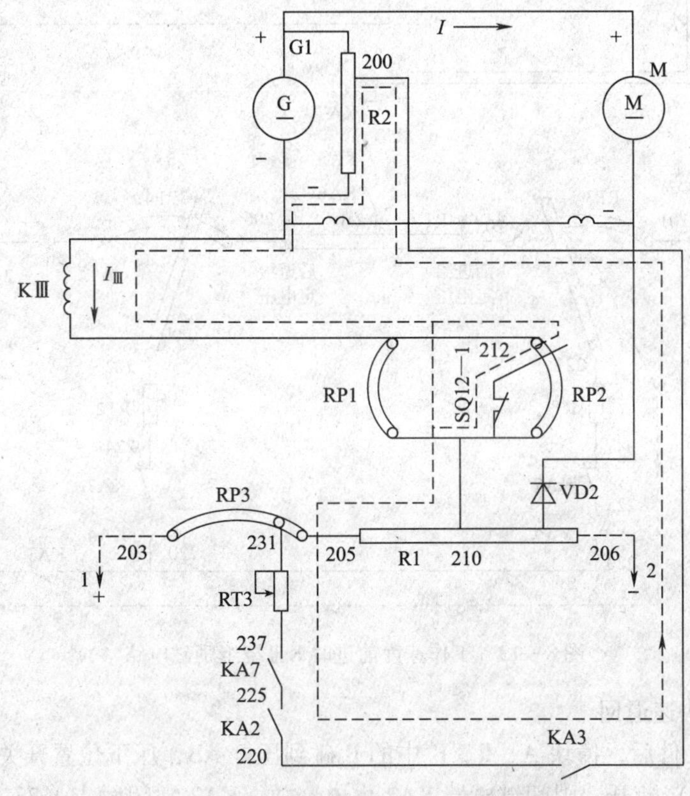

图 8—12　慢速切入时 KⅢ绕组励磁电路

当工作台以工作速度前进时，撞块 C、D、D′中的 C 离开压杆 CD，位置开关 SQ11 复位，常闭触头 SQ11—1（7 区）闭合，常开触头 SQ11—2（77 区）断开，为下一步的动作做好准备。

（3）工作台减速前进

当刀具将要离开工件时，又要求工作台转为低速前进。此时撞块 A、B、B′中的 A 碰到压杆 AB，压下位置开关 SQ12，其常开触头 SQ12—2（79 区）闭合，KA7 动作，将 KⅢ绕组回路又换接到慢速前进回路，如图 8—12 所示。不过这时是 SQ11 的常闭触头（8 区）闭合，而 SQ12 的常闭触头（10 区）断开，电位器 RP2 的全部和 RP1 的部分并联后接入 KⅢ绕组回路，给定电压降低，工作台转为慢速前进。这样，一方面使刀具在工作台慢速前进下离开工件，避免工件边缘崩裂；另一方面也限制了反向过程中主回路的冲击电流，减小了对传动机构的冲击。

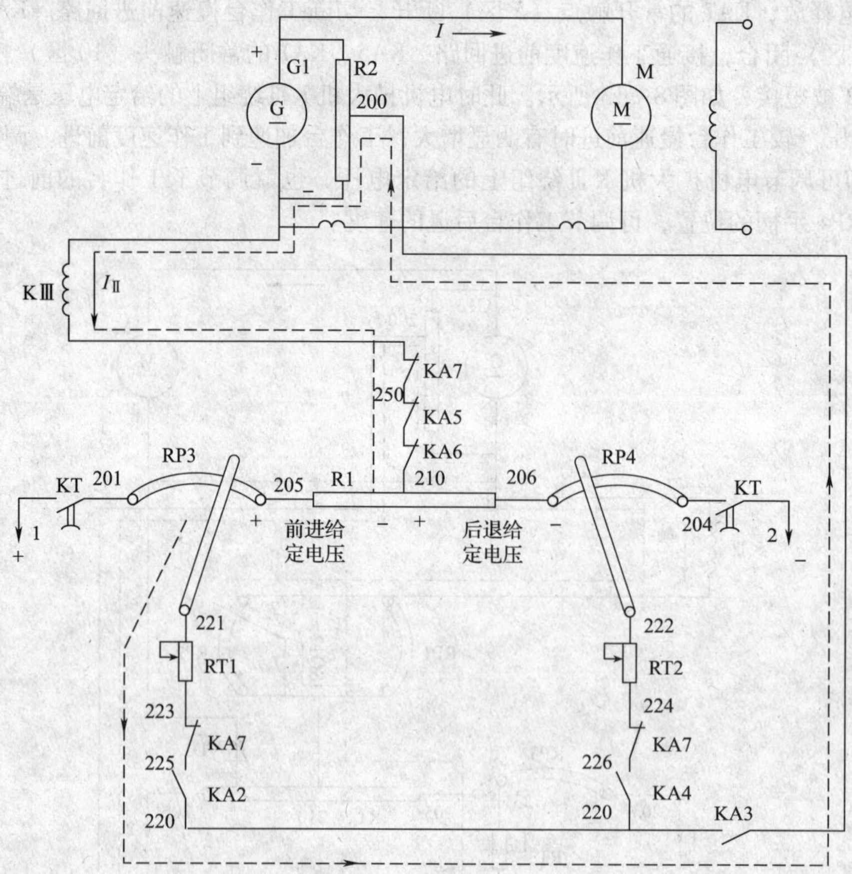

图 8—13 工作速度前进时 KⅢ绕组励磁电路

（4）工作台快速退回

当刀具切出工件后，撞块 A、B、B′中的 B 碰到压杆 AB，压下位置开关 SQ7，其常闭触点 SQ7—1（67 区）断开，中间继电器 KA2 失电释放，KA2 常闭触点（73 区）闭合，工作台后退继电器 KA4 得电动作，KA4 常闭触点（79 区）断开，使继电器 KA7 失电，KA2 另一对常闭触点（78 区）闭合，为工作台返回时的慢速前进做准备。在直流电路中，KA4 的常开触点（19 区）闭合，使 KT 保持吸合；KA4 的另一常开触点（16 区）闭合，接通工作台回退控制回路。而 KA2 的常开触点（2 区）断开，切断了工作台前进回路，而 KA7 的常开触点（13 区）断开；切断了后退减速回路，KA7 常闭触点（16 区）闭合，从端子 210 和 222 间取出给定电压信号加到扩大机控制绕组 KⅢ。由于反向给定电压较高且极性相反，所以电机扩大机和发电机的输出电压极性也相反，因此工作台先迅速前进制动再转为反向启动并加速，使工作台加速退回。

工作台加速退回时，撞块 A、B、B′中的 B 离开压杆 AB，位置开关 SQ7 复位，其常闭触点 SQ7—1（67 区）闭合，为中间继电器 KA2 得电、工作台前进做准备。常开触点 SQ7—2（76 区）断开，使继电器 KA6 失电，其常闭触点（9 区）恢复闭合，将串在控制绕组 KⅢ回路中的电位器 RP1、RP2 短接，使工作台快速退回。

在工作台快速后退的同时，KA4 的常开触点（19 区）闭合，接触器 KM 得电动作，KM 的常开触头（18 区和 21 区）接通控制电路，使刀架在工作台快速退回时自动抬刀。

工作台后退到一定位置时，过撞块 A、B、B′中的 A 离开压杆 AB，位置开关 SQ12 复位，又为工作台前进慢速切入做准备。

（5）工作台减速后退

在工作台返回行程将结束时，撞块 C、D、D′中的 C 压下压杆 CD，位置开关 SQ11 动作，常开触头 SQ11—2（77 区）闭合，继电器 KA7 吸合，直流电路中，KA7 常闭触点（16 区）断开，使后退调节器 RP2 给定的高速回路断开；常开触点（13 区）闭合，电路串入了电阻 RT4；同时 KA7 的另一常闭触点（9 区）断开，电路又串入加速度调节器 RP1 全部电阻及 RP2 部分电阻的并联回路，从而使 KⅢ 绕组又接入了较大电阻，给定电压信号为（210—232）电压，工作台由快退转为减速后退。

（6）工作台转为下一循环（工作台慢速前进）

在工作台返回行程结束时，撞块 C、D、D′中的 D 压下压杆 CD，位置开关 SQ8 动作，常闭触头 SQ8—1（73 区）断开，中间继电器 KA4 失电，切断工作台后退控制电路，其常闭触点（67 区）闭合，继电器 KA2 得电吸合，再次接通工作台前进控制电路。KⅢ绕组所加电压又变为正向给定电压，工作台迅速制动并转换为正向启动，工作台又开始前进慢速切入工件，开始下一个循环。

如果切削速度不高，刀具能承受此时的冲击，可将操纵台上的转换开关 SA5 扳到断开位置，这样就没有慢速切入阶段。

按下工作台停止按钮 SB10，工作台便迅速制动停止。

2．工作台的步进和步退控制

有时为了调整工作台的位置，需要工作台慢速步进或步退移动。工作台的步进和步退是由悬挂按钮站上的“步进”按钮 SB8 和“步退”按钮 SB12 点动控制的。

当需要工作台步进时，只要按下“步进”按钮 SB8，中间继电器 KA2 线圈得电吸合，KA2 的常开触点（19 区）闭合，时间继电器 KT 线圈得电动作，KT 的两副常开触点（1 区和 16 区）瞬时闭合，电机扩大机的控制绕组 KⅢ中加入给定电压，如图 8—14 所示。由于中间继电器 KA3、KA4 均未动作，控制绕组 KⅢ上的电压为端子 207 与 210 之间电阻上的分压。显然，该电压较小，又有电阻 RT5 限流，所以工作台的步进速度较低，适合用于调整机床。调节 RT5 的阻值，即可调整工作台步进的速度。

由于中间继电器 KA3 不吸合，KA2 不能自锁，松开 SB8，工作台立即停止。

工作台的步退控制由“步退”按钮 SB12 操作，工作情况与步进相似。

3．工作台的低速和磨削工作

当工作台低速运行时，无须减速环节；另外，此时电压负反馈和电流正反馈作用减弱，影响了低速运行的稳速作用，因此低速时应加强电流正反馈环节作用。这个作用通过调速器上联动的开关 KKP3 和 KKP4 来实现。

当前进或后退调速手柄处在低速位置时，KKP3 的触点（81 区）或 KKP4 的触点（81 区）接通，继电器 KA8 线圈得电，常闭触点（79 区）断开，减速继电器 KA7 无法接通，这样工作台在低速时就没有减速动作；同时中间继电器 KA8（14 区）常开触点吸合，将串在电流正反馈回路的电阻 R9 短接一部分，加强了电流正反馈作用，从而稳定了工作台的慢速运行速度。

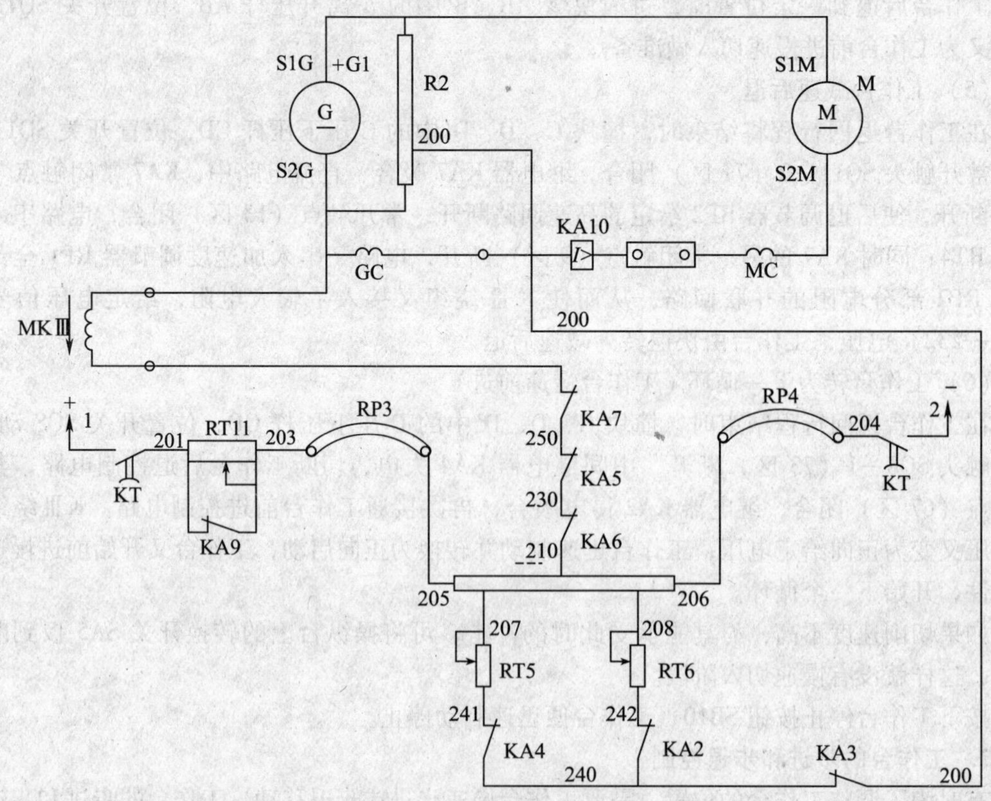

图 8—14　工作台步进、步退时 MKⅢ绕组励磁电路

工作台磨削运行时，则要求速度更低且平稳，将转换开关 SA7（83 区）扳到磨削位置，磨削中间继电器 KA9 得电吸合，其常闭触点（79 区）断开，切断减速继电器 KA7 回路。KA9 在直流回路的常闭触点（5 区）断开，使电阻 RT11 串入，降低了给定电压；KA9 的常开触点（10 区）闭合，将电阻 R2 的一部分短接，加强了电压负反馈，使工作台的速度降低到磨削时所要求的稳定低速。此外，KA9 另一常开触点（12 区）闭合短接了电阻 R9 上的大部分电阻，加强了电流正反馈环节的作用，使工作台机械特性更硬；KA9 另一常开触点（5 区）闭合，短接了桥形稳定环节中电阻 RT8 的一段，使磨削的过渡过程更加稳定。

4. 加速度调节器

龙门刨床在工作过程中经常会出现冲击过大及换向越位过大等问题，影响刨床的使用寿命和加工质量。出现上述问题的原因主要是过渡过程中，主回路的电流冲击过大。由于电流截止负反馈具有调节过渡过程强度的作用，为此在电流截止负反馈环节设置加速度调节器 RP1 和 RP2，供操作者根据实际情况调节机械冲击和换向越位的大小。加速度调节器的作用如图 8—15 所示。

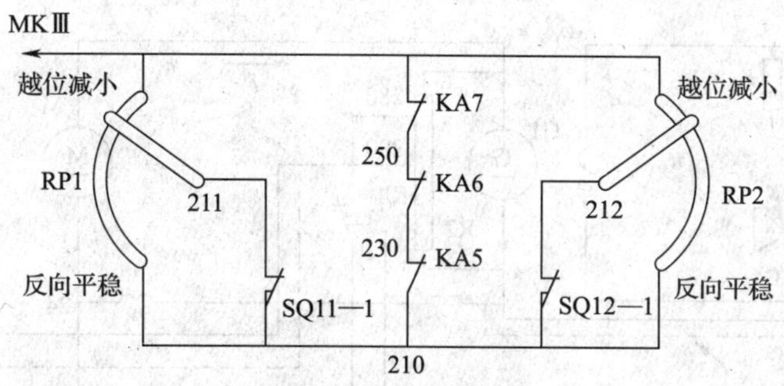

图 8—15　加速度调节器的作用

RP1 为前进方向加速度调节电位器，用以调节前进转回退时的越位大小；RP2 为后退方向加速度调节电位器，用以调节后退转前进时的越位大小。电流截止负反馈回路中加速度调节器总电阻增大时，主回路的截止电流就比较小；反之，当加速度调节器的总电阻减小时，主回路的截止电流就比较大。加速度调节器只有在工作台减速和反向时才起作用，当工作台前进减速或换向时，位置开关 SQ12 动作，RP2 的全部和 RP1 的一部分并联后接入控制绕组 KⅢ，并联总电阻取决于 RP1 上接入部分阻值，调节 RP1 的手柄位置使这段电阻增大时，主回路截止电流就减小，制动作用较弱，前进减速或前进转后退时工作台就比较平稳；而 RP1 电阻减小时，主回路截止电流增大，制动作用较强，工作台越位就小。同理，当工作台后退减速或换向时，调节 RP2 的手柄位置可使反向平稳或越位减小。

通常，在高速时加速度调节器手柄置于“越位减小”一侧；而低速时，置于“反向平稳”一侧。

5. 停车制动和自消磁电路

为了工作台能迅速、准确停车，并防止直流电动机因剩磁影响而在停车后出现“爬行”现象，B2012 型龙门刨床采用二级停车制动。

从按下工作台停止按钮 SB10 到时间继电器 KT 延时断开的常开触点（1 区和 16 区）断开为第一级停车制动。按下停止按钮，断开 KⅢ绕组给定电压，电压负反馈在 KⅢ绕组中流过一个很大的反向电流，如图 8—16 中虚线所示，从而对发电机去磁，使其端电压下降。由于直流电动机转速来不及变化，使电动机的反电动势大于发电机端电压，电动机处于发电制动而迅速停车，如图 8—16 所示。

KT 的断电延时的触点动作后，进入第二级停车制动。此时主电动机的转速已经制动到很低，由于时间继电器 KT 的延时闭合常闭触点（9 区）闭合，将发电机剩磁电压的大部分以负反馈方式接入扩大机控制绕组 KⅢ，负反馈电流的通路如图 8—16 中点画线所示。这使扩大机反向励磁，从而输出与原来极性相反的电压以抵消发电机中的剩磁，使发电机的剩磁电压迅速减小，起到自消磁的作用，防止主电动机在停车后出现“爬行”现象。

与此同时，KT 另一对延时闭合常闭触点（1 区）则将扩大机的电枢经电阻 RT7 短接，构成扩大机的过渡欠补偿电路，如图 8—17 所示。这使流经扩大机补偿绕组的电流被分流，补偿程度减弱，扩大机就处于欠补偿状态，输出电压将迅速下降，从而有效地减小了扩大机的剩磁电压，加强了主电动机停车后的稳定性。调节 RT7 的阻值，可改变扩大机的补偿程度。

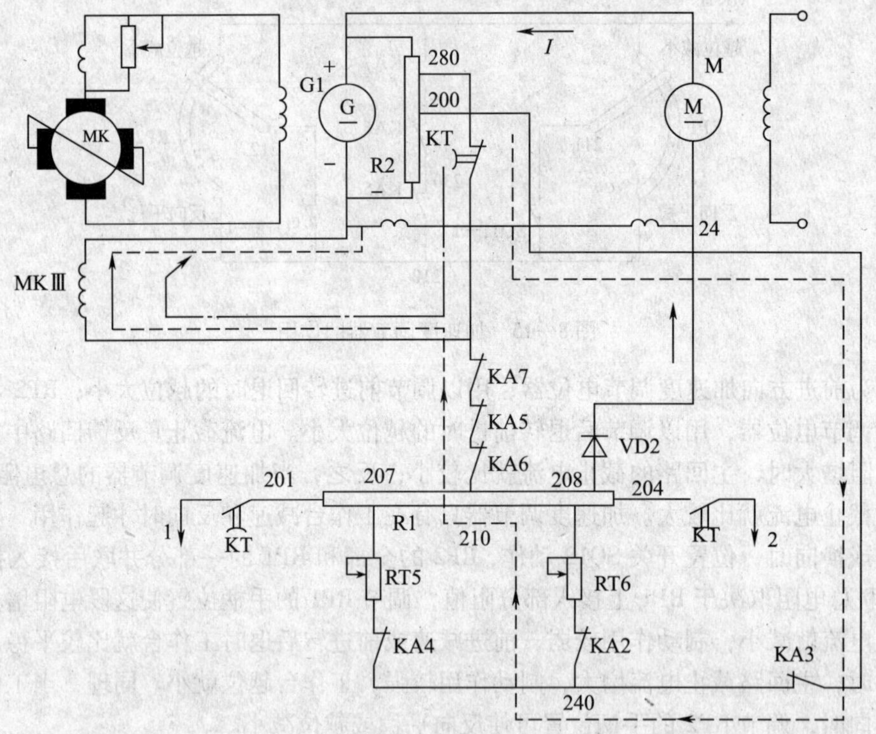

图 8—16　停车制动与自消磁电路

四、刀架控制电路

B2012A 型龙门刨床有两个垂直刀架，一个右侧刀架和一个左侧刀架，分别由电动机 M5、M6 和 M7 驱动。其中两个垂直刀架共用一台电动机 M5，通过传动机构分别驱动。

每个刀架都有快速移动和自动进给两种工作状态，刀架的快速移动、自动进给及刀架运动方向都是由装在各自刀架进刀箱上的机械操作手柄选择的。

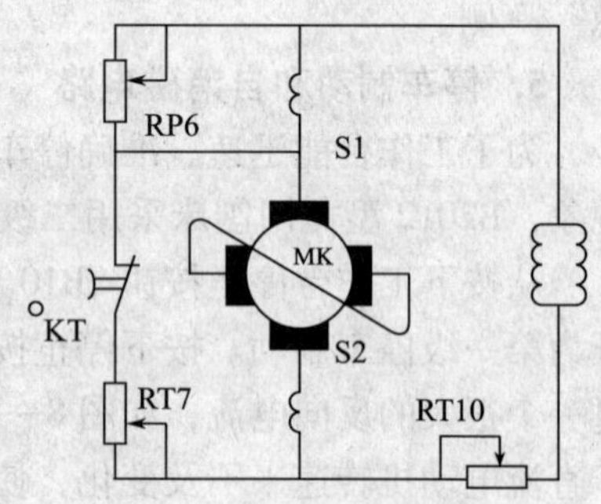

图 8—17　扩大机欠补偿环节

1. 垂直刀架控制电路

两个垂直刀架都有水平方向的左、右进刀和垂直方向的上、下进刀四个方向的动作，并有快速移动和自动进给两种工作状态，这些都是由垂直刀架电动机 M5 驱动完成的。

（1）垂直刀架的快速移动

在调整机床时，有时为了缩短调整时间，需要刀架快速移动。这时可将装在进刀箱上的机械手柄扳到“快速移动”位置，使位置开关 SQ1 的常闭触头 SQ1—1（48 区）恢复闭合，常开触头 SQ1—3（50 区）断开，并将装在进刀架侧面的进刀手柄和装在进刀箱上选择方向的有关手柄放在需要位置。按下按钮 SB3（48 区），接触器 KM4 线圈得电吸合，KM4 主触头（29 区）闭合，垂直刀架电动机 M5 启动运转，通过机械机构带动垂直刀架向所需方向快速移动。由于在刀架快速移动期间，中间继电器 KA5 和 KA6 的常开触头（52 区和 53 区）

是断开的，接触器 KM5 线圈不会得电。垂直刀架电动机 M5 能反转，但刀架运动方向的改变是靠操作机构手柄来实现的。

刀架快速移动必须在工作台停止运行，工作台自动循环工作继电器 KA3 处于断电状态时才能操作。

（2）垂直刀架的自动进给

刀架的自动进给是与工作台自动工作相互配合实现的。当需要垂直刀架自动进刀时，将机械操作手柄转到自动进刀位置，压下位置开关 SQ1，SQ1 的常闭触头 SQ1—1（48 区）断开，常开触头 SQ1—3（50 区）闭合。当工作台由后退换前进时，中间继电器 KA6 失电，KA6 的常开触头（50 区）断开；后退换向中间继电器 KA5 得电，KA5 的常开触头（49 区）闭合，接触器 KM4 得电动作，电动机 M5 启动运转，使刀架按选定的方向进刀。当工作台由前进换后退时，中间继电器 KA5 的常开触头（49 区）断开，前进换向中间继电器 KA6 的常开触头（50 区）闭合，接触器 KM5 线圈得电吸合，电动机 M5 反转，刀架进刀机构复位，为下一次进刀做准备。

2. 左、右侧刀架控制电路

左、右侧刀架的工作情况与垂直刀架基本相似，不同的是左、右侧刀架只有上、下两个方向的移动；另一个不同点是左右侧刀架电路是经过位置开关 SQ4、SQ5 和按钮 SB6 的常闭触点接通电源的。按下 SB4，电动机 M6 启动运转，左侧刀架快速移动；按下按钮 SB5，电动机 M7 启动运转，右侧刀架快速移动。

SQ4 与 SQ5 是刀架与横梁的位置开关，当开动刀架向上运动或横梁向下运动时，碰到横梁上的位置开关 SQ4 或 SQ5，刀架电动机会自动停转，防止刀架与横梁碰撞。

3. 抬刀控制电路

在工作台的返回行程，为了防止刀具将工件表面损伤，设置了抬刀控制电路将刀架抬起。由于抬刀动作在刨削过程中较频繁，如果采用交流接触器和交流电磁铁，则会因为开始吸合时的冲击电流过大和频繁动作导致线圈烧毁，因此采用直流接触器和直流电磁铁控制刀架抬刀动作，如图 8—18 所示。

由励磁发电机 G2 提供直流 220 V 电源，由直流接触器 KM 控制 4 个抬刀电磁铁，操作相应的抬刀开关 SA1、SA2、SA3、SA4 选择动作的抬刀电磁铁线圈 YA1、YA2、YA3、YA4。当工作台由前进转为后退时，KA4 得电，KM 得电动作，其常开触点闭合，相应的电磁铁得电，将刀架抬起；当工作台由后退转为前进时，KM 断电，抬刀电磁铁线圈断电，垂直刀架靠自重落下，侧刀架靠压簧拉回。与 KA4 的常开触点并联的 KM 的自锁触点的作用是：后退时如果按下停止按钮 SB10，仍使 KM 保持吸合，避免刀具落下将刀具或工件表面碰坏。抬刀电磁铁线圈两端并联由电阻和二极管组成的放电回路保护电磁铁线圈，防止电磁铁线圈突然断电时感应出的高压将线圈的绝缘击穿。

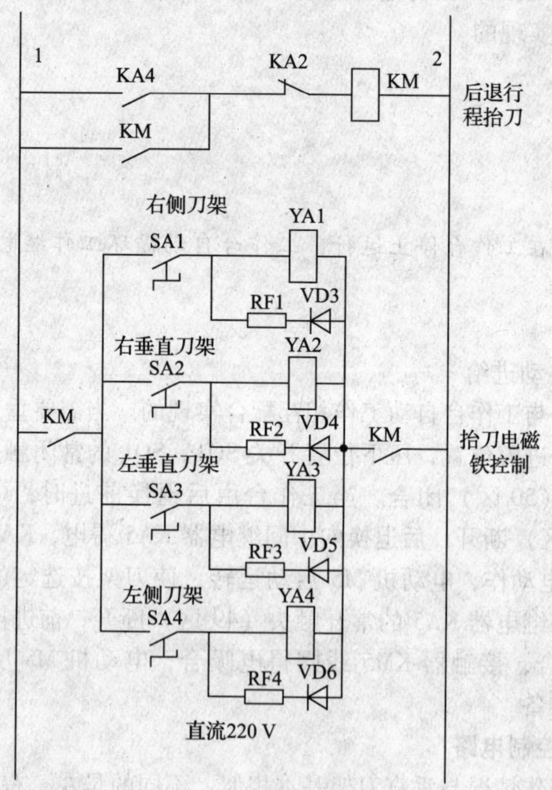

图 8—18 抬刀控制电路

五、横梁升降的控制线路

横梁在一般情况下是夹紧在立柱上的，需要加工不同高度的工件时，才将横梁从夹紧状态下放松，根据要求使横梁做上、下移动，移动到需要位置时，再将横梁夹紧在立柱上。横梁的上、下移动，由电动机 M8 驱动；而横梁的夹紧与放松，由电动机 M9 驱动，横梁夹紧的程度采用串联在夹紧电动机 M9 主回路中的过电流继电器 KA11 检测电流的方法控制。横梁升降的控制电路如图 8—19 所示。

1. 横梁上升

横梁上升按照放松→上升→夹紧的次序自动完成。只有在工作台停止工作，KA3 触点（48 区）闭合时，才能操作横梁的升降。

按下横梁上升按钮 SB6（57 区），中间继电器 KA1（57 区）线圈得电动作，其常开触点 KA1（64 区）闭合，接触器 KM13 线圈（64 区）得电动作，KM13 主触头（38 区）闭合，横梁夹紧、放松电动机 M9 启动反转，通过机械机构使横梁逐渐放松，同时 KA1 的另一常开触头（59 区）闭合，为横梁上升做准备。横梁放松后，位置开关 SQ6 动作，常闭触头 SQ6—2（64 区）断开，KM13 线圈失电，电动机 M9 停止运转，横梁放松完毕。SQ6 常开触头 SQ6—1（59 区）闭合，接触器 KM10 线圈通电，横梁升降电动机 M8 启动正转，横梁上升，这时横梁运行指示灯 HL3 亮。

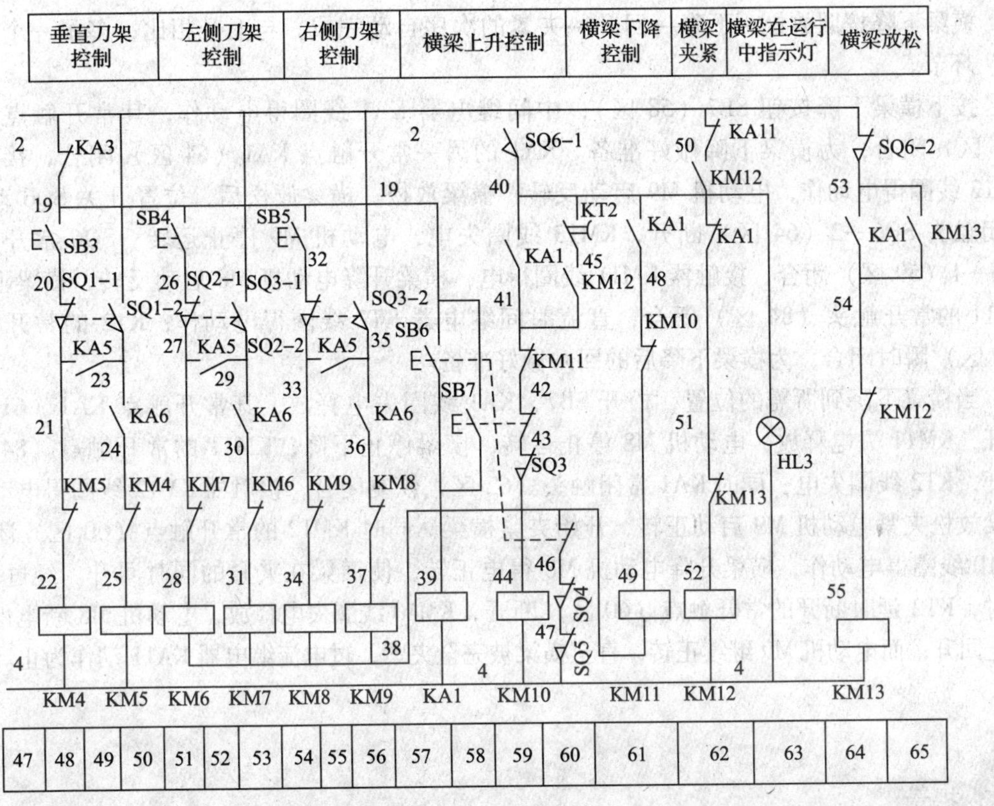

图 8—19　横梁升降控制电路图

当横梁上升到所需的位置，松开 SB6，KA1 线圈失电释放，其常开触点 KA1（59 区）断开，KM10 失电释放，横梁升降电动机 M8 停止运转，横梁停止上升，同时 KA1 的另一常闭触头（62 区）恢复闭合，接触器 KM12 线圈得电动作，横梁放松、夹紧电动机 M9 启动正转，开始夹紧横梁，夹紧到一定程度，SQ6 复位，SQ6－1 断开，SQ6－2 闭合，为以后横梁放松做准备。但此时 KM12 线圈经过 KA11 的常闭触点（62 区）以及 KM12 的自锁触点（62 区）继续供电，横梁继续夹紧，随着横梁不断被夹紧，电动机 M9 中的电流逐步增大，当横梁完全夹紧后，通过 KA11 线圈的电流增加到整定值，KA11 动作，KA11 的常闭触点（62 区）断开，KM12 线圈失电，电动机 M9 停止运转，横梁夹紧完成，HL3 熄灭。

SQ3 是横梁上升到极限位置时避免与龙门顶相碰的保护开关。KM13 线圈回路（64 区）中 KM13 的自锁触点的作用是：即使横梁没有放松完毕，松开按钮，也能保证横梁放松完毕后再自动夹紧。

2. 横梁下降

横梁下降按照放松→下降→回升→夹紧的次序自动完成。与上升相比，多了一个“回升”环节。

按下横梁下降按钮 SB7（58 区），中间继电器 KA1 线圈得电动作，其常开触点 KA1（61 区）闭合，为横梁下降做好准备。KA1 的另一常开触点 KA1（64 区）闭合，接触器 KM13 线圈得电动作，电动机 M9 启动反转，横梁放松。横梁放松后，位置开关 SQ6 动作，常闭触头 SQ6—2（64 区）断开，KM13 线圈失电，电动机 M9 停止运转；SQ6 常开触头 SQ6—1（59 区）闭合，接触器 KM11 线圈得电，横梁升降电动机 M8 启动反转，横梁下降。KM11 的常开触头（84 区）闭合，直流时间继电器 KT2 线圈得电动作，KT2 的常开触头（60 区）瞬时闭合，为横梁下降后的回升做好准备。

当横梁下降到所需的位置，松开 SB7，KA1 线圈失电释放，其常开触点 KA1（61 区）断开，KM11 失电释放，电动机 M8 停止运转，横梁停止下降，KM11 的常开触点（84 区）断开，KT2 线圈失电；同时 KA1 常闭触头（62 区）恢复闭合，接触器 KM12 线圈得电动作，横梁放松夹紧电动机 M9 启动正转，开始夹紧横梁。同时 KM12 的常开触点（60 区）闭合，KM10 线圈得电动作，横梁升降电动机 M8 得电正转，使横梁在夹紧的同时回升。经过一定延时，KT2 延时断开的常开触点（60 区）断开，KM10 线圈失电释放，电动机 M8 断电停转，停止回升；而电动机 M9 继续正转，直至横梁被完全夹紧，过电流继电器 KA11 动作为止。

横梁下降过程中，设置的回升环节是为了消除带动横梁的丝杠与螺母之间的间隙，以防横梁歪斜，保证横梁对工作台的平行度不超过允许的误差范围。如果横梁回升比较多，是由于时间继电器 KT2 延时时间太长，可适当缩短延时时间。

1. 工具、仪表

电工常用工具、万用表、钳形电流表、兆欧表等。

2. 设备

B2012A 型龙门刨床或其模拟设备。

一、识读 B2012A 型龙门刨床控制线路

识读 B2012A 型龙门刨床控制电路图，在教师的指导下，结合对刨床的实际操作，进一

步理解刨床的组成。

二、识读、分析主驱动交流机组启动控制电路

根据 B2012A 型龙门刨床的控制电路图，结合对刨床实物结构的观察和实际操作，进一步理解主驱动交流机组启动控制电路的工作过程。

三、识读、分析工作台控制电路

根据 B2012A 型龙门刨床的控制电路图，结合对刨床实物结构的观察和实际操作，进一步理解工作台控制电路的工作过程。

四、识读、分析刀架控制电路

根据 B2012A 型龙门刨床的控制电路图，结合对刨床实物结构的观察和实际操作，进一步理解刀架控制电路的工作过程。

五、识读、分析横梁升降的控制线路

根据 B2012A 型龙门刨床的控制电路图，结合对刨床实物结构的观察和实际操作，进一步理解横梁升降的控制线路的工作过程。

任务3　检修 B2012A 型龙门刨床常见电气线路故障

任务目标

◆ 掌握 B2012A 型龙门刨床常见电气故障的检修方法。

◆ 逐步提高检修复杂电气线路故障的能力。

工作任务

B2012A 型龙门刨床电气控制线路复杂，在使用过程中不可避免地会发生各种电气故障，一旦发生故障，应采用正确的方法，查明故障原因并修复故障，以保证设备的正常使用。本任务的主要内容是学习 B2012A 型龙门刨床常见电气故障的检修方法，逐步提高检修复杂电气线路故障的能力。

相关知识

B2012A 型龙门刨床自动化控制程度高，机电结合紧密，控制线路复杂，对某一故障现象，故障可能在交流控制回路，也可能在直流控制回路，可能发生故障的部位很多。检修之前，必须熟知线路的工作原理，从故障现象入手，综合分析故障产生的原因，逐步提高检修复杂电气线路故障的水平。B2012A 型龙门刨床电气线路中的主驱动交流机组启动控制电路、刀架控制电路和横梁控制电路的检修与前面所课题中的相似。本任务重点分析主驱动控制系统和工作台控制电路的常见故障。

一、主拖动系统常见故障的检修

1．故障一——励磁机 G2 不发电

（1）因剩磁消失而不能发电

可断开并励绕组与电枢绕组的连接线，再在并励绕组中加入低于额定励磁电压的直流电源（一般在 100 V 左右）进行充磁，充磁时间为 2 ~3 min。如果仍无效，可将极性变换一下。

（2）励磁绕组与电枢绕组极性接反

只要将两极性正确连接即可。

（3）接线盒或控制柜内绕组接线端松脱

应将接线端可靠连接。

（4）励磁机电刷接触不良、弹簧无压力或电刷磨损

进行电刷更换或调整弹簧压力。

2．故障二——励磁发电机 G2 空载时电压正常，负载时电压下降过大

（1）串励绕组极性接反

将串励绕组接头互换即可。

（2）换向极绕组极性接反

换向极绕组极性接反会使励磁发电机输出电压下降，并使换向严重恶化，电刷火花随负载增加而明显增大。

3．故障三——电机扩大机空载电压很低或没有电压

（1）控制绕组断路和短路现象。若是断路则不能励磁，但由于剩磁存在，仍能发出 3% ~15% 的额定电压，若是短路，控制绕组的阻值比原阻值小，虽然励磁电流达到额定值，但产生的磁通却很小，交轴电枢反应亦小，发出电压低。

（2）交轴回路电刷位置不对。可能是电枢旋转方向移动太多或接触不良，电刷卡死在刷握内不能与换向器接触。

此外，交轴助磁绕组极性接反或助磁绕组断路、换向器及电枢绕组短路或开路、补偿绕组和换向极绕组断路、各绕组引出线接头脱焊等，均会造成无电压输出或输出电压很低的现象。

4．故障四——电机扩大机空载电压正常，带负载时输出电压很低

该故障原因是电枢绕组、换向极绕组、补偿绕组极性接反或者有短路。如果在额定负载下输出电压只有空载电压的 30% 以下或无电压，甚至为负值，可初步判断为电枢绕组或补偿绕组极性接反；若输出电压为空载电压的 50% 左右，且直轴电刷下的火花又较大，则可能是换向器绕组极性接反或部分电枢绕组短路；如果电刷下的火花正常，则可能是补偿绕组或与其并联的调节电阻短路。

5．故障五——电机扩大机换向时火花大，输出电压不稳定

该故障有机械和电气两方面的原因，机械方面的原因有：换向器表面变形、云母片凸

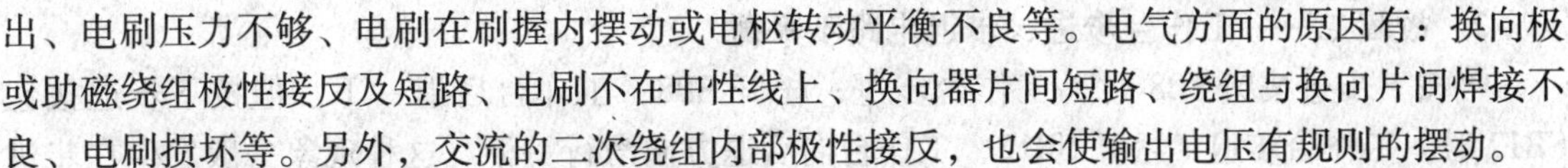

出、电刷压力不够、电刷在刷握内摆动或电枢转动平衡不良等。电气方面的原因有：换向极或助磁绕组极性接反及短路、电刷不在中性线上、换向器片间短路、绕组与换向片间焊接不良、电刷损坏等。另外，交流的二次绕组内部极性接反，也会使输出电压有规则的摆动。

6. 故障六——电机扩大机输出电压过高

（1）电刷逆电枢旋转方向移动太多，产生一个助磁磁通，从而引起自激使输出电压升高，可将电枢沿电枢旋转方向逐步移动，直至不产生自激。

（2）补偿绕组的并联电阻接触不良或开路，造成过补偿引起输出电压升高。

7. 故障七——直流发电机 G1 无输出电压

该故障的原因一般是发电机两组励磁绕组接线错误，造成励磁绕组开路或两励磁绕组产生的磁通方向相反而相互抵消。此外，励磁绕组断路、电刷接触不良、换向器片间与绕组脱焊、桥形稳定电阻 R10 断路、扩大机电枢与发电机励磁绕组的连接松脱等故障都会使直流发电机 G1 无输出电压。

8. 故障八——直流发电机电刷火花大

该故障原因可能是：电刷不在几何中性线上、换向器片间短路及表面变形、电枢绕组有匝间短路、电刷压力不够或接触不良等。

9. 故障九——直流电动机 M 不能启动

直流电动机两组励磁绕组的有一组接反，则两组绕组串联后产生磁场相互抵消，启动时主回路电流很大，使电流继电器 KA10 动作，造成无法启动。此外，电刷接触不良、换向器片间与绕组脱焊等故障也会造成电动机 M 不能启动。

二、工作台控制电路常见故障的检修

1. 故障一——工作台步进或步退开不动

按下步进按钮 SB8 或步退按钮 SB12，工作台不动作，此时应先观察前进继电器 KA2 或后退继电器 KA4 是否吸合，如不能吸合，故障在交流控制电路，可用电压法或电阻法检查交流控制电路各个触头和相关线路，查找故障点。

若 KA2 或 KA4 能正常吸合，则故障可能的原因如下：

（1）润滑油黏度太低

先使工作台自动循环一两个行程，停车后再操作步进或步退，如工作台移动正常，一般是由于润滑油太稀、黏度太低，使床身导轨和工作台的接触面油膜太薄，摩擦力增大，导致工作台移动困难。

（2）电阻 R1 上接点位置调整不当

电阻器上接点 207、208 的位置决定步进、步退速度的快慢，207 与 205、206 与 208 点的接线位置太远，就可能造成步进或步退给定电压过低，而使工作台步进、步退的速度太慢甚至开不动。

（3）电流正反馈太弱

可适当调节电流正反馈电阻 R4（15 区）上接点 290 的位置，加大反馈量。

（4）控制绕组 MKⅢ回路中有断路故障

检查 KⅢ控制绕组回路各触点接触是否良好，线路是否有断路故障，二极管 V1、V2 是否被击穿。

2. 故障二——工作台步进、步退电路不平衡

当按下步进按钮 SB8 时，工作台步进；松开 SB8，工作台后退一下。但按下步退按钮 SB12 时，工作台步退；松开 SB12，工作台向后退方向滑行一下。这种现象一般发生在步进即或步退按钮松开到时间继电器 KT 释放之前。该故障的主要原因是步进、步退电路中的电阻 RT5 和 RT6 不平衡，电阻 RT 的短路点接触不良或短路导线断路，是 RT5 的实际阻值远大于 RT6 的实际阻值，如图 8—20 所示。从松开 SB8 或 SB12 到时间继电器 KT 的常开触头延时断开之前，中间继电器 KA2 和 KA4 的常闭触头均已闭合，RT5 和 RT6 的不平衡导致在 210 和 240 点之间产生电压，其极性是 210 点为正，240 点为负，在控制绕组 MKⅢ中形成一个使工作台后退的信号，使工作台在停车前总是向后退方向滑行一下。

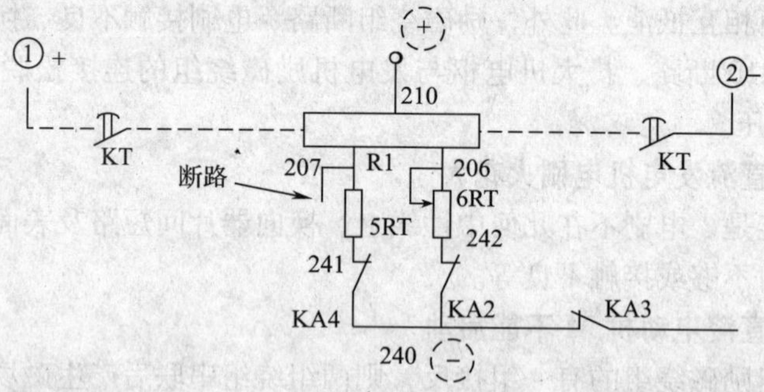

图 8—20　步进、步退电路电阻不平衡

3. 故障三——按下步进、步退按钮后，工作台都是向前运动且速度很高

该故障原因一般是直流电路中电流截止负反馈二极管 VD1 被击穿。当按下步进、步退按钮，时间继电器 KT 的常开触头（1 区和 16 区）闭合后，在控制绕组 MKⅢ中会产生很大的击穿电流，方向如图 8—21 所示，使工作台以很高的速度向前运动。

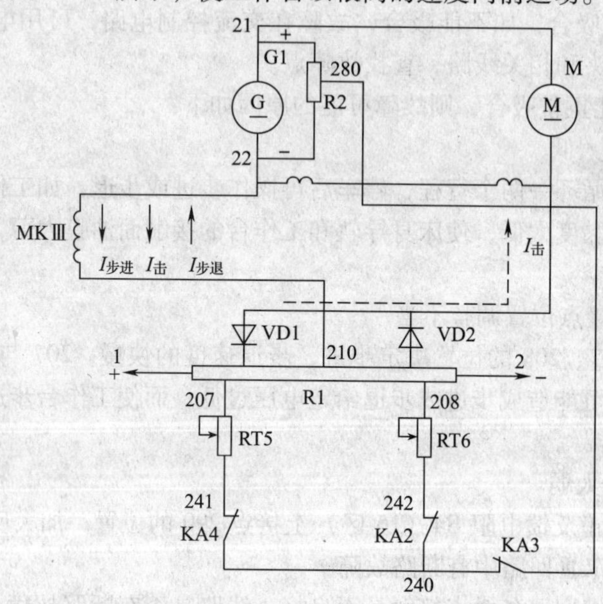

图 8—21　电流截止负反馈二极管 VD1 被击穿后的电路

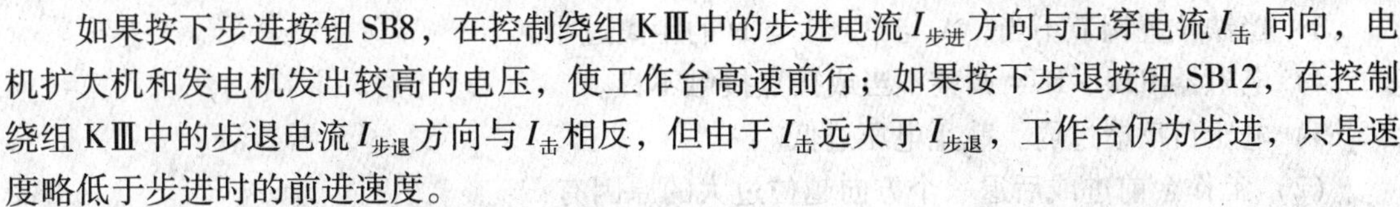

如果按下步进按钮 SB8，在控制绕组 KⅢ中的步进电流 $I_{步进}$ 方向与击穿电流 $I_{击}$ 同向，电机扩大机和发电机发出较高的电压，使工作台高速前行；如果按下步退按钮 SB12，在控制绕组 KⅢ中的步退电流 $I_{步退}$ 方向与 $I_{击}$ 相反，但由于 $I_{击}$ 远大于 $I_{步退}$，工作台仍为步进，只是速度略低于步进时的前进速度。

4. 故障四——工作台运行时速度过高

（1）电压负反馈回路断路，电压负反馈信号消失，造成控制绕组 KⅢ中的电流增大，电机扩大机和直流发电机输出电压过大，使带动工作台的直流电动机速度过高。

（2）直流电动机励磁绕组接线松脱和接触不良，使直流电动机磁场太弱，电动机转速升高。

（3）电机扩大机过补偿，多是因电机扩大机补偿绕组并联电阻 RP6 阻值增大或断路，电机扩大机工作在过补偿状态，输出电压过高，造成工作台速度过高。

5. 故障五——工作台运行时速度过低

（1）电机扩大机交轴电刷接触不良，经放大后有很大的电压降，使发动机的励磁回路电压不足，工作台速度过低。

（2）控制绕组 KⅡ回路中有接触不良，电流正反馈太小。

（3）电压负反馈过强。

（4）减速继电器 KA7 的铁心被粘住，使工作台始终处于减速工作状态。

（5）调速手柄损坏，失去调速作用。

6. 故障六——工作台前进和后退均不能启动

应先检查控制绕组 KⅢ的给定电压，如电压正常，故障在电机扩大机电枢回路或主驱动回路中。对此可测量直流发电机励磁绕组两端的电压，最高速时正常应为 55 V，如电压正常，说明电机扩大机无故障。然后，测量直流发电机电枢两端的电压，最高速其正常值为 220 V；若直流发电机正常，则故障一般在主驱动回路中。

如果控制绕组 KⅢ无电压，应先检查时间继电器 KT 的两对常开触点是否闭合，然后将电压表接于绕组 KⅢ的两端，将调速电位器 RP3 调到最高速位置，用短接法短接 200 和 223 点，如电压表有读数且工作台开始运行，则改用电压分段检查 200 ~ 223 点之间各接点的接触情况；如绕组 MKⅢ仍无电压，一般是电位器 RP3 或电阻 R2 接线断路，可用电阻法逐段检查。

三、工作台换向过程中常见故障的检修

1. 故障一——换向时越位过大

越位是指工作台前进时压下前进换向位置开关 SQ7 或后退时压下后退换向位置开关 SQ8 后，工作台继续前进或后退一段距离。越位过大，会撞击超程限位位置开关而停车，严重时会造成工作台脱出蜗杆，造成设备和人身事故。B2012 型龙门刨床规定在最高速时越位不得超过 250 ~ 280 mm。

（1）造成工作台前进或后退时越位均过大的主要原因有：

1）加速度调节器位置不当，在工作台高速工作时加速度调节器应放在“越位减小”一边，实际却放在了“反向平稳”一边。

2）换向前工作台不减速，原因是减速制动回路断路或接触不良。

3）挡铁位置调节不当，A 与 B、C 与 D 的距离过小。

4）电阻器 RT3、RT4 调整不当或接点接触不良。

5）电压负反馈过弱、截止电压过低。

（2）工作台前进或后退一个方向越位过大的原因有：

1）减速位置开关 SQ11 或 SQ12 损坏，触点 SQ11—2 或 SQ12—2 切换失灵，使减速继电器 KA7 不吸合。

2）减速继电器 KA7 的两副常开触点（5 区和 13 区）及 KA2 或 KA4 的常开触点（2 区和 16 区）接触不良，造成减速电路不能正常工作。

3）换向位置开关 SQ7 或 SQ8 损坏。

2. 故障二——换向时越位过小

换向越位过小表明换向过程制动作用过强，主回路制动电流过大，使直流电动机 M 的电刷产生严重火花，并会给机械部分带来过大的冲击，影响机床的寿命。另外，在进刀量较大时，还会产生来不及进刀的问题，因为进刀时间主要取决于换向时越位的时间。

换向越位过小的原因和处理方法与换向越位过大相反。

任务准备

1. 工具、仪表

电工常用工具，万用表，钳形电流表，兆欧表等。

2. 设备

B2012A 型龙门刨床或其模拟训练设备。

任务实施

一、观摩检修

结合相关知识中所讲实例，认真观摩教师的示范检修，掌握检修 B2012A 型龙门刨床电气线路的基本步骤和方法。

二、检修训练

针对教师人为设置的电路故障，按照正确的检修方法进行检修练习，并做好维修记录，见表 8—3。

三、实训注意事项

1. B2012A 型龙门刨床电气控制线路复杂，电气元件多，检修难度很大。检修的关键是理解线路工作原理，掌握各个控制环节和控制元件的作用，在此基础上，根据故障现象进行综合逻辑分析，逐步缩小故障范围。

2. 工具和仪表的使用应符合使用要求。

3. 检修时，严禁扩大故障范围或产生新的故障点。不得采用更换元件、改变线路的方法修复故障点。

4．停电要验电。带电检修时，必须有指导教师在现场监护，以确保用电安全，同时要做好训练记录。

表 8—3　　故障检修记录表

<table>
<tr><td>维修时间</td><td colspan="2"></td><td>维修人员</td><td></td></tr>
<tr><td>设备名称</td><td colspan="2"></td><td>设备型号</td><td></td></tr>
<tr><td>故障现象</td><td colspan="4"></td></tr>
<tr><td>在电气线路图中标出，并简要记录分析过程</td><td colspan="4"></td></tr>
<tr><td rowspan="2">查找故障点并排除</td><td>检修步骤及方法</td><td>故障部位</td><td colspan="2">排除方法</td></tr>
<tr><td></td><td></td><td colspan="2"></td></tr>
<tr><td>通电试车确认维修结果</td><td colspan="4"></td></tr>
<tr><td>维修小结</td><td colspan="4"></td></tr>
</table>

任务测评

检修实训任务测评见表 8—4。

表 8—4　　任务测评

项目内容	配分	评分标准	扣分
故障分析	30 分	（1）故障分析、排除故障思路不正确　扣 5～10 分 （2）不能标出最小故障范围　每个扣 15 分	

续表

<table>
<tr><th>项目内容</th><th>配分</th><th colspan="4">评分标准</th><th>扣分</th></tr>
<tr><td>排除故障</td><td>70 分</td><td colspan="4">（1）断电不验电　扣 5 分
（2）工具及仪表使用不当　每次扣 5 分
（3）检查故障的方法不正确　扣 20 分
（4）排除故障的方法不正确　扣 20 分
（5）不能排除故障点　每个扣 30 分
（6）扩大故障范围或产生新的故障点　每个扣 40 分
（7）损坏电气元件　每只扣 20～40 分
（8）排除故障后通电试车不成功　扣 50 分</td><td></td></tr>
<tr><td>安全文明生产</td><td colspan="5">违反安全文明生产规程　扣 10～70 分</td><td></td></tr>
<tr><td>定额时间：
30 min</td><td colspan="5">训练不允许超时，若在修复故障过程中才允许超时，以每超 5 min 扣 5 分计算</td><td></td></tr>
<tr><td>备注</td><td colspan="4">除定额时间外，各项内容的最高扣分，不得超过配分数</td><td>总得分</td><td></td></tr>
<tr><td>开始时间</td><td colspan="2"></td><td>结束时间</td><td></td><td>实际时间</td><td></td></tr>
</table>

课题九

机床电气设备大修工艺的编制与机床线路的测绘

任务1　机床电气设备大修工艺的编制

任务目标

◆ 了解机床电气设备检修的工艺知识。
◆ 掌握机床电气设备大修工艺的编制方法和步骤。
◆ 编制 CA6140 型车床电气设备大修的工艺。

工作任务

机床电气设备在运行过程中，由于多种原因经常会出现各种故障，长时间运行后，由于电气元件、导线等老化、损坏，还需要进行大修。因此，维修人员不仅需要能够及时、准确地查出并排除各种故障，还应该熟悉机床电气设备维护、检修的工艺知识，会编制常见机床电气设备大修的工艺。本任务的主要内容是根据某单位车间一台 CA6140 型车床的实际情况，编制该车床的大修工艺。该设备目前的状况为：车床自 1992 年进厂后一直使用，电气方面控制箱线路混乱，导线绝缘老化，部分按钮损坏，接触器灭弧罩破损，触点有严重烧损现象，冷却泵电动机损坏，主电动机破旧。

相关知识

电气设备维修的方针与原则是：依靠技术进步，提高设备管理和维修技术水平；对设备执行先维修、后生产的原则，执行以预防为主，维护保养与计划检修并重的原则。对于设备大修、项修以设备状态监测为基准，然后确定维修方式；而设备的一、二级保养以及设备的点检等则按计划预修制度安排维修。

一、机床电气设备检修的工艺知识

检修工艺就是具体的规定了电气设备的检修程序，修理和调整电气元件的方法，总装配、调试运转的程序及技术要求等，以达到电气设备检修的质量标准和使用要求。

1. 状态检测维修

状态检测维修是以设备状态为基准来确定维修方式，平时进行三级保养制和设备点检。

（1）设备状态监测维修

设备状态监测维修是指在设备运行过程（可基本不拆卸全部设备）中，对电气设备的电气元件和电气线路进行状态监测，从监测记录数据分析中，掌握它们的质量退化状况和发展趋势，进行设备寿命、周期和故障发生的预测，确定其维修（大修、项修等）的项目和时间。

（2）设备点检

对设备的关键部位，通过电工的感觉器官或测试仪器，进行有无异常现象的检查，以发现设备电气部分的隐患与缺陷。点检分为日常点检和定期点检两种。

（3）三级保养制

1）日保养　由操作工人进行定期维护、清扫保养，电气维修电工巡回检查。

2）一级保养　设备运行超过 600 h，以操作工人为主，电气维修电工为辅，局部拆卸部件检查维护。

3）二级保养　设备运行超过 2 400 h（不同设备间隔不相同），设备部分解体、损坏的电气元件予以更换。

2. 计划修理

计划修理属于定期修理，一般分为大修、中修、小修、二级保养、项修、预防性实验六种，具体组织实施时，各个修理项目可以根据设备的新旧、精度情况组合进行。

（1）大修

将全部设备解体，分割电气线路，更换或修理易损件，拆下附在上面的电动机与电气元件，并按出厂标准恢复原有精度和生产能力。也可以结合技术改造进行，对原有电气线路加以分析，结合新的电气元件和新技术加以改进；对原有电动机进行检修，必要时予以更换；更换配电箱和操纵台的破旧电气元件，连接线和管道中的电源线原则上予以更换。

（2）中修

设备部分解体，拆卸部分电气线路，部分机械易磨损件修理或更换，恢复设备精度和性能。更换部分电气元件，对原电气线路根据情况做适当改动。

（3）小修

部分设备拆换易磨损件，进行修理或更换。清洗、调整、紧固机件，使设备正常生产。对电气线路做详细检查，调换少量失灵电气元件，对各种电线接头予以紧固，对电动机进行清洗。

（4）二级保养

部分设备解体检查、修换易磨损件，清洗设备。检查部分精度并予以修复。电气上进行相应配合修理，更换损坏的电气元件。

(5) 项修

对重型、大型、关键设备由于生产需要或受财力、物力、时间的限制，不能进行大修。此时可进行部分基础修理工作，称为项修。在确定项修项目时，要进行调查分析，对存在的主要问题，有针对性地进行修理。做到既不影响生产，又能在有限的时间、财力、物力的情况下，完成有效的修理。要做好修理记录和分析，防止同一部件重复修理。同一设备在不同时间进行的不同项目修理，要前后联系起来分析，从整体上考虑各次项修的联系和区别，注意其内在联系。

(6) 预防性试验

对于电网、输变电设备、生产设备的电力驱动系统、常用电气绝缘工具等都要进行定期的预防性试验。目的是通过试验，发现问题，安排维修和更换，以消除隐患，防止发展为大故障和事故。试验项目一般为绝缘耐压试验、接地电阻测量、绝缘电阻测量、元件保护装置可靠性试验等。各种电气元件预防性试验都有试验项目和试验周期的规定。

除上述外，在生产过程中，生产设备出现的故障或发生的事故，都要及时进行修理，这些都不属于计划修理的范围。

二、电气设备大修工艺的编制原则

大修工艺又称大修工艺规程，它具体规定了一般电气设备的修理程序，电气元件的修理、系统调整调试的方法及技术要求等，以保证达到电气设备大修的整体质量标准。它是电气大修时必须认真贯彻执行的修理技术文件，是大修方案的具体实施步骤。

制定工艺文件的原则是：在一定的生产条件下，能够以最快的速度、最少的劳动量和最低的生产费用，安全、可靠地生产出符合用户要求的产品，因此应注意以下三方面的问题：

(1) 技术上的先进性

在编制工艺文件时，应从本企业的实际条件出发，参照国际、国内同行业的先进水平，充分利用现有生产条件，尽量采用先进的工艺方法和工艺装备。

(2) 经济上的合理性

在同样的生产条件下，可制定出多种工艺方案。这时应全面综合考虑，通过经济核算和对比，选择经济上合理的方案。

(3) 良好的劳动条件

在现有的生产条件下，应尽量采用机械和自动化的操作方法，尽量减轻操作者的繁重体力劳动。同时，应充分注意在工艺过程中要有可靠的安全措施，给操作者创造良好而安全的劳动条件。

三、电气设备大修工艺的编制步骤

1. 设备技术资料准备

在制定大修方案前，应做好以下准备工作：

(1) 设备资料

设备制造厂提供的资料，如果不够齐全，必要时要设法查找、补充。电气元件要根据市场更新产品做调整。电气大修需准备的设备资料主要有：产品说明书（电气说明书为主）；电路图；电气接线图；电气元件明细表（型号、规格等）；液压原理示意图（注明液压零件的型号）；产品调试数据表等。

(2) 技术动态资料

由于工厂企业要提高产品性能、质量，加强市场竞争力，因此要了解生产设备的最新技术水平和经济水平。

(3) 电气电子产品和零配件市场供应和价格动态

大修时往往原设备的电气元件和零备件已更新换代，因此要做好市场调查，做好替代产品的准备工作，了解价格动态，以便制定大修方案时做经济分析。

(4) 维修记录资料

设备的维修记录资料要加以收集与分析，以有利于大修方案的正确性，降低大修成本。一般应收集下列资料：

1) 历次设备一、二级保养、完工验收记录；历次设备中、小修记录和验收记录。

2) 设备运行点检记录；历次设备故障排除与修复记录；历次设备事故记录。

3) 设备上次大修技术资料和小结；大修周期年限或是否接近大修年限。

4) 设备的预防性试验记录；目前运行状态的评价；电气元件的状态。

5) 设备的历次改进和改装记录。

2. 阅读技术资料

阅读设备的有关技术资料，熟悉电气系统的构成及工作原理。

3. 查阅技术档案

查阅设备技术档案，包括设备安装验收记录、故障修理记录等，全面了解电气系统的技术状况。

4. 现场了解设备

现场了解设备状况、存在的问题及生产工艺对电气的要求。其中，包括操作系统的可靠性；各仪器、仪表、安全联锁装置、限位保护是否齐全可靠；各器件的老化和破损程度以及线路的缺损情况。

5. 确定大修项目

针对现场了解摸底及预检情况，初步确定大修项目，提出大修方案，见表9—1；分析主要更换电气元件的名称、型号、规格和数量，填写电气设备缺损明细表，见表9—2；相关资料报送主管部门审查、批准，以便做好生产技术准备工作。

(1) 大修项目

根据设备的实际情况来确定大修项目，如配电箱内电气元件和接线，根据情况而确定全部更换还是局部更换。常见的项目有：

1) 配电箱的大修。

2) 配电箱及设备的穿管线路更换。

3) 电动机大修。

4) 控制电动机性能测试（或大修、更换）。

5) 各种检测装置定位检查和元件测试。

6) 液压传动中电气液压零件的测试。

7) 整机调试（含计算机与可编程序控制器）。

(2) 引进设备的大修项目

除上述大修项目外，还需涉及下述项目：

1）当外来图样只提供框图或部分电气图样时，要对照引进设备浏览出实际电路图。

2）外方不提供图的设备，要照引进的具体设备测绘出电路图。

3）外方不提供电子电路图样、集成电路无标志时，必要时进行替代电路设计。

(3) 技术改革项目

由于近年来，新技术与新工业不断涌现，生产上对设备的动作和功能有所改变，因此大修过程中可同时进行局部技术改革。下面是近年来常遇到的技术改革项目：

1）采用晶闸管技术替代发电机组。

2）采用可编程控制器替代有触电继电控制系统。

3）采用微控制器控制电气系统。

4）加装监测装置，特别是在线检测。

5）部分机械传动改装为液压传动，部分部件改进为自动化的电气装置。

表 9—1　　设备大修方案

<table>
<tr><td>设备编号</td><td></td><td>设备名称</td><td></td><td>型号</td><td></td></tr>
<tr><td>制造单位</td><td></td><td>复杂系数</td><td></td><td></td><td></td></tr>
<tr><td>序号</td><td>大修项目</td><td>大修方案</td><td>估计费用</td><td>工时定额</td><td></td></tr>
<tr><td>1</td><td></td><td></td><td></td><td></td><td></td></tr>
<tr><td>2</td><td></td><td></td><td></td><td></td><td></td></tr>
<tr><td>⋮</td><td></td><td></td><td></td><td></td><td></td></tr>
<tr><td>批准人</td><td></td><td></td><td></td><td></td><td></td></tr>
</table>

注：1）所修设备的复杂系数可从《机械动力设备修理复杂系数手册》中查得。

表 9—2　　电气设备缺损细表

<table>
<tr><td rowspan="2">类别</td><td rowspan="2">序号</td><td rowspan="2">图号备件</td><td rowspan="2">零件名称</td><td rowspan="2">数量</td><td colspan="4">制造方法</td><td rowspan="2">备注</td></tr>
<tr><td>修理</td><td>新制</td><td>外购</td><td>库存</td></tr>
<tr><td rowspan="3">电气</td><td>1</td><td></td><td></td><td></td><td></td><td></td><td></td><td></td><td></td></tr>
<tr><td>2</td><td></td><td></td><td></td><td></td><td></td><td></td><td></td><td></td></tr>
<tr><td>⋮</td><td></td><td></td><td></td><td></td><td></td><td></td><td></td><td></td></tr>
<tr><td colspan="5">主修技术员</td><td colspan="5">备件技术员</td></tr>
</table>

6. 编制大修工艺

一般机床设备电气大修工艺应包括以下内容：

(1) 整机及部件的拆卸程序及拆卸过程中应检测的数据和注意事项。

(2) 主要电气设备、电气元件的检查、修理工艺以及应达到的质量标准。

(3) 电气装置的安装程序及应达到的技术要求。

(4) 系统的调试工艺和应达到的性能指标。

(5) 检修需要的仪器、仪表和专用工具应另行注明。

(6) 试车程序及需要特别说明的事项。

（7）检修施工中的安全措施。

一般机床设备电气大修的工艺步骤、技术要求常用大修工艺卡的形式表示，大修工艺卡格式见表9—3。对于线路比较简单的电气设备，大修工艺内容可适当简化。

表9—3　　电气设备大修工艺卡

设备名称	型号	生产厂家	出厂时间	使用单位	大修编号	复杂系数	进厂时间
		××厂	××年×月	××厂			××年×月
序号	工艺步骤及技术要求			使用仪器、仪表、设备	使用材料	工时定额	备注
1							
2							
3							
⋮							
⋮							
主修技术人员				主修人员			

由于各单位的实际情况不同，工艺卡等表格的形式和内容可能并不一致，以上给出的表格仅供参考。

1. 工具、仪表

电工常用工具、万用表、钳形电流表、兆欧表等。

2. 设备

CA6140型车床。

一、查阅资料，进行有关技术准备

仔细阅读CA6140型车床的使用说明书，熟悉其电气系统的工作原理及结构，查阅设备技术档案，全面了解电气系统的技术状况，为制定大修方案做好准备。

二、现场了解设备状况

到现场对CA6140型车床的状况进行深入了解。请操作人员配合进行开机试验，测试各项动作的性能状况，摸清电气元件的老化和破损程度以及线路的缺损情况。

三、确定大修项目，提出大修方案

根据现场了解情况，初步确定大修项目，提出大修方案：

1. 对主电动机进行中修；更换冷却泵电动机。
2. 控制箱元件全部更换，重新配线。
3. 所有电气管路、线路、床身线路重新敷设。

根据以上方案，填写大修方案表；确定需更换电气元件的名称、型号、规格和数量，并填写电气设备缺损明细表。

四、编制大修工艺

编写 CA6140 型车床大修工艺卡，见表 9—4。

表 9—4　　**CA6140 型车床电气大修工艺卡**

设备名称	型号	生产厂家	出厂时间	使用单位	大修编号	复杂系数	进厂时间
车床	CA6140	××厂	1992 年 10 月	××厂		5	1992 年 10 月
序号	工艺步骤及技术要求			使用仪器、仪表、设备	使用材料	工时定额	备注
1	切断电源，并做好安全防范措施						
2	拆线并做好记录，所有部件分类管理						
3	拆除控制箱，重新配线						
4	对主电动机进行中修						
5	更换冷却泵电动机						
6	安装控制箱						
7	按图样要求在线管内重新穿线并进行绝缘测试						
8	进行整机电气接线						
9	检查线路连接，确保接线正确						
10	检查接地电阻，保证接地系统处于完好状态						
11	在接线无误的情况下进行通电调试						
12	配合机械进行带负载调试						
13	投入运行合格后，办理设备移交手续						
14	资料移交，包括技改图样、调试试验记录、大修总结等						
主修技术人员				主修人员			

五、实训注意事项

1. 编写大修工艺应从设备修理前的实际技术状态和本单位情况出发，既要考虑技术上的可行性，又要考虑经济上的合理性，还要合理安排工艺程序，缩短检修时间。

2. 检修工艺宜多用图形和表格的形式，力求简单明了。

3. 在组织检修时，要合理配备检修人员，使检修人员分担的工作与本人技术水平和操作技能相一致，并使每个人有明确的职责分工。

4. 注意工艺过程的安全措施，在每个环节都要考虑切实可行的安全措施，确保设备和人身安全。

任务2　机床电气线路测绘

◆ 掌握机床电气线路测绘的方法和步骤。

◆ 能根据实物测绘机床电气线路图。

在机床电气线路的实际检修工作过程中，如果原有设备的电气控制线路图丢失或损坏，那么就需要根据实物测绘机床设备的电气控制线路图。因此，维修电工应该掌握机床电气控制线路测绘的基本方法和步骤，并能根据实物测绘机床电气控制线路。本任务的主要内容是根据实物测绘 X62W 型卧式万能铣床的电气控制线路图。

电气测绘是根据现有的电气线路、机械控制线路和电气装置进行现场测绘，然后经过整理后测绘出安装接线图和电气线控制线路电路图。

一、电气测绘的一般步骤

1. 全面了解测绘对象

在测绘前，先要全面了解机床的基本结构和运动形式，有哪些运动属于电气控制的，有哪些运动是机械传动的，哪些属于液压传动的。有液压传动时，电磁阀的动作情况如何等，电气控制中哪些需要联锁、限位等电气保护措施。同时要根据测绘需要准备相应的测量工具和测量仪器等。

2. 通电试车，进一步熟悉机床的各种运动情况

在熟悉机械动作情况的同时，让机床的操作者开动机床，展示各运动部件的动作情况。了解哪些是正反转控制，哪些是顺序控制，哪台电动机需制动控制等。根据各部件的动作情况，在电气控制箱（盘）中观察各电气元件的动作情况。对有些功能不清楚的元件，可通过试车确认。

3. 测绘草图

为了便于绘出线路的电路图，可先对被测绘对象绘制安装接线示意图，即用简明的符号和线条徒手画出电气控制元件的位置关系、连接关系、线路走向等，可不考虑遮盖关系。

草图的测绘原则是：先测绘主电路，再测绘控制电路；先测绘输入端，后测绘输出端；先测绘主干线，再依次按节点测绘各支路。先简单后复杂，最后要一个回路一个回路进行校验。

4. 完成绘图

根据测绘的草图，画出正规安装接线图和控制电路图。

二、电气图测绘的方法

电气图的测绘方法有：布置图—接线图—电路图法、查对法和综合法。

1. 布置图—接线图—电路图法

根据机床实物先绘制布置图，再绘制接线图，最后绘制电路图，这是最常用的电气图测绘的方法。

（1）将生产设备断电，使所有电气元件处于正常状态。

（2）按实物画出该设备的电气元件布置图。一般机床的元件按其安装位置分为控制柜（箱）、电动机和设备本体上的元件（如机床身上安装的按钮、开关等）。在画布置图时，可分别画出。

（3）按实物，查清所有元件间的连线走向和线号并标注在图上，画出其电气安装接线草图。

（4）根据按实物画出的接线图和绘制电路图的规定原则，画出其电路图。

一般先绘制主运动、进给运动及辅助运动的主电路，再绘制主运动、进给运动及辅助运动的控制电路，最后将绘制的电路图按实物编号，并对照实物检查其正确性。

（5）把画出的电路图对照实物进行仔细复查，特别注意线号和走线的方向，然后对照实物进行实际操作，检查实际操作的电气动作情况与电气控制线路的工作原理是否相符。如果相符，说明所测绘的原理图是正确的；否则就有问题，必须重新反复的对这部分进行查对修改，直到与实际动作相符为止。

2. 查对法

在调查了解的基础上，分析判断生产设备控制电路中采用的基本控制环节，并画出电路草图，再与实际控制线路进行查对，不正确的地方加以修改，最后绘制出完整的电路图。

采用此法绘图需要绘制者有一定的技术基础，既要熟悉各种电气元件在系统中的作用及连接方法，又要对系统中各种典型环节的画法有比较清楚的了解。

3. 综合法

根据对生产设备中所用电动机的控制要求及各环节的作用，采用上述两种方法相结合进行绘制，如先用查对法画出草图，再按实物测绘检查、核对、修改，画出完整的电路图。

三、电气测绘时的注意事项

1. 电气测绘前，要检验被测设备或装置是否有电，不能带电作业。确实需要带电作业测量的，必须采取必要的防范措施。

2. 要避免大拆大卸，对去掉的线头做好记号或记录。

3. 电气测绘时，两人以上协同操作时，要协调一致，防止发生事故。

4. 由于测绘判断的需要，确实要开动机床或设备时，一定要断开执行元件或请熟练的操作工操作，同时需要有监护人负责监护。对于可能发生的人身或设备事故，一定要有防范措施。

5. 测绘中若发现有掉线或接线错误时，首先做好记录，不要随意把掉线接到某个电气元件上，应照常进行测绘工作，待电路图画出后再分析、去解决问题。

任务准备

1. 工具、仪表

电工常用工具，万用表，兆欧表、测绘工具等。

2. 设备

X62W 型卧式万能铣床。

任务实施

根据实物测绘设备电气控制线路图的测绘方法有：布置图—接线图—原理图法、查对法和综合法。本任务用布置图—接线图—原理图法来测绘 X62W 型卧式铣床的电气控制电路图。

一、测绘前的调查

全面了解 X62 型卧式铣床的基本结构和运动形式，并通电试车进一步熟悉该设备的各种机械运动情况。

二、测绘布置图

1. 将机床断电，并使所有电气元件处于正常（不受力）状态。

2. 按实物画出设备的元件布置图

一般元件位置分为控制箱（柜）、电动机和设备本体上的元件。X62W 型卧式万能铣床设备本体上的开关、按钮、操作手柄等的位置如图 5—6 所示。

X62W 型卧式万能铣床的电气控制元件数量较多，因此设有两个控制箱，分别在机床的床身两侧。打开配电箱门，测绘配电箱内的元件布置图，如图 5—7 所示。

三、测绘安装接线图

测绘安装接线图时应先绘制草图，然后再根据草图绘出标准图。绘制草图时，根据测绘出的布置图画出所有元件内部功能示意图，并在所有界限端子处均标号。整理草图后画出实物接线图。绘制接线图时应注意以下几点：

1. 接线图应表示出各电气元件的实际位置，同一元件的各组件要画在一起。

2. 要表示出各电动机、元件之间的电气连接关系。凡是导线走向相同的可以合并画成

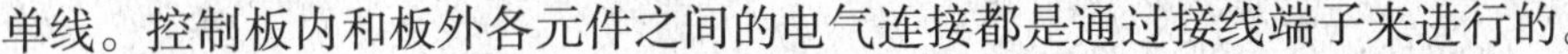

单线。控制板内和板外各元件之间的电气连接都是通过接线端子来进行的。

3. 接线图中元件的图形符号和文字代号以及端子的编号均应与电路图一致，以便对照检查。

4. 接线图应标明导线和走线管的型号、规格、尺寸、根数。

5. 测绘时，应先从主电路开始，测绘出主电路接线图，然后再测绘出控制电路接线图。

四、绘制电气控制电路图

根据实物和测绘好的接线图绘制电气控制电路图。

1. 测绘主电路

主电路的测绘应从电源引入端开始，顺着主电路的导线往下绘制。主轴控制部分在左侧控制箱，工作台控制部分在右侧控制箱，工作台的电源也是从左侧控制箱引入。其测绘顺序过程如下：

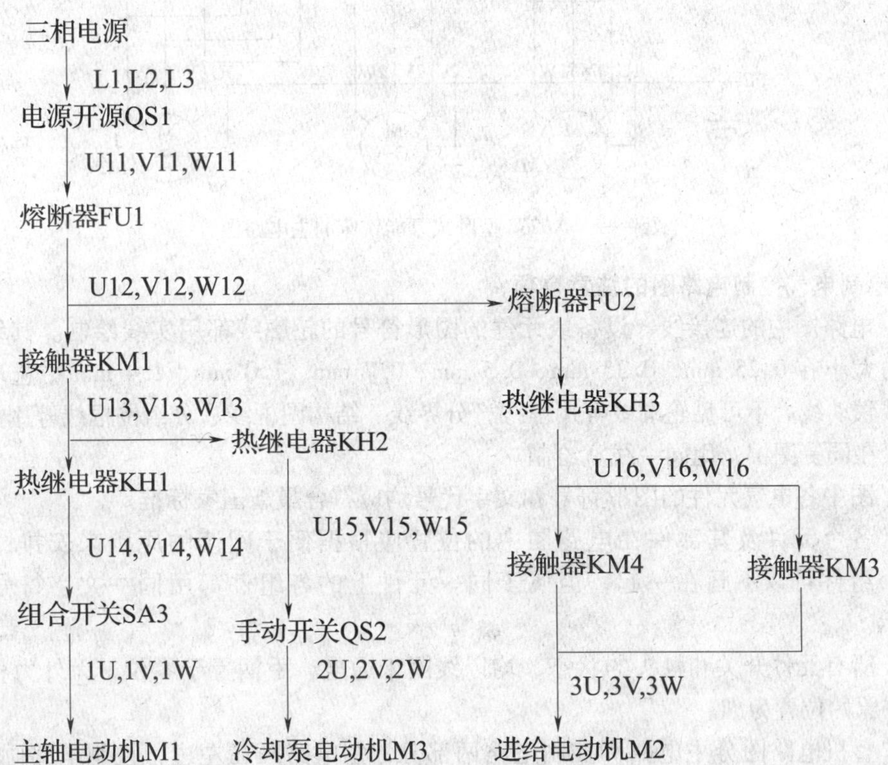

用图形符号表示出上面的连接顺序，整理即得到如图 9—1 所示的 X62W 型卧式万能铣床的主电路。

2. 测绘控制电路

控制电路的测绘从控制变压器 TC 的二次侧开始，用上述同样的方法可测绘出控制线路的草图。

3. 检查、修改测绘的电路图

修改电路图将绘制好的控制线路电路图对照实物进行实际操作，检查绘制的电气控制线路电路图的操作控制与实际操作的电气元件动作情况是否相符，修改后的电路图如图 5—3 所示。

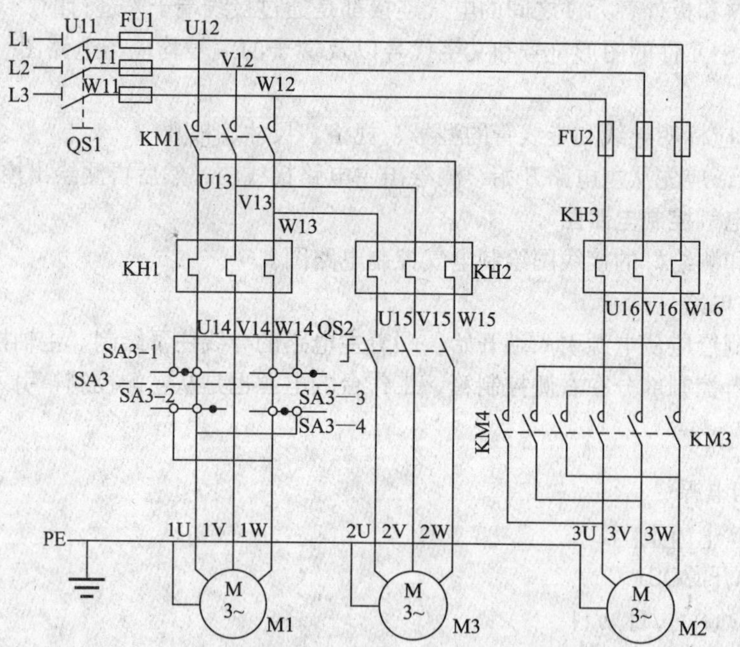

图 9—1　X62W 型卧式万能铣床的主电路图

4. 绘制电气控制电路图的注意事项

（1）电路图中的连接线、设备或元件的图形符号的轮廓线都用实线绘制。其线宽可根据图形的大小在 0.25 mm、0.35 mm、0.5 mm、0.7 mm、1.0 mm、1.4 mm 中选取。屏蔽线、机械联动线、不可见轮廓线等用虚线，分界线、结构图框线、分组围框线等用点画线绘制。一般在同一图中，用同一线宽绘制。

（2）图中各电气元件的图形符号和文字代号均应符合最新国家标准。

（3）各个元件及其部件在电路图中的位置应根据便于阅读的原则来安排，同一元件的各个组件可以不画在一起，但属于同一元件上的各组件都用同一文字符号和同一数字表示。

（4）所有元件开关和触头的状态，均以线圈未通电、手柄置于零位、无外力作用或生产机械在原始位置为准。

（5）整机电路图分主电路和控制电路两部分，主电路画在左边，控制电路画在右边，并按国家标准规定，一般竖直画法。

（6）电动机和元件的各接线端子都要编号。主电路的接线端子用一个字母后面附一位或两位数字来编号，如 U11、V11、W11。控制电路只用数字编号。

任务测评

检测实训任务测评见表 9—5

表 9—5　　　　任务测评

项目内容	配分	评分标准		扣分
绘制布置图	10	（1）布置图不正确 （2）布置图绘制不规范、不标准	扣 5～10 分 扣 3～5 分	
绘制接线图	40 分	（1）不能熟练利用测量工具进行测量 （2）测量步骤不正确 （3）接线图中文字或图形符号 （4）接线图中接线 （5）接线图绘制不规范、不标准	扣 5 分 每次扣 2 分 每错 1 处扣 2 分 每错 1 处扣 3 分 扣 5～10 分	
绘制电路图	50 分	（1）电路图中文字，代号或图形符号 （2）电路图中连线 （3）电路图绘制不规范、不标准 （4）电路图与实际电气动作不符	每错 1 处扣 2 分 每错 1 处扣 5 分 扣 5～10 分 扣 5～10 分	
定额时间：30 min	训练不允许超时，若在修复故障过程中才允许超时，以每超 5 min 扣 5 分计算			
备注	各项目的最高扣分不应超过配分数		总得分	
开始时间		结束时间	实际时间	